普通高等教育“十三五”规划教材

采油作业实训指导书

张少辉　王存喜　白金美　孙金美　编著

中国石化出版社

内容提要

本书主要介绍了各种类型生产井、注水井的管理及采油工具、井站设备的操作规程及使用技能,并对采油自动化工艺流程作了简明介绍。由浅入深,详尽讲述了常规采油工艺基本技能操作方法及技术、安全要求。

本书可作为本科院校油气开采技术专业学生的校内、校外实训教材,也可作为相关专业人员培训、考核及鉴定的参考用书。

图书在版编目(CIP)数据

采油作业实训指导书/ 张少辉等编著.
—北京:中国石化出版社,2016.3
普通高等教育“十三五”规划教材
ISBN 978-7-5114-3901-7

Ⅰ.①采… Ⅱ.①张… Ⅲ.①石油开采-高等学校-教材 Ⅳ.TE35

中国版本图书馆 CIP 数据核字(2016)第 055558 号

中国石化出版社出版发行

地址:北京市东城区安定门外大街 58 号
邮编:100011 电话:(010)84271850
读者服务部电话:(010)84289974
http://www.sinopec-press.com
E-mail:press@sinopec.com
北京柏力行彩印有限公司印刷
全国各地新华书店经销

*

787×1092 毫米 16 开本 14 印张 330 千字
2016 年 3 月第 1 版 2016 年 3 月第 1 次印刷
定价:30.00 元

前　　言

应用型本科院校采油工程专业旨在培养掌握石油工程领域基础理论、基本知识和基本技能，能够在石油工程领域从事工程设计、生产施工和生产管理工作，具有较强的实践能力和一定创新能力的高级专门人才。作业实训不仅能够巩固和加深所学的专业理论知识，获得生产管理知识和提高工程实践能力。

为了引导学生了解社会，培养劳动观念，了解工作岗位职责，增强对以后从事工作的责任感，逐步实现由学生到社会的转变，培养初步担任技术工作的能力，由中国石化出版社组织，常州大学及华东石油技师学院联合编写了本书。

在编写本书之前，我们到多个采油厂进行了走访、调研，广泛征求了基层站队技术人员和操作人员的意见，经过反复研究，确定了本书的内容。本书内容从一线生产实际出发，按基础理论、操作规程、技术要求、安全要求的模式进行编写，基本覆盖了常规采油工艺理论与操作技能，共分9章，内容包括采油井基本技能、自喷井生产管理、抽油井生产管理、电动潜油泵生产管理、螺杆泵基础知识及操作规程、注水井生产管理、油水井资料管理、井站设备管理与操作、采油自动化生产管理。

本书第一、八章由华东石油技师学院孙金美编写；第二、六章由常州大学白金美编写；第五、七、九章由华东石油技师学院王存喜编写；第三、四章由常州大学张少辉编写。

由于编写人员水平有限，加之时间仓促，书中难免会有不当之处，敬请广大读者批评指正。

前言

目　　录

第一章　采油基本技能

第一节　采油常用工具的使用

常用工具的使用是从事采油工作的基础，只有掌握它们的正确使用方法，才能保证日常工作的顺利进行。

一、管钳

管钳是用来转动金属管或其他圆柱形工件的，是管路安装和修理的常用工具。管钳的结构和使用方法如图 1-1 所示。

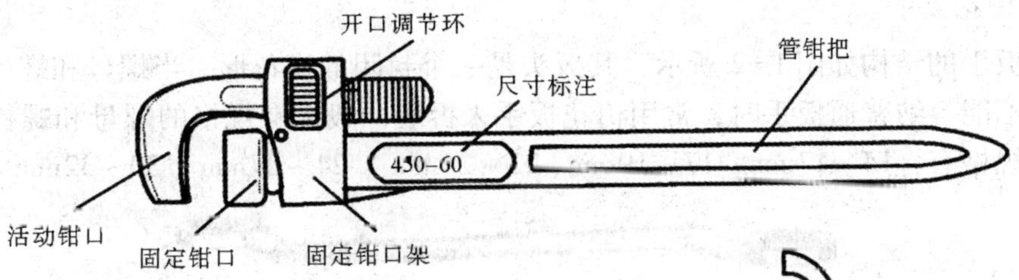

(a)管钳结构示意图

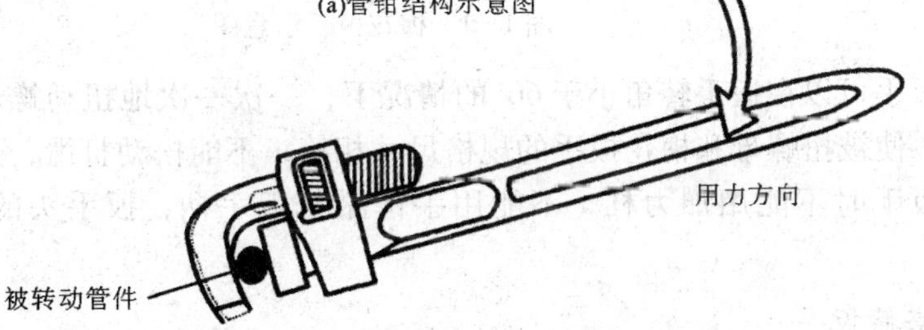

(b)管钳使用示意图

图 1-1　管钳结构及使用示意图

管钳规格是指管钳开口时的整体长度，如人们常说的“24in、36in、48in”就是指管钳长度。管钳的合理使用范围：450mm 管钳合理使用范围在 40mm 以下，可咬管子最大直径为 60mm；600mm 管钳合理使用范围在 50～62mm 之间，可咬管子最大直径为 75mm；900mm 管钳合理使用范围在 62～76mm 之间，可咬管子最大直径为 85mm；1200mm 管钳合理使用范围在 76～100mm 之间，可咬管子最大直径为 110mm。常用的管钳规格如表 1-1 所列。

表 1-1　常用管钳技术规范

管钳规格/mm(in)	使用范围/mm	可咬管子最大直径/mm
450(18)	<40	60
600(24)	50～62	75
900(36)	62～76	85
1200(48)	76～100	110

管钳使用注意事项：

(1)要选择合适的规格；

(2)钳头开口要等于工件的直径；

(3)钳头要卡紧工件后再用力扳，防止打滑伤人；

(4)用加力杠时长度要适当，不能用力过猛或超过管钳允许强度；

(5)管钳牙和调节环要保持清洁。

二、扳手

扳手主要用来紧固和拆卸零部件，通常有以下几种类型，即梅花扳手、套筒扳手、活动扳手、固定扳手和自制扳手等。

(一)梅花扳手

梅花扳手的结构如图1-2所示，其扳头是一个封闭的梅花形，当螺母和螺栓的周围空间狭小，不能容纳普通扳手时，常用梅花扳手来拆装一般标准规格的螺母和螺栓。梅花扳手常用的规格有：14～17mm、17～19mm、22～24mm 、24～27mm 、30～32mm 等。

图 1-2　梅花扳手示意图

梅花扳手可以在扳手转角小于60°的情况下，一次一次地扭动螺母。使用时一定要选配好规格，使被扭螺母和梅花扳手的规格尺寸相符，不能松动打滑，否则会将梅花菱角啃坏。使用扳手时不能用加力杠，不能用手锤敲打扳手柄，扳手头的梅花沟槽内不能有污垢。

(二)套筒扳手

当螺母或螺栓头的空间位置有限，用普通扳手不能工作时，就需采用套筒扳手，其结构组成如图 1-3 所示。

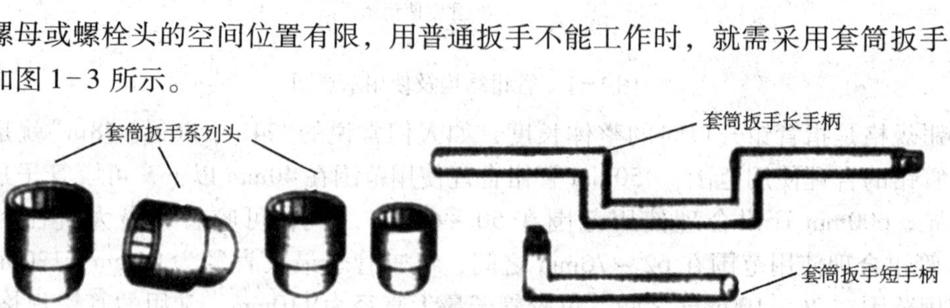

图 1-3　套筒扳手组成图

使用套筒扳手的方法是：

(1)根据被扭件选规格，将扳手头套在被扭件上；

(2)根据被扭件所在位置大小选择合适的手柄；

(3)扭动前必须把手柄接头安装稳定才能用力，防止打滑脱落伤人；

(4)扭动手柄时用力要平稳，用力方向与被扭件的中心轴线垂直。

(三)活动扳手

活动扳手又叫活络扳手，它的结构如图1-4所示。活动扳手是指开口大小可在规定的范围内进行调节、拧紧或卸掉不同规格螺母、螺栓的工具。

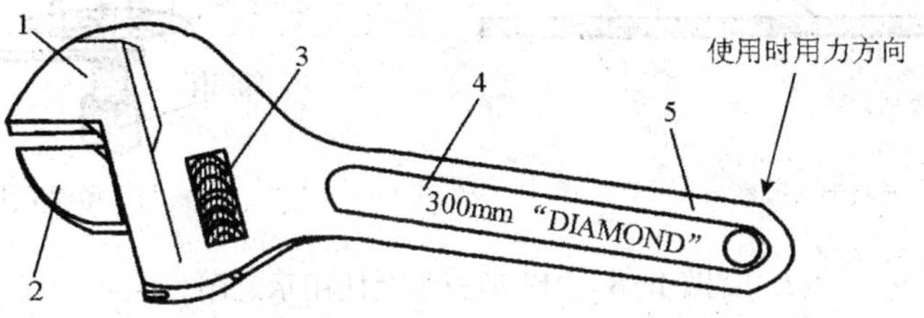

图1-4　活动扳手结构示意图

1—固定扳唇；2—活动扳唇；3—蜗轮和轴销；4—尺寸标识；5—手柄

活动扳手由头部和柄部组成，而头部则由活动扳唇、固定扳唇、蜗轮和轴销等构成，旋动蜗轮就可调节扳口的大小。

常用活动扳手的技术规格有：100mm × 14mm、150mm × 19mm、200mm × 24mm、250mm × 30mm、300mm × 36mm、350mm × 41mm、375mm × 46mm、450mm × 55mm、600mm ×65mm。由于它的开口尺寸可以在规定范围内任意调节，所以特别适于在螺栓规格较多的场合使用。使用时，应将扳唇紧压螺母的平面。扳动大螺母时，手应握在接近手柄尾处；扳动较小的螺母时，手应握在接近头部的位置。施力时手指可随时旋调蜗轮，收紧活动扳唇，以防打滑。

活动扳手使用注意事项：

(1)活动扳手不可反用，以免损坏活动扳唇，也不可用钢管接长手柄施加较大的力矩；

(2)活动扳手不可当作撬棒或手锤使用。

(四)固定扳手

固定扳手是指只能上、卸一种规格的螺栓、螺母的专用工具，结构如图1-5所示。固定扳手主要是干专项工作用的，在扭矩较大时，可与手锤配合使用。

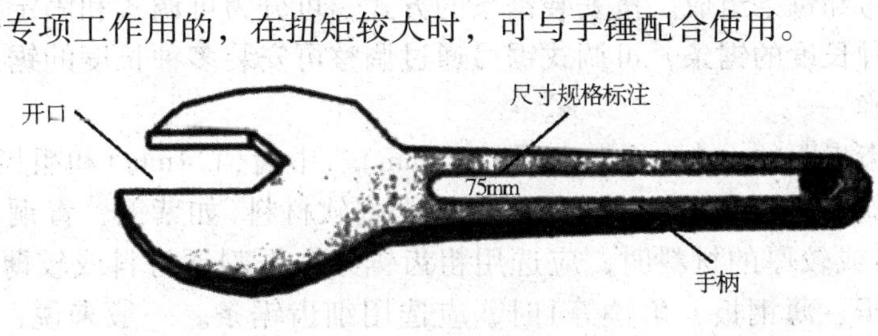

图1-5　固定扳手示意图

使用注意事项：在需要较大力量时，不能打滑、砸手，更不能用过大的手锤敲击。

（五）“F”型扳手

“F”型扳手是采油工人在生产实践中“发明”出来的，其结构如图1－6(a)所示。“F”型扳手是由钢筋棍直接焊接而成的，主要应用于闸门的开关操作，是非常简单好用的专用工具。其规格通常为前后力臂距150mm，力臂杆长100mm，总长是600～700mm。

“F”型扳手使用时，应把前后两个力臂插入阀门手轮内，确认卡好后，可操作开关。应该注意的是：在开压力较高的阀门时一定要按照如图1－6(b)所示方式进行操作，以防止丝杠打出伤人。

（a）“F”型扳手结构图　　（b）“F”型扳手使用示意图

图1－6　“F”型扳手及使用示意图

各种扳手在使用时应注意：要选用合适的扳手，如⅜in螺帽应选用8～10in扳手，若扳手太大，虎口易脱滑而损坏螺帽；使用活动扳手，虎口应调到合适尺度，夹紧螺帽。扳动时，活动部分在前，尽量不要推动，如非推不可，要用手掌推，手指伸开，防止撞伤手关节；拆卸或安装螺帽时最好用固定扳手；普通扳手禁止接套筒加力或锤击手柄；使用后应擦净放好。

三、手钢锯

手钢锯是用来割锯金属管件等的，其结构和使用方法如图1－7所示。

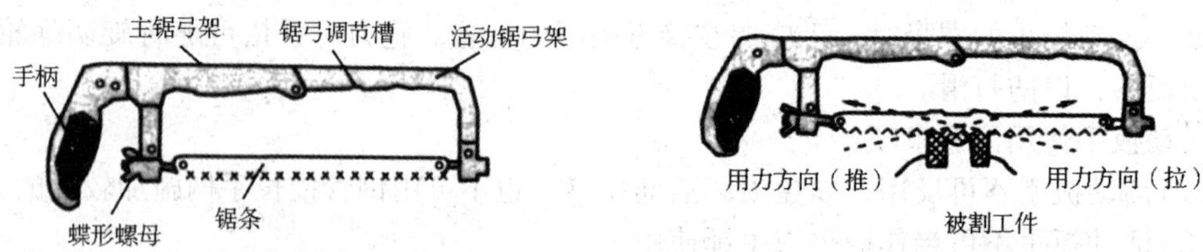

（a）手钢锯结构图　　（b）手钢锯使用示意图

图1－7　手钢锯及其使用示意图

手钢锯由锯弓和锯条组成。按安装锯条的方式，可分为可调式和固定式两种。固定式锯弓只能安装一种长度的锯条，可调式锯弓通过调整可安装多种长度的锯条。安装时锯条齿方向一定要正确。

锯条根据锯齿齿距的大小，分为细齿(1.1mm)、中齿(1.4mm)和粗齿(1.8mm)三种。可根据所锯材料的软硬、厚薄正确选用锯条。锯割软材料(如紫铜、青铜、铅、铸铁、低碳钢和中碳钢等)或较厚的材料时，应选用粗齿锯条；锯割硬材料或较薄的材料(如工具钢、合金钢、管子、薄钢板、角铁等)时，应选用细齿锯条。一般来说，锯割薄材料时，在锯割截面上至少应有3个锯齿同时参加锯割。这样，就可防止锯齿被钩住或崩断。

手钢锯是在前推时才起切削作用的，因此安装锯条时应使齿尖的方向朝前。调整锯条松紧度时，蝶形螺母不宜旋得太紧或太松，旋得太紧，锯条受力过大，在锯割中用力稍有不当，锯条就会折断；旋得太松，锯割时锯条容易扭曲，也易折断，并且锯缝也容易歪斜。检查锯条松紧度，可用手扳动锯条，手感硬实即可。

四、压力钳

压力钳是用来夹持金属管以便进行套扣、切割或维修设备零件的常用工具，结构如图1-8所示。

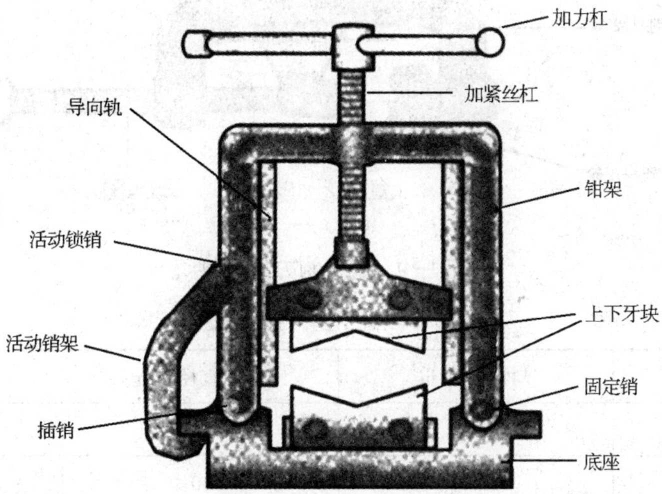

图1-8　压力钳结构

(一)压力钳的技术规范

压力钳的技术规范如表1-2所示。

表1-2　压力钳技术规范

型号	夹持管子最大外径/mm	型号	夹持管子最大外径/mm
1	70	4	150
2	90	5	200
3	110	6	250

(二)压力钳的结构

压力钳由底座、固定销、上下牙块、钳架、加紧丝杠、加力杠、导向轨、活动锁销、活动销架、插销组成。

(三)压力钳的使用方法及注意事项

(1)选择合适的压力钳，夹持大管子时，压力钳后边要加一把管钳，防止滑脱，损坏管子和钳口。

(2)夹紧管子时不应用力过猛，应逐步旋紧，防止夹扁管子或钳牙吃管子太深，夹持长管应在管子尾部用三脚架支撑。

(3)注意使用前要认真检查压力钳三脚架及钳体，要将三脚架固定牢。

(4)使用后要在丝杠部分涂上润滑油。

五、管子割刀

管子割刀是用来切割各种金属管材的工具，其结构如图 1-9 所示。割刀是以刀型来确定其规格的，其规格如表 1-3 所示。

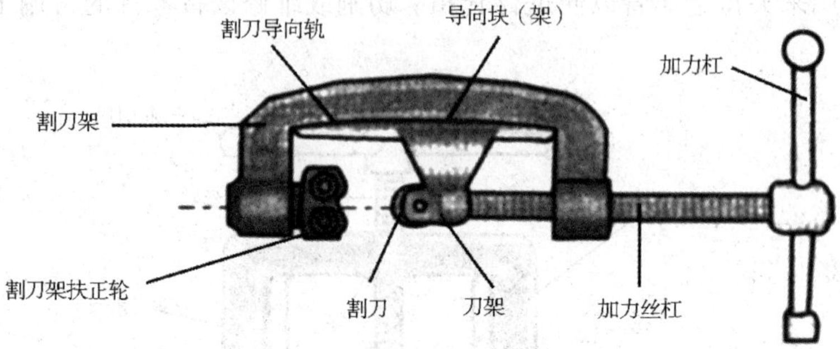

图 1-9　管子割刀结构图

表 1-3　管子割刀技术规范

号码	割管范围/in	割轮直径/mm	滚子直径/mm
Ⅱ	1/8～2	32	27
Ⅲ	1～3	40	32
Ⅳ	2～4	45	38
Ⅵ	4～6	45	38

使用方法：将被割管件用压力钳夹牢后，旋转管子割刀(推倒方向)使加力杠能套进管件外，扶正，并缓慢旋紧加力丝杠，在感觉刀吃力时，边垂向绕管件旋转边均匀加力，直至割断管件。

使用及注意事项：

(1)根据被割管径选择适当规格的管子割刀，以免割刀与滚轮之间的最小距离小于该规格割刀的最小割管尺寸，导致滑块脱离主体导轨；

(2)检查割刀、加力丝杠、割刀架扶正轮等各部件是否完好；

(3)将被割管件用管子压力钳夹牢，割刀与管子垂直，以防割刀片刀刃迸裂；

(4)将被割管件按要求的长短划好线，松开刀口，将割刀卡在管件上，使刀刃对准划线，同时用加力丝杠逐渐进刀；

(5)每次进刀用力不可过猛，进刀深度以每次不超过螺杆半转为宜，初割时进刀量可稍大些，以便割出较深的刀槽；

(6)使用时管子割刀各活动部分和被割管子表面均需涂少量润滑油，以减少摩擦。

六、管子铰板

管子铰板是一种在管子上铰制外螺纹的专用工具，俗称套丝。主要由板牙和铰手两部分组成，结构如图 1-10 所示。

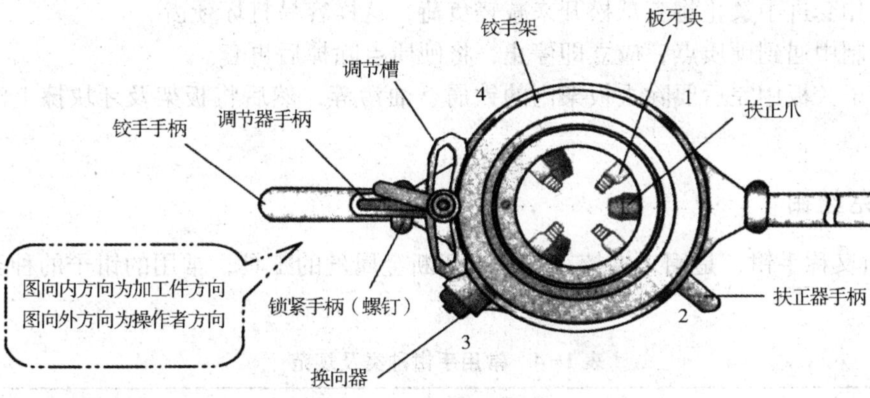

图 1-10　管子铰板示意图

板牙是加工外螺纹的工具，常用的有圆板牙和圆柱管板牙两种。圆板牙如同一个螺母，上面有几个均匀分布的排屑孔，并依次形成刀刃。

铰手用于安装板牙，与板牙配合使用，铰手外圆上有 5 只螺钉，均匀分布的 4 只螺钉起紧固板牙的作用。其中上方的两只螺钉兼有调整小板牙螺纹尺寸的作用；顶端的那只螺钉起调节大板牙螺纹尺寸的作用，这只螺钉必须插入板牙的"V"形槽内。

板牙选用工件(圆棒或圆管)的外径应小于螺纹直径。工件外径"D"可按下列经验公式计算：

$$D \approx 0.13dt$$

式中　D——工件(圆棒或圆管)外径，mm；

d——螺纹直径，mm；

t——螺距，mm。

(一)操作方法

(1)装牙。将锁紧手柄以顺时针方向转到极限位置，松开调节器手柄(调节柄)转动前盘盖，使两条 A 刻线对正。然后将选择好的板牙块按 1、2、3、4 序号对应地装入牙架的 4 个牙槽内，将锁紧手柄逆时针方向转到极限位置。

(2)上板。转动后盘盖，调节扶正爪(三爪不要过紧，起到扶正作用即可)，将板牙块套入将要套扣的管件上。

(3)套扣。普通管子 25mm 以上，每 25.4mm 套 11 扣；20mm 以下，每 25.4mm 套 14 扣，套出的扣头应呈锥状，螺纹不秃，无毛刺。为了保证质量，延长牙块寿命，套扣应分为 2～3 板进行，每次都要调节套圈位置。

(4)退牙。管子套到所需扣数后，要逐渐向回退牙块，边退边松锁紧手柄。第二板套进时，应注意管头扣的深度，由深而浅使管扣呈锥状。

(5)卸牙。按顺时针方向将扳机和大盖转到极限位置，然后取下牙块。

(二)使用管子铰板注意事项

(1)不能套制硬度过高的钢管，套制的管子内外有泥沙、污锈时应先清除。

(2)在套制有缝钢管时，要对凸起部分铲平后再套。

(3)套制中要浇注润滑油，加力要均匀、平稳，不能用榔头等敲击板牙手柄。

(4)管扣套进中禁止将三爪松开来减轻负荷，这样容易打坏牙齿。

(5)套制中遇到硬质点，应立即停止，将硬质点除掉后再套。

(6)管子铰板用完后要除去板架内的铁屑、油污等，然后将板架及牙块擦上洁净油脂放好。

七、克丝钳

克丝钳又称手钳，是用来夹持小工件或切断金属丝的工具，常用的钳子的种类与规范见表1-4。

表1-4　常用手钳种类及规范

种类		规范		用途
		长度/mm	工作电压/V	
手钳	铁柄(有旁剪口)	150，175，200	—	切断金属丝
	绝缘柄(有旁剪口)	150，175，200	500	切断金属丝，带电使用
尖嘴钳	绝缘柄(带刃口)	130，160，180，200	500	电气仪表常用工具，一般剪切细小零件
弯嘴钳	绝缘柄	130，160，180，200	500	在狭窄或凹下地方工作
扁嘴钳	绝缘柄	110，130，160	500	弯曲金属薄片、细丝成所需形状
圆嘴钳	绝缘柄	110，130，160	500	把金属薄片、细丝弯成圆形
斜口钳	绝缘柄	130，160，180，200	500	剪切金属薄片和金属丝

采油常用的钳子有克丝钳和尖嘴钳两种，如图1-11、图1-12所示。

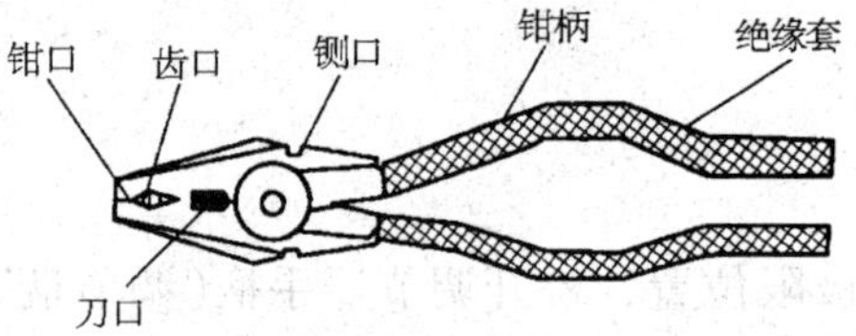

图1-11　克丝钳

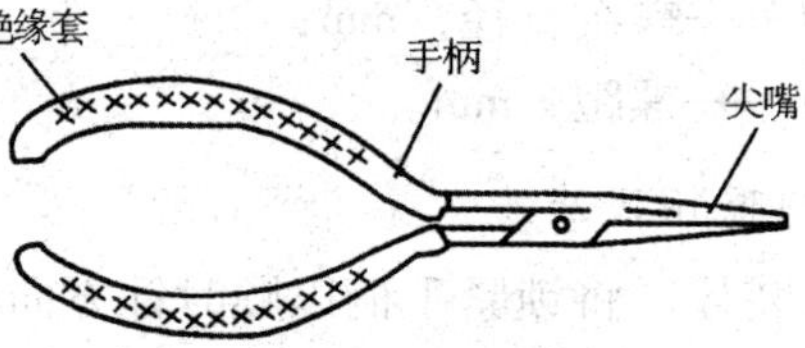

图1-12　尖嘴钳

(一)克丝钳

克丝钳使用时应注意以下事项：

(1)使用前，应检查绝缘套的绝缘性能是否良好；

(2)用电工钳剪切带电导线时，应注意手钳钳柄的耐压必须高于电压1倍以上，并检查绝缘套是否损坏，不得用钳口同时剪切相线和零线，或同时剪切两根相线，那样都会造成线路短路；

(3)手钳不可代替手锤作为敲打工具，也不能锤击手柄或钳头，以防损坏钳子；

(4)不能剪硬质合金钢；

(5)手钳要经常注油，以防锈死。

(二)尖嘴钳

尖嘴钳的头部尖细，适于在狭小的工作空间操作，尖嘴钳也有裸柄和绝缘柄两种，其握法与电工钳的握法相同。使用尖嘴钳的注意事项如下：

(1)电器维修必须用绝缘柄尖嘴钳；

(2)使用时不能用尖嘴去撬工件以免钳嘴变形；

(3)刃口尖嘴钳只能剪切金属丝，不能剪钢质粗丝；

(4)带电作业前必须检查绝缘性是否良好。

八、锉刀

(一)锉刀的种类

按断面形状、尺寸大小、锉齿粗细、结构特点及应用范围分类，锉刀有很多种类，如表1-5所示。

表1-5　各种钢锉示意图

形状	图	尺寸/in
菱形锉		4、5、6、8
油光锉		6、8、10、12、14
尖头单纹米尔锉		6、8、10、12、14
圆锉		4、6、8、10、12、14、16、18
半圆锉	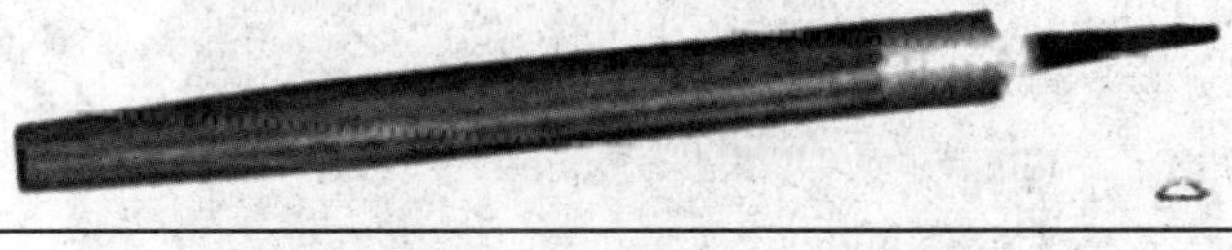	4、6、8、10、12、14、16、18

(二)锉削平面时容易出现的主要问题

(1)平面中凸。锉削时锉刀前后摇摆容易产生平面中凸。因此，在锉削时两手压力大小应随锉刀两端伸出工件的长度而变化，使锉刀两端的压力对工件中心的压力矩始终保持平衡。

(2)表面不够光洁。其原因是锉刀齿粗细选择不当，嵌在锉刀齿上的屑沫未消除。因此，在锉削时应注意经常用钢丝刷顺着锉纹方向刷去切屑。

(三)使用锉刀注意事项

(1)新锉刀表面可能有防锈油，使用时要打滑，必须清除防锈油后再使用。

(2)新锉刀锉刃较尖锐，不要先用来锉削毛坯硬皮或工件棱角与狭面，以免爆齿。

(3)使用锉刀时，锉削速度不宜过快、用力过猛，也不宜用二号(中齿)、三号(细齿)

锉锉削软金属，以防屑末淤齿。

(4)锉齿堵塞，可用钢丝刷清除。

(5)先用粗齿锉，当接近尺寸时，再用细齿锉。

(6)锉刀使用时，先用一面锉，用钝后再用另一面。

(7)不得用手摸刚锉过的表面或在锉件上涂油脂。

(8)不能用锉刀敲、撬其他物体以免折断。

(9)不得将锉刀重叠放或与其他工具堆放在一起。

九、台虎钳

台虎钳是一种常用的夹持工具，是锯、锉维修设备零件所必需的，我们要重点掌握台虎钳结构及其使用方法和注意事项，做到正确熟练使用台虎钳。

(一)台虎钳的作用

台虎钳主要用于夹持工件。

(二)台虎钳的规格尺寸及类型

台虎钳的规格是按钳口长度划分的，常用的台虎钳有 75mm、100mm、125mm、150mm、200mm 等。台虎钳的类型分固定式和回转式两种，现以回转式台虎钳为例予以介绍。台虎钳结构如图 1-13 所示。

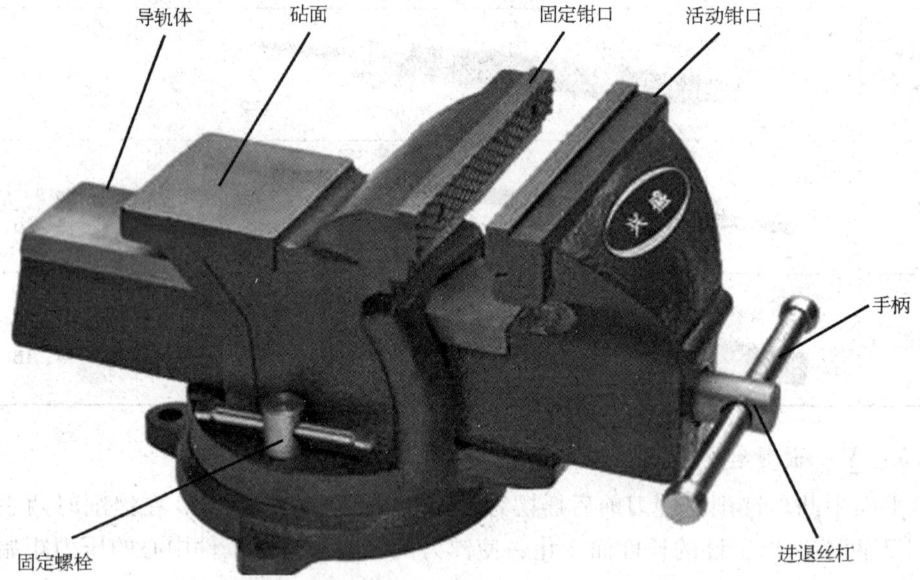

图 1-13　台虎钳结构

(三)回转式台虎钳的结构

台虎钳主要由钳台和虎钳构成，虎钳由固定钳口、活动钳口、进退丝杆、手柄、砧面及导轨体组成。

(四)台虎钳的使用方法及注意事项

(1)台虎钳应可靠地固定在钳工台上；

(2)有砧面的虎钳，允许将工件放在上面做轻微的敲打；

(3)丝杠和导轨体应保持清洁和润滑；

(4)工件尺寸超过钳口长度时，应使用支架或垫铁垫实；

(5)台虎钳体要紧固平稳，角度要适当；

(6)夹工件要夹牢，防止加工时脱落；

(7)夹持工件时保护好工件的加工面，夹紧度要适当，不能夹扁工件；

(8)车制过的工件夹在台虎钳上时，钳口要垫一层软金属垫，防止将车制件夹坏；

(9)台虎钳的丝杠要经常保养除污防腐蚀，保证灵活好用；

(10)用手锤敲击时不要过猛，用力要适当，防止把钳口打坏；

(11)不要用台虎钳夹持工件烧焊，否则台虎钳烧退火，钳口变软，影响使用。

十、链钳

(一)用途、结构与规格

(1)用途：用于外径尺寸较大、管壁较薄的金属管的螺纹装卸，也可用于管壁较厚的管材上扣、卸扣。

(2)结构：链钳主要由手柄、钳头、链条等主要部件组成，如图1-14所示。

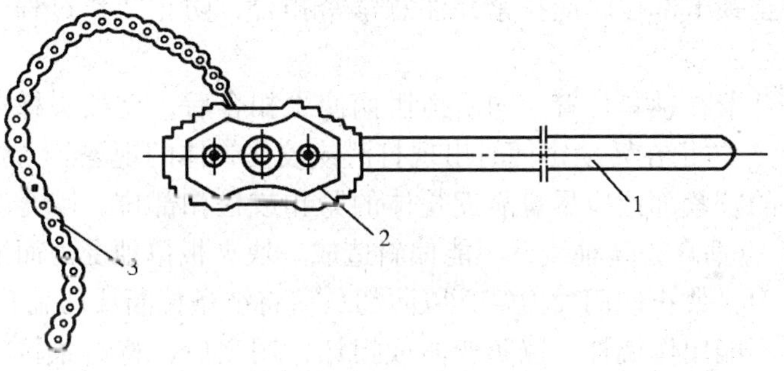

图1-14　链钳示意图

1—手柄；2—钳头；3—链条

钳头上用销子固定有两块夹板，每块夹板的四边角均做成梯形齿，以便与管壁啮合，防止打滑，链条采用全包式，可绕过管子卡在二夹板的锁紧部位，使包合管子的外力分布均匀，更加适合薄壁管材的螺纹上扣、卸扣工作。

(二)操作步骤与要求

1. 在平放管件上卸扣或紧扣

(1)将需要连接的管线用垫木垫平，管体距地面的间距以能保证链钳链条通过为宜。

(2)将钳头垂直摆放在所需转动的管体的螺纹连接部位，其钳头摆放方向与所需转动方向一致，然后将链条绕过管体并拉紧卡在夹板锁紧部位的卡子上。

(3)将钳柄向后稍拖一下，使卡板头上的梯形齿与管体紧密啮合，双手紧握钳柄向上抬起，即可转动管体，若双手下压，钳柄回位，可使卡板头梯形齿与管体啮合放松，然后再稍向后拖一下，又可使啮合紧密，上抬钳柄又可转动管体，只要这样反复多次，即可达到上、卸管线螺纹的目的。

(4)工作结束，下压钳柄，可使包合管子的链条松动(不要后拖钳柄)，然后左手托起钳头后部使钳头抬起，右手即可将链条从夹板上取出，若啮合较紧不易取出链条时，可将钳柄敲打一下，使链条松动，即可取出。

2. 直立或倾斜度较大放置管线时的上扣、卸扣

(1)面对管线站立，双脚分开与肩同宽，手持钳柄与管体中心线垂直，将钳头方向与旋转管体方向一致并紧靠在管体上面，然后把链条反方向(与转动方向相反)绕管体一周，拉紧并扣到夹板的锁紧部位。

(2)将钳柄稍向后拖，使齿头梯形齿紧紧咬在管体上面，然后转动手柄，若空间允许，可沿圆周方向连续推动旋转，若连续推转受到空间限制，则可将钳柄推转到最大角度时，左手托起链钳夹板，右手将钳柄扳回原位，再次推转手柄，如此反复进行，即可达到上、卸螺纹的目的。

(3)工作结束，将钳柄往回退一下，即可放松链条，再将夹板晃动，右手托住钳头，左手取出链条。

(三)注意事项及维护

(1)使用前必须对链钳各部位进行仔细检查，不得有裂纹和缺损，部件应齐全，各链节间连接应可靠，转动应灵活、无阻卡。

(2)链条包合至锁卡部位时应拉紧并注意紧密扣合，防止工作过程中链条松脱，钳头下砸而碰伤手脚。

(3)链条包合并卡在锁紧位置，向后拖钳柄使之扣合后，夹板头梯形台阶上至少应有两个齿压在管体上，防止在转动钳柄时出现打滑或咬伤管体的现象。

(4)链条包合的咬紧部位应尽量靠近管体的紧扣或松扣部位，啮合时，链条应均匀紧贴管壁，且两夹板应垂直管体轴线，不能偏斜造成一块夹板单独受力而缩短使用寿命。

(5)链钳工作中，禁止使用加力管，以防超负荷将链条拉断或压扁管体。

(6)链钳手柄不能用作撬杠，以防弯曲或损坏，用完后，将链条拉直使链钳平放在工具台上或者将钳柄朝下，钳头朝上，并将链条翻搭在支架另一侧，使链钳斜靠在支架上。

(7)链钳使用后，应保持清洁、干净，除必要时对链条各销孔及轴滴油润滑外，任何部位都不能留有淤泥和油泥。

十一、卡尺

卡尺是一种间接测量工具，用它来度量尺寸时要在工件上测量，再与量具比较，才可得出数据，常用的卡尺有内卡尺、外卡尺两种，它们的结构示意图如图 1-15(a)所示。内、外卡尺测量尺寸方法如下：

(1)如图 1-15(b)所示，将外卡尺的两只脚尖紧贴圆筒外壁，使两脚尖之间的距离等于圆筒的外径，用刻度尺测出这段距离。在筒外不同的直径方向连续测量三次，然后把数据填入表格，算出外径的平均值；

(2)如图 1-15(b)所示，参照外卡尺的测量方法，用内卡尺测出圆筒的内径。把三次测量的数据填入表格，算出内径的平均值；

(3)根据圆筒外径、内径读数的平均值，如图 1-15(c)所示，求出筒壁的厚度并把结果填入表格。

实验次数	1	2	3	平均值
圆的外径 d_1/cm				
圆的内径 d_2/cm				
圆筒的厚度 d =　　　(cm)				

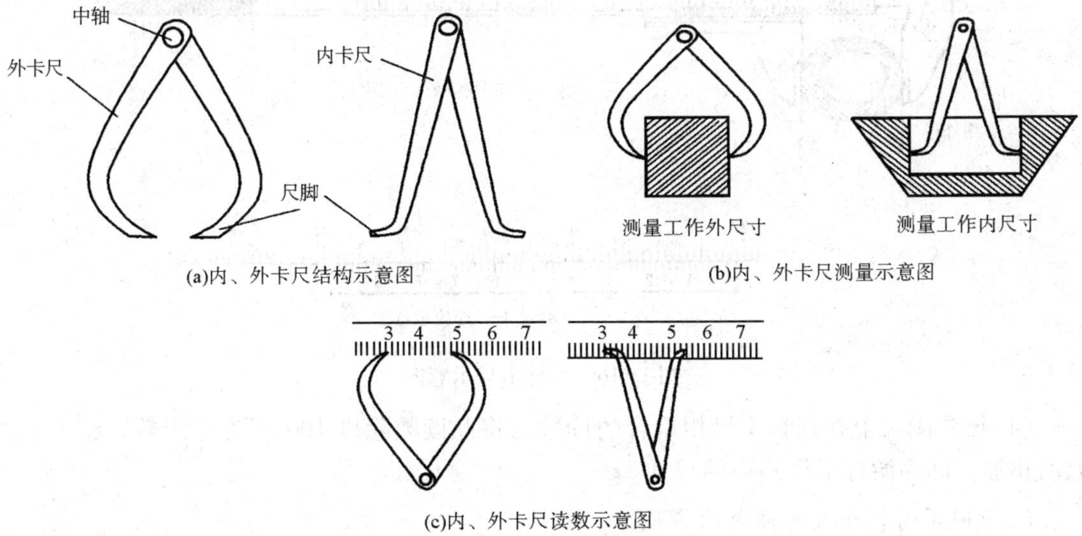

(a)内、外卡尺结构示意图　　(b)内、外卡尺测量示意图

(c)内、外卡尺读数示意图

图 1-15　卡尺使用示意图

十二、游标卡尺

游标卡尺是一种中等精度的量具，它可以直接测出工件的内外尺寸，结构如图 1-16(a)所示。精度有三种：0.1mm 、0.05mm 和 0.02mm。常用的游标卡尺有 150mm 和 200mm 两种规格，这两种游标卡尺的精度均为 0.02mm。

(一)游标卡尺的读数方法

(1)使用游标卡尺测量工件的尺寸时，应先检查尺况，再校准零位，即主副两个尺上的零刻度线同时对正，即为合格，这样才可以使用。

(2)测量工件外径时，应先将两卡脚张开得比被测尺寸大些，而测量工件的内尺寸时，则应将两卡脚张开得比被测工件尺寸小些，然后使固定卡脚的测量面贴靠工件，轻轻用力使副尺上活动卡脚的测量面也贴紧工件，并使两卡脚测量面的连线与所测工件表面垂直，再拧紧固定螺钉，如图 1-16(b)所示。

(3)在主尺上读出副尺“0”位的读数，如图 1-16(c)所示。

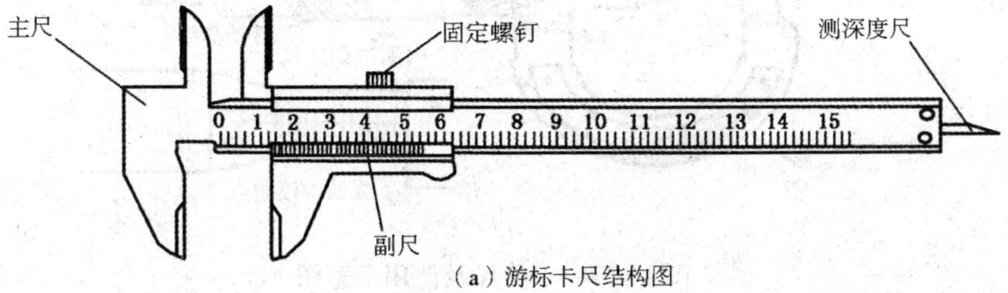

(a)游标卡尺结构图

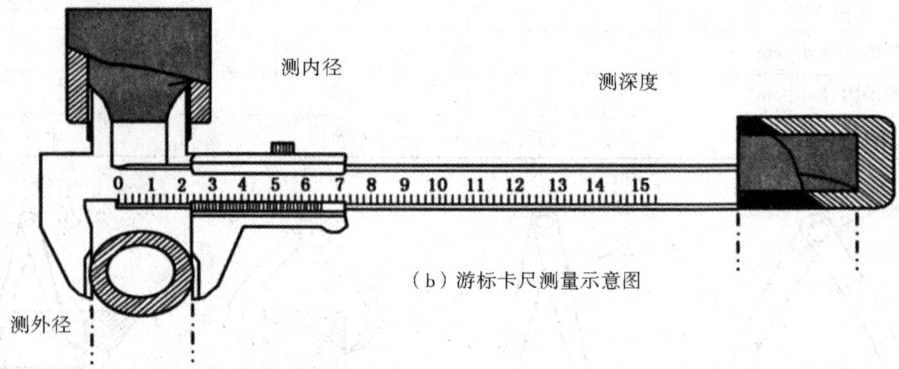

（b）游标卡尺测量示意图

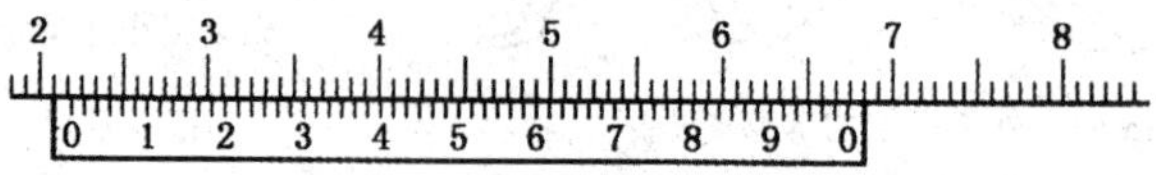

（c）游标卡尺读数示意图

图 1-16　游标卡尺示意图

(4)再在副尺上找到和主尺相重合的读数，将此读数除以 100 即为毫米数，将上述两数值相加，即为游标卡尺测得的尺寸。

(二)使用游标卡尺应注意的事项

(1)测量工件前应将卡尺揩干净，检查卡尺的两测量刃口是否平直无损。把两个测量爪贴合游标和主尺，看是否对准“0”位。

(2)移动尺框是否自如，不应过紧或有晃动，用固定螺钉固定尺框时，读数不应改变。

(3)测量零件时，不许过分加压力，两个量爪刚好接触到零件表面即可。

(4)测外径尺寸，卡尺两测量面的连线应垂直于被测量物的表面，不能歪斜。

(5)读数时应将卡尺水平地拿着，使眼睛和卡尺的刻度线表面垂直，避免因视线歪斜而造成误差。

十三、外径千分尺

外径千分尺是精密度更高的测量工件外形尺寸的量具，其结构如图 1-17 所示。千分尺主要用来测量精度要求较高的工件，其精度可达 0.01mm。常用的有 0～25mm、25～50mm、50～75mm、75～100mm、100～125mm 等 5 种规格的千分尺。

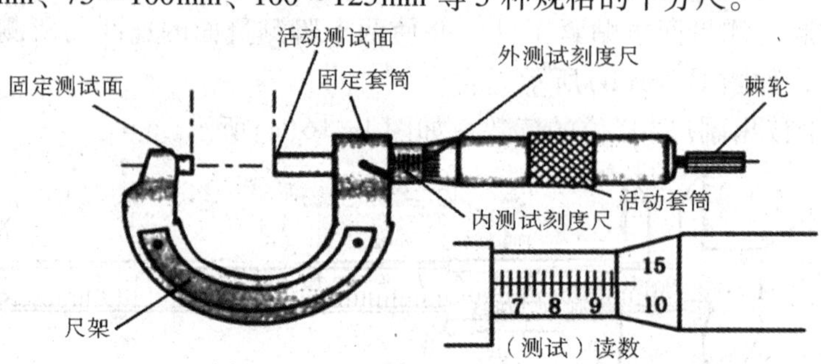

图 1-17　千分尺及使用示意图

千分尺的使用方法如下：

(1)将千分尺的测量面擦拭干净，检查“0”位是否准确；

(2)将工件的被测表面擦拭干净；

(3)用单手或双手握持千分尺，先转动活动套筒，千分尺的测量面一接触工件表面就转动棘轮，当测力控制装置发出嗒嗒声时，停止转动，此时即可读数；

(4)读数时，要先从内测试刻度尺刻线上读取毫米数或半毫米数，再从外测试刻度尺(即活动套筒)与固定套筒上中线对齐的刻线上读取格数(每一格为0.01mm)，将两个数值相加，就是测量值。

需要注意的是：不可用千分尺测量粗糙工件表面；使用后测量面要擦拭干净，并加润滑油防锈，然后放入盒中保存。

十四、钢卷尺

钢卷尺是生产现场施工与规划中不可缺少的常用的精度较低的测量工具，适用于测量各种油罐的周长及油管和抽油杆的长度，亦适用于大尺寸长度的测量，其常用的规格有2m、3m、5m、15m、30m、50m、100m、150m、200m等。

按规程准确度规定，钢卷尺适用于日常许多准确度要求不高的场合。在钢卷尺的使用过程中经常性的拉拔、磨损等，极容易在较短的使用期间内导致外观磨损、线纹刻度磨损、尺带拉长、尺寸超差等，因而应尽量保护钢卷尺的尺面。

钢卷尺使用时应注意：

(1)拉伸钢卷尺要平稳，不能速度过快，拉出时尺面与出口断面相吻合，防止扭卷；

(2)测量时必须保持测量卡点在被测工件的垂直截面上。

十五、起子

起子又称改锥和螺丝刀，如图1-18所示。它是一种紧固和拆卸螺钉的工具，螺钉旋具的式样和规格很多，按头部形状可分为“一”字形和“十”字形两种。“一”字形螺钉旋具常用的有50mm、100mm、150mm、200mm等规格。“十”字形螺钉旋具专供紧固或拆卸“十”字槽的螺钉使用，常用的有4种规格：1号适用于直径2～2.5mm的螺钉，2号适用于直径3～3.5mm的螺钉，3号适用于直径6～8mm的螺钉，4号适用于直径10～12mm的螺钉。

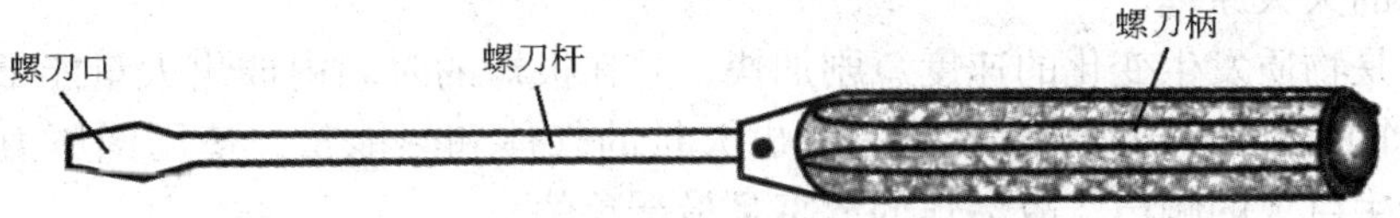

图1-18　普通螺钉旋具示意图

起子的使用注意事项：电工不可使用金属杆直通柄顶的螺钉旋具，否则很容易造成触电事故；使用螺钉旋具紧固或拆卸带电的螺钉时，手不要触及螺钉旋具的金属杆，以免发生触电事故；为了防止螺钉旋具的金属杆触及皮肤或触及邻近带电体，应在金属杆上套上绝缘管。

第二节　油气井站防火

站库的安全关系着每个人的生命安全，也关系着每台设备的正常运行状况，只有正确掌握消防器材的使用方法，才能在发生险情时及时消除火灾，保证生命安全和站库生产的正常运行。

一、防火基础知识

（一）燃烧

燃烧是可燃物质与氧或氧化剂化合时发生的一种放热和发光的化学反应。由于可燃物可以是气体、液体、固体，所以燃烧的形式是多种多样的，常见的四种形式包括：自燃、闪燃、燃烧、爆炸。

自燃是指某些可燃物质在没有外来热源（火花、火焰）的情况下，由于其本身内部的生物、物理或化学作用产生的热而引起自动燃烧的现象。

闪燃是指可燃液体在低于某一温度时液体挥发出来的蒸气与空气形成混合物，遇火源（明火）时能够发生一闪即灭的现象，这一（最低）温度就称为该液体的闪点，闪点越低，火灾的危险性就越大。

按闪点的高低，能燃烧的液体可分为四级：第一级，闪点低于28℃；第二级，闪点在28～45℃之间；第三级，闪点在45～120℃（不含45℃）之间；第四级，闪点大于120℃。第一级和第二级液体为易燃液体，第三级和第四级液体为可燃液体。

燃烧也叫着火，是指可燃物在空气中受到火源的作用而燃烧，并在火源移去后仍能继续燃烧的现象。

燃烧必须具备三个条件：

（1）要有可燃物质存在，如木柴、纸张、汽油、酒精、氢气等；

（2）要有助燃物质，凡能帮助和支持燃烧的物质都叫助燃物质，如氧气、氯气、氯化钾和高锰酸钾等；

（3）要有火源，如火柴、火焰、静电火花、化学能或聚焦的日光等。

上述三项为燃烧的基本条件，控制三个条件其中之一，就可以控制燃烧（着火）。这就是后面要讲的灭火原理。

爆炸就是物质发生变化的速度急剧加快，并在极短的时间内放出大量能量的现象。这种变化（爆炸）以机械功的形式在瞬间放出大量的气体和热能量，使周围压力发生急剧变化，同时产生巨大的响声，故爆炸的危害是最严重的。

当可燃气体、可燃液体的蒸气或可燃粉尘和空气混合时，遇到火源就会发生爆炸的浓度范围，称之为“爆炸极限”。“爆炸极限”通常用可燃气体蒸气或粉尘在空气中的体积分数来表示。

通过各种技术措施改变“爆炸极限”条件，可以防止爆炸。

（二）火源

火源是燃烧的三个条件之一，通常火源可分为直接火源和间接火源。直接火源指明火、电火花、雷击等；间接火源指加热自燃起火、本身自燃起火等。

(三)火灾

火灾的发展过程通常要经历三个阶段：初燃阶段——燃烧面积小、强度弱，放出的热辐射不多，烟和气体流动较慢；燃起阶段——燃烧强度大，温度上升，放出的热辐射多而强，烟和气体流动迅速，面积扩大；熄灭阶段——可燃物质减少，温度下降，火趋向于熄灭，直到可燃物烧完为止。

二、油气井站防火

(一)石油、天然气着火特点

石油、天然气具有易燃、易爆、易挥发和易于聚积静电等特点，液体产品蒸发的气体或气体产品泄漏，与空气混合到一定比例范围就可产生可爆性气体，可爆性气体一遇到明火以及静电都会产生爆炸。对于采油职业的工作环境，不可避免地离不开原油和天然气，所以在生产操作中必须掌握这些常识，按照安全生产操作规程进行作业，认真做好防火、防爆、防泄漏工作。

具体要求如下：

(1)严格执行各项安全制度和生产操作规程；

(2)在维修改造施工中严禁动用明火，必须动明火时一定要有动火手续(审批报告)并在施工现场准备好必要的防火措施(灭火器等)；

(3)井间以及各种污油池要按规定打好防火道；

(4)发生火灾时会拨打火警电话(119)，并会救火(正确使用灭火器等消防器材)。

(二)电气着火特点

1. 油开关防火

用油开关切断电源时要产生电弧，电弧通过油开关的灭弧装置而熄灭。如果油开关不能迅速有效地灭弧，电弧将产生300～400℃的高温，使油分解成含有氢的可燃气体，可能引起燃烧或爆炸。

2. 电开关防火

(1)安装电开关应与房内的防火要求相适应，在有爆炸危险的室内场所，应采用防爆型或防爆重油型的开关，否则开关应安装在室外；

(2)闸刀开关应安装在非燃烧材料制成的闸板上或闸盒内；

(3)开关的额定电流和额定电压均应和实际使用情况相适应；

(4)线路和设备应连接牢固，避免产生过大的接触电阻；

(5)单极开关必须接在火线上，否则开关虽断，电气设备仍然带电，一旦火线接地或搭接金属物体，仍然有自发接地短路引起火灾的危险。

3. 熔断器防火

因为一定粗细的电线和一定容量的电气设备允许长时间通过的额定电流是有一定数值限制的。因此用来保护电线和设备的熔断丝，一定要选择适当，才能起到保护作用。如果用铁丝来代替熔断丝，当电路中的电流超过额定电流时，铁丝不会及时熔断，将起不到保护的作用。

4. 电动机着火

如果电动机不正常运转，发热量会大于散热量。电动机温度升高，使其绝缘层受到破坏而引起电动机着火。一般电动机着火的原因有：

(1)电动机超负荷或低电压运行；

(2)三相电动机二相运行；

(3)电动机轴承被卡住；

(4)电动机线圈绝缘损坏，发生短路；

(5)通风槽受到阻碍，不能散热。

5. 电气照明的防火

(1)照明电线上应安装熔断丝或自动开关装置，以保证发生事故时，立即切断电源；

(2)车间的照明，功率大的电灯泡应用灯罩进行防护；

(3)在有大量水蒸气的厂房内，采用防水灯罩；

(4)在有爆炸危险性的厂房内，采用防爆灯。

三、常用灭火方法

灭火常用的方法有三种：

(1)窒息法——使燃烧区周围空气中氧的浓度低于维持物质燃烧的浓度或者根本不使氧进入燃烧区；

(2)隔离法——限制和停止可燃物质进入燃烧区，也包括将可燃烧物质撤离燃烧区；

(3)冷却法——把水或其他灭火剂喷洒在燃烧物质上，使其温度下降到自燃点以下。

四、常用灭火器的使用、检查与保养

灭火器是一种灭火效率高，使用方便，来源丰富，成本低廉，对人体和物体基本无害的灭火器材，生产现场一般普遍采用灭火器进行救灾灭火。

灭火器适用的灭火种类通常有四种，即木材纸张、易燃可燃液体、可燃气体和电气设备等。下面介绍几种常用灭火消防器材及使用方法。

(一)1211 灭火器

1211 灭火器是一种比较先进的灭火器，有手提式和固定式两种，其质量有 0.5kg、1kg、2kg、4kg、6kg、25kg 和 40kg 等不同规格。可根据不同需要装配在消防车、油罐车、油库大型浮顶罐以及万吨油轮或地下工程的要害部位，也可以装在大型自动化灭火装置上。采油常用的是手提式灭火器，如图 1-19 所示。

1. 应用范围

对油类、有机溶剂、精密仪器、文件档案等灭火效率高，效果好，安全可靠，主要以扑救初期火灾为主。

2. 使用方法

以 MF2 型灭火器为例，使用时首先要看一下灭火器压力是否合格，然后迅速提到着火现场，拔出安全销，左手握住喷射胶管对准着火点，右手提压手柄，进行灭火，如图 1-20所示。

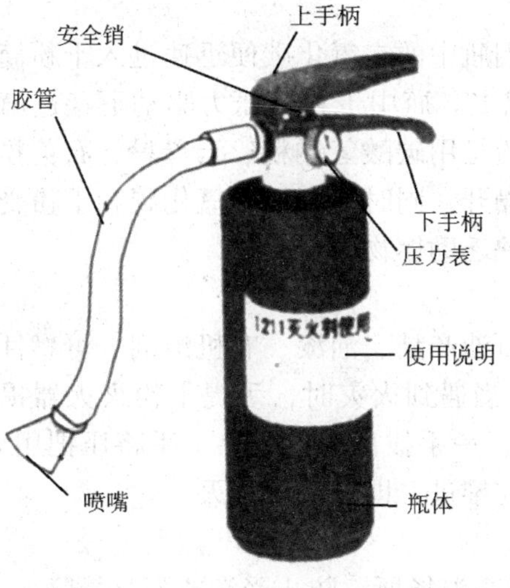

图 1-19　1211 灭火器示意图

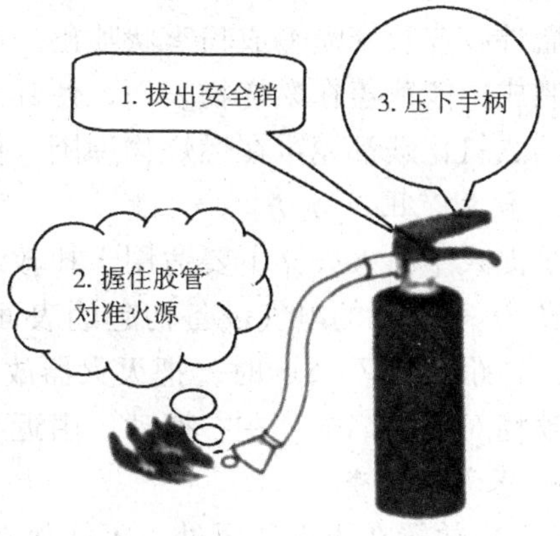

图 1-20　1211 灭火器使用方法示意图

3. 性能参数

MF2 型灭火器性能参数：

(1)质量：2.0kg，误差 0.04kg；

(2)压力：1.20～1.35MPa(氮气)；

(3)有效喷射时间≥8s；

(4)有效距离≥3.5m；

(5)灭火级别：0.8 m^2；

(6)水压试验：2.75MPa；

(7)使用温度：－20～＋55℃；

(8)电绝缘性：50kV。

4. 注意事项

(1)灭火器每半年检查一次，如果灭火器压力比 20℃时额定充装最低压力减少 10%，表上的压力指针低于绿色区进入红区时，应及时补充灭火剂和氮气；

(2)灭火器每年及每次再装前应进行水压试验，试验合格后方可继续使用；

(3)水压试验后应及时干燥处理，并检查内部并清除明显锈蚀后方可继续使用。

(二)干粉灭火器

1. 结构组成

手提式干粉灭火器由干粉筒和二氧化碳钢瓶组成。主要部件有压把、保险销、提把、顶针、压力表、器头、筒体、吸粉管、插座、底圈、喷嘴、二氧化碳钢瓶及其顶部桶杆、连接螺母、铜片和出气管等，如图 1-21 所示。

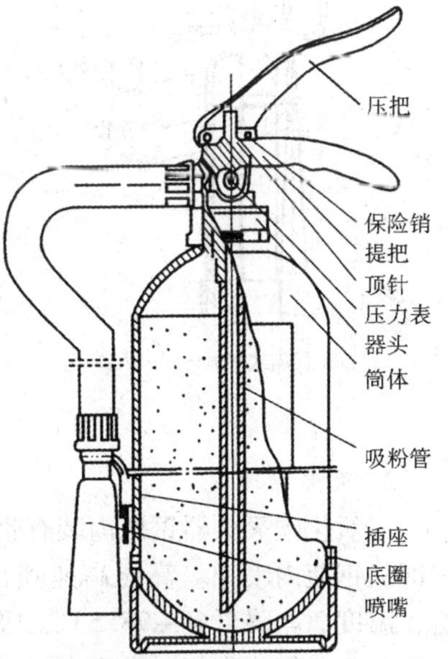

图 1-21　手提式干粉灭火器结构示意图

2. 灭火原理

当用力下压压把时，捅杆便把铜片捅穿，钢瓶中的二氧化碳便迅速进入干粉筒。几秒钟后，干粉筒内的压力就上升到 1.0×10^6Pa 以上。瓶中干粉在压力驱动下经过筒内吸粉管、瓶外胶皮管和喷嘴成粉雾状喷出。由于干粉是用碳酸氢钠粉、云母粉、石英粉、滑石粉等制成，能覆盖在燃烧物表面，使其与空气隔开，同时喷出的二氧化碳和干粉受热分解产生的二氧化碳都笼罩在燃烧物周围，使其因缺乏助燃物而熄灭。

3. 使用范围及方法

手提式干粉灭火器主要适用于扑救油类、石油产品、油漆、有机溶剂、可燃性气体及电压在 10kV 以下的电气设备初起的表面火灾。当遇到火灾时，手提干粉灭火器提把奔向火场，在距火场 7～8m 时，把灭火器放在地上，一手拔出保险销，一手将压把用力下压，并使喷嘴对准火焰根部左右摆动，由近及远向前推进，即可将火扑灭。

4. 保养与检查

(1)应放置在干燥通风处，不能放在露天或高温场所，防止受潮或烈日暴晒。

(2)应保持密封，防止二氧化碳漏失。每半年检查一次二氧化碳的质量，若少于 230g，就应及时补充二氧化碳，使其达到 235～240g 方为合格。

(3)每年抽查一次干粉，看是否保持粉状。若已经受潮结块，就应及时取出，重新装入 8kg 合格的干粉。

(三)二氧化碳灭火器

1. 结构组成

二氧化碳灭火器由钢瓶、虹吸管、开关、喷筒等部分组成。有鸭嘴式开关和手轮式开关两种。采油常用的是鸭嘴式开关二氧化碳灭火器，构造及使用方法如图 1-22 所示。

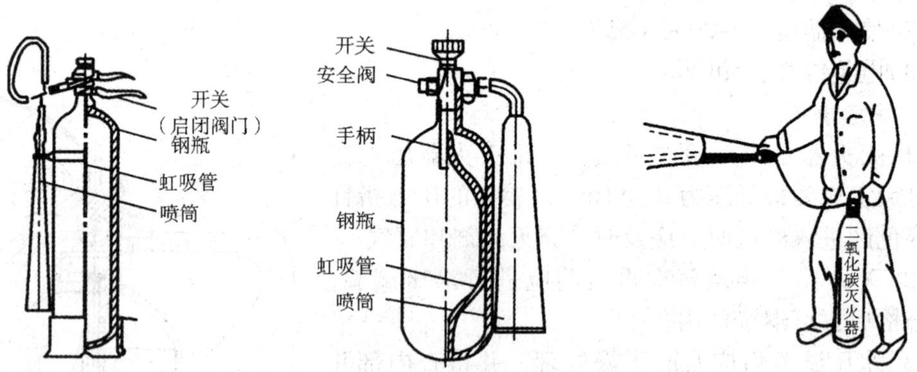

(a)鸭嘴式二氧化碳灭火器　(b)手轮式二氧化碳灭火器　(c)二氧化碳灭火器使用方法

图 1-22　二氧化碳灭火器构造及使用方法

2. 灭火原理

二氧化碳灭火器钢瓶内装有带高压的液态二氧化碳。使用时，打开开关，液态二氧化碳即从钢瓶内喷出。高压高速喷出的液压二氧化碳，迅速蒸发汽化，体积扩大 500 倍左右，温度急剧降低到 -78.5℃，吸收大量热量，使燃烧物质和燃烧区的温度大大降低。同时，由于二氧化碳相对密度大(1.529)，所以具有稀释和排除空气的作用，能够降低空气中的含氧量和可燃气体的含量。当二氧化碳浓度达到 30%～50%时，就能使燃烧停止。

3. 使用方法及范围

二氧化碳灭火器对扑灭油脂、电气及一切珍贵机件或物品及室内火灾最为有效。当遇到有火灾时，迅速打开开关(手轮式先揪断铅封，再将手轮逆时针旋转；鸭嘴式开关先拔掉保险，将鸭嘴向下压)，使二氧化碳喷向燃烧物即可。

4. 保养与检查

(1)存放温度不要超过42℃，也不要存放在潮湿的地方；

(2)每月称质量检查一次，质量不应少于铭牌规定；

(3)三年做一次承压试验。

(四)四氯化碳灭火器

四氯化碳灭火器是一种瓶内充有压缩空气与四氯化碳药剂的灭火器材。其结构外形与1211灭火器一样。

1. 应用范围

四氯化碳灭火器里边充有压缩空气，打开开关，四氯化碳就可以通过喷嘴喷射出来。遇火焰产生蒸气，它能迅速覆盖在燃烧物的表面及其周围，隔绝空气，火焰因窒息而被扑灭。四氯化碳灭火器能扑灭1.2万伏以下的电气火灾。

2. 使用方法

使用时，一手扶住灭火器的瓶体，并用手指按住喷嘴，另一手旋开手柄，前后抽动，打足气后，放开压住的手指，四氯化碳就会喷出灭火。

3. 性能参数

参见MF2型灭火器的性能参数。

4. 注意事项

由于四氯化碳灭火器本身有毒，因此在高温、空气不畅的环境下最好不用该类灭火器，现在这种灭火器越来越少用了。

第三节　防护与急救知识

防护准确地说有两个方面的内容：一是操作者人身自我防护，即不被各种设备、电气、火等对人身构成威胁或伤害；二是各种生产操作场所为操作者提供必要的安全设施。与采油有关的内容为：防油气中毒，防火、防爆，防机械伤人，防触电。

一、防油气中毒

(一)油气中毒的危害

原油、天然气及其产品的蒸气都具有一定的毒性，这些物质一旦被人吸入超过一定量时就会导致慢性或急性中毒。当空气中油气含量为0.28%时，人在该环境中12～14h就会有头晕感；如果含量达到1.13%～2.22%，将使人难以支持；含量再高时，会使人立即晕倒，失去知觉，造成急性中毒。在这种情况下若不能及时发现并抢救，则可能导致窒息死亡。

(二)油气中毒的防护措施

在采油生产工作中防止中毒主要采取以下措施：

(1)对生产密闭流程严格管理，杜绝随意排放；

(2)在易燃易爆作业场所，严禁工艺流程及设备的“跑、冒、渗、漏”；

(3)井间(站)天然气的放空严加控制，不准随意排放；

(4)计量间(站)、带井口房的油井等能使油气聚集的场所，要采取自然通风或强制通风等办法，来降低或避免油气聚集；

(5)对采油过程中经常使用或接触的毒性药品，要严格按规定使用操作，加强自我保护。

二、防火、防爆

在采油工作中对于防火、防爆的有效防护措施有：

(1)在易燃易爆生产作业场所，严格控制火源，认真履行动火手续和有效的安全措施；

(2)在要害危险场所应设置防火装置、自动报警器及强制通风等设施，严格执行国家企业有关防火、防爆安全管理规定；

(3)尽量采用密闭工艺流程，减少油气外泄，避免设备的“跑、冒、渗、漏”，一旦发现及时关闭电源和泄漏点，并排除附近明火源；

(4)配备相应和足够的消防器材，关键操作部位(点)必须采用防爆工具。

三、防机械伤害

(一)机械伤害

机械伤害(事故)是指由于机械性外力的作用而造成的事故，通常是指两种情况：一是人身的伤害，二是机械设备的损坏。采油日常工作的对象基本都与机械有关，如抽油机、电动螺杆泵等，所以防机械伤害，是采油必须重视的工作。

(二)防机械伤害的原则

(1)操作管理机械设备的岗位工人必须懂设备的性能、用途，会操作，会检查，会排除故障，必须持有上岗操作证。

(2)手持工具或专用工具必须严格按操作规程使用，避免伤害自己或他人。

(3)机械设备的操作人员必须按规定穿戴、使用劳动保护用品。

(4)活动机械设备现场作业时，要有专人指挥，操作人员要选择合适的环境和场地停放，避免碰、撞、挤压等事故发生。

(5)对机械外露的运动部位，按设计要求必须加防护罩，以避免引起绞碾伤害。

四、防触电

(一)触电伤害

1. 触电伤害概念

人体触及带电体或者带电体与人体之间闪击放电，或者电弧波及人体时，电流通过人体进入大地或者其他导体，这种情况就叫触电。触电时人体会受到某种程度的伤害，按其形式可分为电击和电伤两种。

电击是指电流流经人体内部，引起疼痛发麻、肌肉抽搐，严重的会引起强烈痉挛，心室颤动或呼吸停止，甚至对人体心脏、呼吸系统以及神经系统造成致命伤害导致死亡。绝大部分触电是电击造成的。

电伤是指触电时，人体与带电体接触部分的电烙印，或者是由于被电流融化和蒸发的金属微粒等侵入人体引起的皮肤金属化。这些伤害会给人留下伤痕，严重时也可能置人于死亡。电伤通常是由电流的热效应、化学效应或机械效应造成的。

2. 触电方式

单相触电：分为中线接地的单相触电、中线不接地的单相触电。

两相触电：人体两处同时触及两相带电体的触电事故。

跨步电压触电：当带电体接地有电流入地下时，电流在接地点周围土壤中产生电压降，人在接地点周围两脚之间的电压即跨步电压，由此引起的触电事故叫跨步电压事故。入地点周围20m范围为危险区。高压故障接地处或有大电流流过的接地装置附近都有可能出现较高的跨步电压。

（二）触电防护

1. 绝缘防护

电气设备和线路都是由导电部分和绝缘部分组成的，良好的绝缘能保证设备正常运行和保护人体免受触电的伤害。

2. 屏障防护

屏障防护就是采用遮拦、栅栏、护罩、护盖和箱匣等，把电气装置的带电体同外界隔开来，确保无绝缘或绝缘水平低的电气装置安全运行。

3. 安全间距防护

安全间距就是避免因碰到或靠近带电体而造成事故所需要的距离，因此要求带电体与地面、带电体与其他设备之间要有一个安全间距。

4. 接地接零保护

接地接零保护是把电气设备的某一部分通过接地装置，同大地紧密联系在一起。安全接地是指触电保护接地、防雷接地、防静电接地和防屏蔽接地。

5. 漏电保护

漏电保护是用于防止漏电而引起的触电事故，防止单相触电事故，防止漏电引起火灾事故，监视或切除一相接地故障。

6. 安全电压

安全电压是为了防止触电事故而采用的特殊电源供电的电压，是以人体允许电流与人体电阻的乘积为依据而确定的。我国规定6V、12V、24V、36V、42V为安全电压。

（三）触电急救

触电急救的基本原则：动作迅速、方法正确。具体措施是脱离电源和现场急救。

1. 脱离电源

（1）低压触电事故的处理：

①若触电地点附近有电源开关或电源插头，可立即断开开关或拔下插头；

②若触电地点附近没有电源开关或电源插头，可用有绝缘柄的电工钳或有干燥木柄的刀斧切断电源，或用干木等绝缘物插入触电者身下，以隔断入地电流；

③当电线搭落在触电者身上或压在身下时，可以用干燥的或绝缘的物件拉开触电者或挑开电线，使触电者脱离电源；

④若触电者衣服是干燥的，又没有紧缠在身上，可以用一只手拉其衣服，使其脱离电源；但因触电者的身体是带电的，其鞋绝缘也可能遭到破坏，救护人不得接触触电者的皮肤，也不能抓他的鞋。

(2)高压触电事故的处理：

①立即通知有关部门停电；

②带上绝缘手套、穿上绝缘鞋，用相应电压等级的绝缘工具按顺序断开开关；

③抛掷金属线使线路短路接地，迫使保护装置动作，断开电源。注意，抛金属线前，应先将金属线一端可靠接地。抛掷的金属线一定要在抛掷后不能触及自己和他人。

2. 现场急救

现场急救的主要方法是人工呼吸和外心脏按压法。触电急救用药应注意以下三点：

(1)任何药物均代替不了人工呼吸和胸外心脏按压；

(2)要慎重使用肾上腺素，对于有心跳的触电者不能使用；

(3)对与触电同时发生的外伤应分情况酌情处理。

第二章　自喷井生产管理

第一节　采油生产的工作内容与职责

本节主要让读者熟悉采油生产岗的生产管理内容与要求；熟悉油井、计量站的岗位职责。

一、采油生产岗的工作内容

采油生产岗的日常管理工作是采油生产的主要内容之一，主要有以下工作：

(1) 巡回检查。是按油井生产管理制度要求对油井的生产情况进布了定时检查。巡回检查时，要对油井设备的工作状况进行检查和调整，同时录取油井的生产数据与资料，对设备进行例行保养，倒换生产流程、清蜡防蜡、保温、做好规格化，对油井生产情况进行分析提出必要的管理措施。

(2) 设备管理。就是对油井所用设备进行保养维修。做到定时、定人、定责，使设备无缺、损、渗、松、锈等现象，各部件工作可靠，仪器灵敏，保证设备正常运转。

(3) 安全生产。掌握安全生产知识，认真执行安全生产规程，防火、防爆、防冻、防人身事故的发生。

(4) 协调工作。采油生产经常与井下作业、测试、维修等施工单位发生联系，要相互做好协调配合工作，认真对施工项目进行交接与验收。

二、采油生产岗职责

采油生产岗主要有油井岗位和计量岗位，其岗位职责分别如下：

(一) 油井岗位职责

(1) 认真执行油井配产方案，力争原油及天然气生产任务的完成。

(2) 认真遵守生产规程与制度，按时逐井逐点巡回检查，发现问题及时处理，对本人或本班无法处理的问题要及时汇报；认真执行交接班制度，每班提前半小时上岗交接班。

(3) 按规定录取油井生产的各项资料，保证资料齐全准确，填写及时、整齐。

(4) 及时掌握油井生产变化，及时收集整理本井及井组的动态资料，按规定进行井下泵况及油层动态分析，保证油井稳产。

(5) 按规定进行设备维修保养，确保设备完好和正常运行。

(6) 做好本岗位的安全生产工作，正确熟练地进行油井各项生产操作，遵守安全规程，防止事故发生。

(7)做好油井测试、作业及其他施工的配合协调工作，做到施工目的清、进度清、质量清。

(8)修旧利废，节约原材料，搞好经济核算。

(9)开展岗位练兵，努力学习新工艺、新技术，不断适应生产工艺与技术进步的要求。

(二)计量站岗位职责

(1)认真执行计量站生产操作规程与制度，按时巡回检查，调整好计量站油、水流程。

(2)完成本班工作任务，搞好全井组的工作配合，降低材料消耗，提高经济效益。

(3)正确进行计量站的各项生产操作，正确使用、维护计量站的设备与仪表。

(4)按规定进行量油测气，取全取准各项资料。

(5)确保安全生产，文明生产，做好防火、防爆、防冻、防憋压工作，杜绝违章操作，做好规格化。

(6)努力学习新工艺，掌握新技术。

第二节　油水井结构及井口装置

本节主要介绍油水井井身结构和各部分的作用，并使读者熟悉自喷井井口装置的组成和作用。

一、油水井井身结构及作用

井身结构是指完钻井深和相应井段的钻头直径、下入的套管层数、直径和深度、各层套管外的水泥返高和人工井底等，如图 2-1 所示。

(一) 油水井井身结构及作用

井身结构是由导管、表层套管、技术套管、油层套管和各层套管外的水泥环组成的。

1. 导管

井身结构中靠近裸眼井壁的第一层套管称为导管。导管的作用是：钻井开始时保护井口附近的地表层不被冲垮，建立起泥浆循环，引导钻具的钻进，保证井眼钻凿的垂直等。钻井时是否需要下入导管，要依据地表层的坚硬程度与结构状况来确定，导管的下入深度一般取决于地表层的深度，通常下入深度为 2 ~ 40m。所用导管的直径尺寸一般为 450mm 和 375mm。

下导管的方法较简单，把导管对准井位的中心沿垂直方向下入，导管与井壁中间填满石子，然后用水泥浆封牢固即可。

2. 表层套管

井身结构中的第二层套管称为表层套管，又叫地面套管或封隔水层套管。表层套管的作用是用来封隔地下水层，加固上部疏松岩层的井壁，保护井眼和安装封井器。表层套管的下入深度取决于上部疏松岩层的深度，下入深度一般为 30 ~ 150m。所用表层套管的直径尺寸为 400mm 和 324mm 等。其管外用水泥浆封牢固，水泥上返至地面。

3. 技术套管

在表层套管里面下入的一层套管(即表层套管和油层套管之间)称为技术套管，又叫中

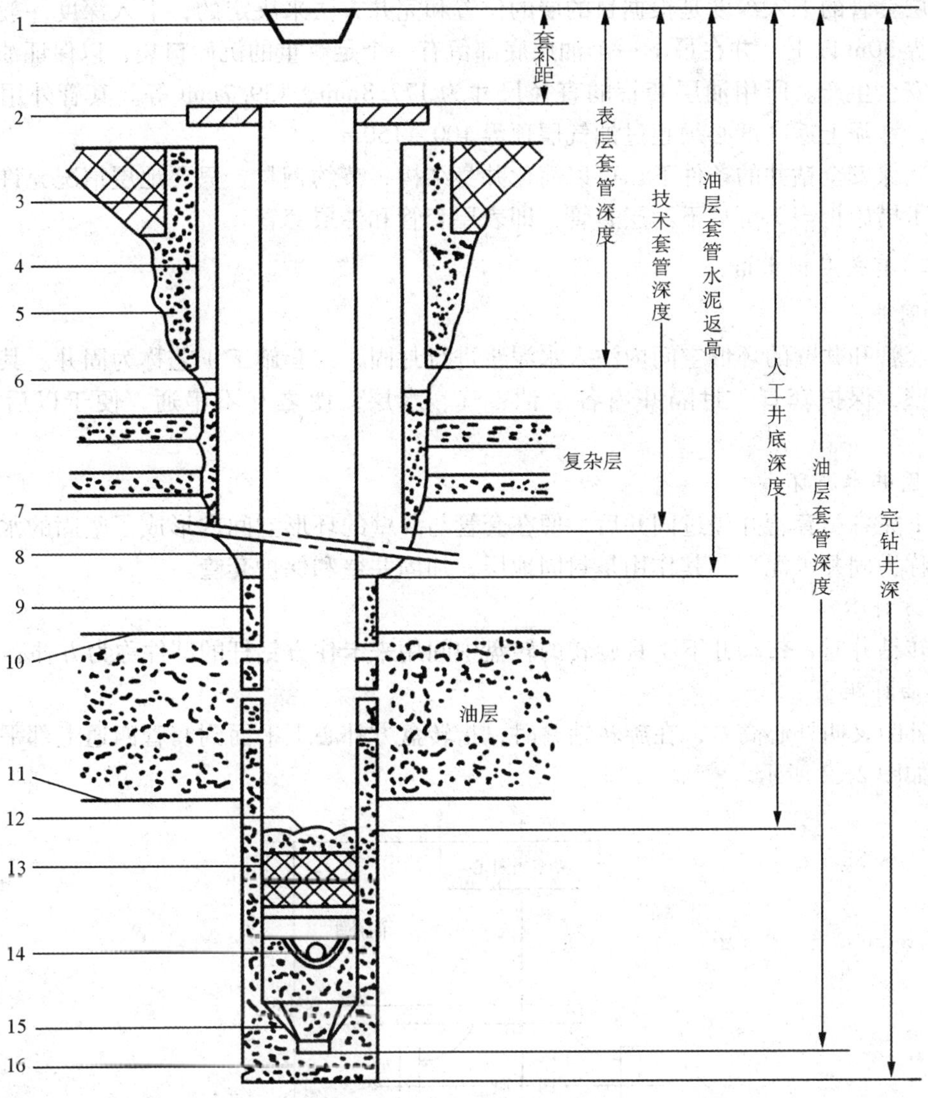

图 2-1 井身结构示意图

1—方补心；2—套管头；3—导管；4—表层套管；5—表层套管水泥环；6—技术套管；7—技术套管水泥环；8—油层套管；9—油层套管水泥环；10—油层上线；11—油层下线；12—人工井底；13—胶塞；14—承托环；15—套管鞋；16—完钻井底

间套管。技术套管的作用是用来保护和封隔油层上部难以控制的复杂地层，如隔绝上部高压油(气、水)层、漏失层或坍塌层，以保证钻井的顺利进行。下入技术套管的层次、深度以及水泥上返高度，以能够封住复杂地层为基本原则。一般为了加速钻进和节省费用，钻进过程中尽可能不下或者少下技术套管。

4. *油层套管*

油井内最后下入的一层套管称为油层套管，又叫完井套管，简称套管。油层套管的作用是加固油层井壁，封隔住油、气、水层，建立一条封固严密的永久性通道，保证油井能够长时期地进行生产。

油层套管的下入深度是根据目的层的位置和完井方法来决定的，下入深度一般应超过油层底界30m以上，并在最下一个油层底部留有一个足够重的沉砂口袋，以保证油井能长时期地安全生产。所用油层套管的直径尺寸为177.8mm、139.7mm等。其管外用水泥浆封牢固，水泥上返高度必须超过油气层顶界100~150m。

在确保安全钻井的条件下，可以简化井身结构，节约钢材。只要地层情况允许，钻井工艺技术措施得当，可只下两层套管，即表层套管和油层套管。

(二)有关名词术语

1. 固井

在套管和井壁的环形空间内注入水泥浆进行封固，这套施工工艺称为固井。其作用是加固井壁，保护套管，封隔井内各个油、气、水层，使之互不串通，便于以后的分层采油。

2. 固井水泥环

当下完各类套管并经过固井后，便在套管与井壁的环形空间内形成了坚固的水泥环状柱体，称为固井水泥环。其作用是封固地层，加固井壁和保护套管。

3. 方补心

旋转钻井时，带动井下工具旋转的转盘中间用来卡住方钻杆的部件称为方补心。

4. 油补距

油补距又叫补心高差，在旋转钻井时，指转盘方补心上平面到套管四通上部平面间的距离，如图2-2所示。

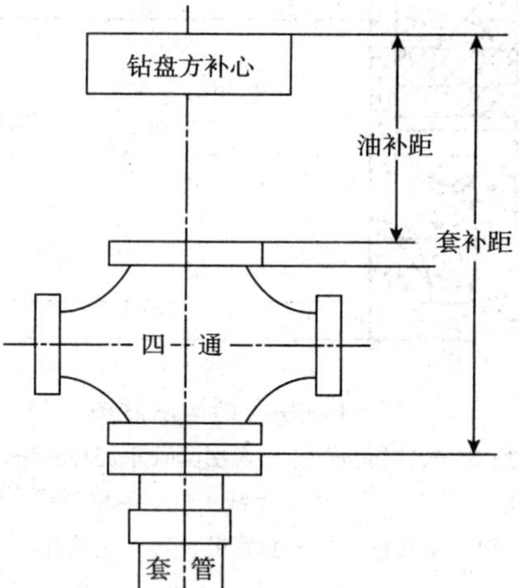

图2-2　油补距与套补距示意图

5. 套补距

套补距指转盘方补心上平面到套管法兰上平面之间的距离，如图2-2所示。

6. 完钻井深

完钻井深也叫钻井井深，是指完钻井裸眼井底至转盘方补心顶面的高度。

7. 油层套管深度

油层套管深度是指转盘方补心上平面到油层套管鞋位置的深度。

8. 人工井底

人工井底是指油井固井完成后留在套管内最下部一段水泥凝固后的顶面。人工井底深度是用从转盘方补心上平面到人工井底之间距离来表示的。

9. 水泥返高

水泥返高是指固井时油层套管和井壁之间的环形空间的水泥上返高度。水泥返高等于转盘方补心上平面到环形空间水泥面之间的距离。

10. 水泥塞

固井后，从完钻井底至人工井底这段水泥柱即水泥塞。

要注意的是，井和油层是靠套管联系起来的。套管外从井底至井口的整个高度都是由水泥固的井，井筒和油层是凭射孔枪射的孔来实现连通的。采油生产中要掌握的数据有以下 6 项：套补距、套管深度、套管直径、人工井底深度、射开油层顶部深度、射开油层底部深度。

以上几项数据中，需要注意的是套补距，它在钻井井架一撤之后就不存在了，但在以后的生产过程中，如采取补孔、下泵、抬高井口、修井等措施时的丈量管柱都要用到它。

二、自喷井井口装置

自喷井井口装置由套管头、油管头和采油树三部分组成。

(一)套管头

用在下有多层套管的高压油气井上，起连接与密封各层套管的作用。但对于只下表层套管和油层套管的中低压油井来说，一般不安装套管头，只在最上面一根套管上部安装一套管法兰，用来连接油管头。表层套管和油层套管之间焊一环形钢板，起到连接、密封作用。

(二)油管头

油管头装在套管法兰上部，用来悬挂井下管柱，密封油、套环形空间。油管头主要由套管四通与油管挂组成。套管四通的中心部分是有一定锥度的油管挂座，用来悬座油管挂。套管四通的上法兰又称顶丝法兰，它有 4 个头部呈锥形的顶丝螺杆顶压住油管挂上部，防止井下压力将油管及油管挂托起。顶丝法兰上有 12 条螺栓，将顶丝法兰与油管头上法兰连接在一起，钢圈密封。套管四通的下法兰与套管法兰通过 12 条螺栓连接，钢圈密封。套管四通的两侧与套管阀门连接，卡箍连接，钢圈密封。

油管挂俗称“萝卜头”。油管挂是井下油管的悬挂装置。它的中间为一带螺纹的圆孔，孔径大小与所悬挂的油管直径一致。油管挂外部呈锥形，上有二道紫铜密封圈和一道橡胶密封圈，保证油水井的油、套管环形空间的密封。

(三)采油树

1. 采油树的结构

以国产 KYS－25/65 型采油树(CYb－250 采油树)为例，各零部件有：左右套管闸门、油管四通、总阀门、生产阀门、测试阀门或清蜡阀门、卡箍及其他附件，如图 2-3 所示。

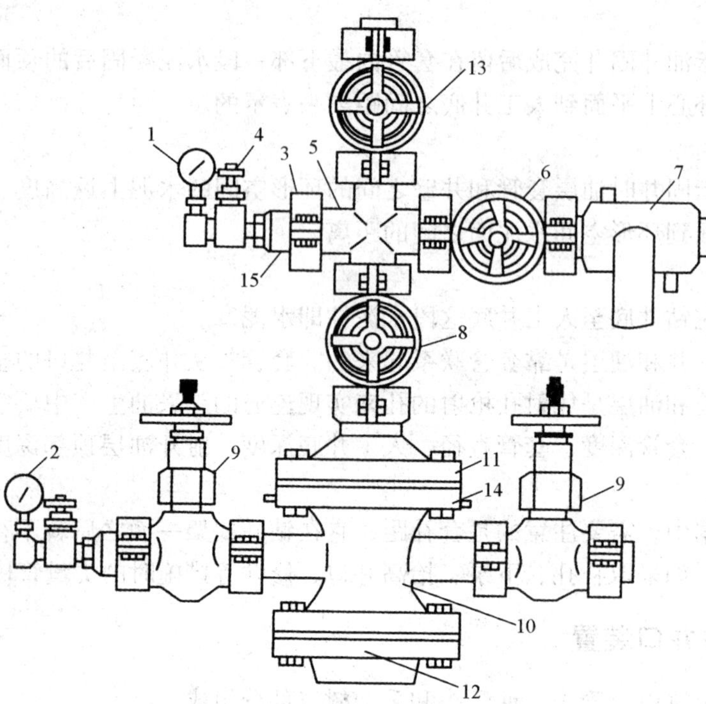

图 2-3　KYS-25/65 型采油树

1—油压表；2—套压表；3—卡箍；4—压力表控制阀；5—油管四通；6—生产阀门；7—油嘴套；8—总阀门；9—套管阀门；10—套管四通；11—油管头上法兰；12—套管法兰；13—清蜡阀门；14—顶丝；15—接头

2. 采油树的作用

采油树的主要作用是：悬挂油管、承托井内全部油管柱重量；密封油、套管之间的环形空间；控制和调节油井的生产；录取油、套压力资料，测试、清蜡等日常管理；保证各项作业施工的顺利进行。

3. 采油树的连接方式

采油树连接方式主要有以下 5 种。

(1)卡箍连接：采油树各组成部件之间的连接均是以卡箍为主。

(2)螺纹连接：采油树各组成部件之间的连接均是以螺纹为主。

(3)铁箍连接：采油树各组成部件之间的连接均是以铁箍为主。

(4)法兰连接：采油树各组成部件之间的连接均是以法兰为主。

(5)卡箍法兰连接：采油树各组成部件之间的连接均是以卡箍与法兰为主。

在自喷井的采油树上还安装有油嘴套、清蜡阀门、防喷管、压力表等附件和仪表。

三、井口装置各部件的作用与采油树的维护保养

(一)井口装置各部件的作用

1. 胶皮闸门

胶皮闸门的作用(抽油机井)主要有以下三点。

(1)当刮蜡测试工具上升到防喷管时切断井下的压力。

(2)在工具是否已升到防喷管情况不明的情况下，关闭闸门，如果工具正在井下也不致关断钢丝使工具掉落井中。

(3)在抽油井中，关闭此胶皮闸门方可加光杆密封填料。

2. 测试闸门

测试闸门(250 型)主要用以连接胶皮闸门便于测压、试井等。

3. 小四通

小四通主要用以连接测试闸门与总闸门及左右生产闸门。它是油井出油、水井测试等必经通道。

4. 总闸门

总闸门的作用是开关井以及在总闸门以外设备的维修时切断井底压力。

5. 大四通

大四通是油管套管汇集分流的主要部件。通过它密封油套环空、油套分流。大四通外部是套管压力，内部是油管压力，下部连接套管短节。

6. 套管短节

套管短节上部与四通下法兰螺纹连接，下部与套管连接，并可根据井场的高低，作业施工时调整套管短节来达到提高或降低的要求。

7. 表层套管与油层套管之间的环形钢板

表层套管与油层套管之间的环形钢板主要作用是连接密封生产套管及表层套管，使采油树不产生振动，并将部分油层套管重量传递给表层套管，经表层套管进一步传递到大地上。

(二)采油树的维护保养

采油树的维护保养内容是：保持设备清洁无渗漏、无油污、无锈、无松动、无缺件、各部件开关灵活好用。下面仅以250 型闸板闸门为例进行讲述。

1. 250 型闸板闸门的组成

250 型闸板闸门的组成如图 2－4 所示，主要由阀体、大压盖、闸板、丝杠、推力轴承、手轮、压盖等组成。250 型闸板闸门的作用就是开通和截止流程。

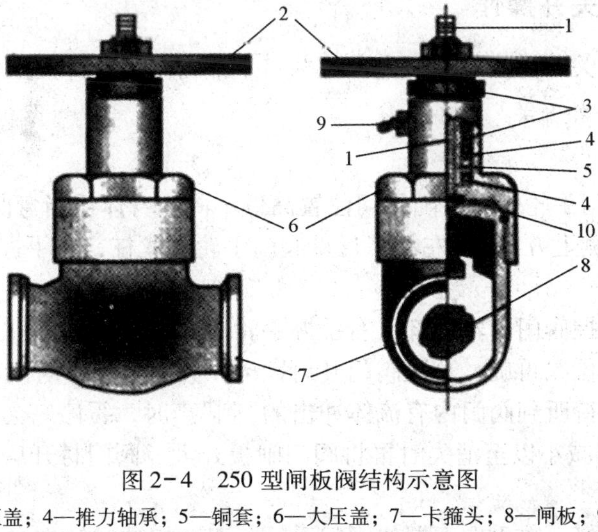

图 2－4 250 型闸板阀结构示意图

1—丝杠；2—手轮；3—压盖；4—推力轴承；5—铜套；6—大压盖；7—卡箍头；8—闸板；9—黄油嘴；10—密封胶圈

2. 250 型闸板闸门易发生的故障及维修

(1)更换闸门推力轴承与铜套。将闸门开大，卸掉手轮压帽、手轮及手轮键，再卸掉轴承压盖，顺着丝杠螺纹退出铜套，取出旧轴承，换上新轴承并加上黄油。将铜套装到丝杠上，顺丝杠螺纹装入到闸门大压盖中，装好轴承压盖、手轮及手轮键和手轮压帽，擦净脏物。

(2)更换闸门丝杠的"O"型密封圈(闸板)。如在现场更换，无控制部位的闸门应压井后再更换，如是能控制的部位应先倒流程放空后方可拆卸，用900mm 或1200mm 管钳卸掉闸门大压盖，连同闸板提出并摘掉闸板，推出丝杠(应先卸掉手轮及铜套轴承)，将旧密封圈取出，更换新的同型号密封圈。确认无误后挂上闸板，对准阀体的闸板槽推入，上紧大压盖，同时边上大压盖边关(活动)闸门，直至上紧。试压合格后，恢复原流程。

(3)250 型闸板闸门在使用中应注意的事项:

①避免闸门缺油磨坏轴承，应定时加油；

②开关闸门时应开大后或关死后倒回半圈；

③高寒地区关井时应放掉管线中的水，以防冻死闸板而拉断闸板上的台阶；

④如发现闸板冻死不要硬开，用热水加温后再开，开时要用手锤轻轻击打闸门体下部。

第三节 自喷井日常生产操作

本节使读者熟悉采油树闸门的开关操作；掌握自喷井开关操作；熟悉油嘴结构、用途，会检查更换油嘴操作；会井口取样操作；会机械清蜡设备、工具的检查，掌握机械清蜡操作要领；掌握井场地面管线热洗方法。

自喷井日常生产操作内容包括：自喷井的开关井操作、检查更换油嘴操作、井口取样操作、机械清蜡和井场地面管线热洗等。

一、自喷井开关井操作

在学习自喷井开关井操作之前，先介绍井口采油树闸门的开关操作。

(一)采油树闸门的开关

1. 姿势

(1)人体位于阀门手轮侧面，随阀门位置高低不同，身体适当弯曲，该姿势便于操作。

(2)头部在阀门侧上方30cm 左右，目视阀门手轮及丝杠，双手握住手轮。

2. 开阀门

开阀门时，左手握阀门手轮上部，右手握手轮下部，然后双臂用力按逆时针方向旋动手轮，并随时倒换握位置再旋，直至阀门开启完毕，为减轻液体对阀门板的冲击，应做到慢旋手轮慢开阀门，待听到阀门内有流体冲击的"刺"声时，缓停一会。当阀门两侧的压力差趋向稳定，"刺"声减小以至消失时再将阀门闸板开大。阀门打开后，将手轮回旋半圈。

3. 关阀门

按开阀门姿势站好，右手在下握住阀门手轮，双臂按顺时针方向旋动手轮至旋不动为止。阀门关闭后，应将手轮旋回半圈。

4. 开关阀门注意事项

(1)采油树闸板阀门一般不能用于节流，以免流体冲蚀闸板，久之造成阀门关闭不严。因此，开启阀门时应开全关严闸板。

(2)发现阀门开关不灵活时，应向阀门黄油杯(嘴)内加注润滑脂润滑。

(3)开关阀门时不能使用加力杠。当阀门出现关闭不严的故障时，应采取多次开关的方法，借助流体动力冲掉阀座上杂质，达到关严的目的。不可强关，以免损坏闸板及阀座的光洁度。

自喷井的生产流程不同，与其相对应的操作就有所不同。这里只以单管掺热水保温、单井进站(计量间)流程为例说明。

单井进站(计量间)、单管掺热水保温井井口生产流程：将井下生产的油气经采油树总阀门→油管小四通→生产阀门→油嘴，然后油气经回油阀门进入出油管线输往计量站(计量间)，最后汇集到中转站。

自喷井的井口和出油干线的保温是通过掺入热载体——热水来实现的。从中转站输出的高温热水通过管路到达井场，在井口的回油阀门前进入出油管线，对出油管线进行保温。

(二)自喷井开井操作

从油井完钻、地面集油流程和设施建设完毕后，再进行的新井投产开井工作是需要多方面协调配合的复杂工作，它需有丰富的实践经验。本节“自喷井开关井操作”是指油井投入生产后因生产需要进行的开关操作。

1. 检查井口流程和设备

(1)检查采油树阀门、卡箍，要求无损、无锈、无渗漏，无松动。KYS－25/65 型采油树阀门轴承灵活，润滑良好。

(2)采油树上油嘴选择恰当，安装牢固。

(3)井口流程、焊口无渗漏，关闭所有阀门(如该井地面小循环流程阀门已打开，已在进行地面管线的小循环保温，则不关小循环阀)。

2. 倒小循环流程

计量间倒好欲开井的掺水阀与回油阀门，井口适当打开小循环阀，建立地面出油管线小循环。如该井原已进行地面管线小循环，则免此步骤。

3. 倒井口掺水流程

待地面集油干线预热后，打开井口回油阀门和掺水阀门，关小小循环阀门。数分钟后，待井口掺水管线与出油管线温度上升后，关闭井口小循环阀门，建立井口大循环。

4. 开井生产

大循环正常后，打开采油树生产阀门，开井生产。

5. 调掺水量

调整井口掺水阀门的开启程度，保持合理掺水量，使出油管线的温度在规定范围内。

(三)自喷井关井操作

(1)开井口小循环阀门，待小循环畅通后关闭井口掺水阀门。

(2)关闭井口回油阀门和生产阀门。

(3)调整好小循环阀门开启程度，使计量间阀组回油温度在规定范围内。

(四)注意事项

(1)开井后，要仔细检查流程和井口设备，整修渗、松等故障。

(2)开井后要控制好井口掺水量，保持该井在计量间回油温度的规定范围内。

(3)关井后，如属临时关井，时间短，可视情况不倒小循环，只关闭井口掺水阀门、生产阀门与回油阀门即可。如属长期关井则应将井口流程机倒为小循环，并控制好小循环阀门的开启程度，停井口掺水。

二、检查更换油嘴操作

油嘴是控制、调节油井产量，保持油层能量的装置，除了按生产需要更换外应进行检查，一是检查油嘴是否堵塞；二是应每季度检查一次油嘴是否结胶，是否装错，质量是否合乎标准。

(一)检查更换油嘴操作步骤

(1)准备好600mm和900mm管钳各1把，油嘴扳手1把，油嘴规或游标卡尺1把，加力管1根，钢丝1段，毛毡、棉纱、麻丝等。

(2)关闭采油树生产阀门与回油阀门。

(3)关闭掺水阀门。

(4)从采油树取样阀门处放空。

(5)用600mm或900mm管钳卸下油嘴套堵头，注意用棉纱或毛毡接住油嘴套内流出的原油。

(6)将油嘴扳手伸入油嘴套内，旋动油嘴扳手卸下油嘴。

(7)检查油嘴质量：

①检查油嘴。通孔两端应无毛刺，孔、内外应无结蜡、结垢(见水井)，检查油嘴卡牢固情况；

②检查油嘴通孔直径。用油嘴规通油嘴中间的出油通孔，孔径大小应符合要求。

(8)安装油嘴：

①用油嘴扳手卡(或套)住油嘴并送入油嘴套内拧紧；

②将油嘴套丝堵拧上，并用600mm或900mm管钳紧固好；

③关闭采油树取样放空阀门。然后，打开回油阀门，再开采油树生产阀门；

④打开掺水阀门，控制好掺水量，使出油管线保持正常掺水温度；

⑤擦净设备油污，清扫地面残留物品，收拾好工具、用具、量具。观察油压、套压、出油温度和声音，正常后人员方可离去。

(二)注意事项

(1)卸油嘴套丝堵前，一定要放掉管内余压。在卸丝堵时，人要站在侧面，边卸边活动油嘴套丝堵，防止因油嘴套内余压打出伤人。

(2)发现油嘴内结蜡时，应侧身站立，用钢丝疏通油嘴内结蜡，除净蜡放掉余压后再用扳手卸油嘴。

(3)掺水保温油井，应在检查油嘴时停止掺水，检查完油嘴后调整好掺水量。水套炉保温油井，在检查油嘴时应关小水套炉火，检查完后调整好水套炉温度。

(4)安装油嘴套丝堵时，要在丝堵的螺纹上缠麻丝或其他密封带，防止渗漏，但不要用铅油。

三、自喷井井口取油样操作

(一)操作步骤

(1)取样时人要站在上风头，以防“死油”溅脏设备、地面及衣物，将准备好的污油桶接在取样阀门出口处，慢慢打开取样阀门放掉“死油头”，待“死油头”放干净后，关闭取样阀门。

(2)将干净的样桶接在取样阀门出口处，慢慢地打开取样阀门，待样桶内有足够量的油样后，关闭取样阀门，盖好桶盖。

(3)取样标签，标签上应记录下列内容：

①化验目的；

②取样地点或井号；

③取样日期；

④取样人；

⑤层位或井段。

标签应与油样桶牢固系在一起，防止脱落或与其他油样混淆。

(二)注意事项

(1)取样时必须遵守油、气区防火安全规定。

(2)务必保证油样的纯净，不可让雨水、泥沙等进入样桶，尤其在雨雪及大风天气取样时，要特别注意。

(3)取样时，取样阀门开启要适当，防止过大溅污衣物，过小发生部分油水分离现象而影响油样的代表性，一般控制在油样不溅起为合适。

(4)样桶不可装得过满，一般最多到其容积的4/5。

(5)取大样(全分析、半分析、水分析)时，遇到取含气量大的原油油样时，要避免出现实际油样不足的情况，可分几次取样，每次都将油样充分搅拌，让大部分溶解气析出，从而保证取样量符合要求。

四、机械清蜡操作

(一)机械清蜡前的检查及准备工作

机械清蜡前要做好检查扒杆、绞车及刮蜡片，焊钢丝记号等准备工作。

1. 检查扒杆

(1) 扒杆长应为5～6m，直径为73mm或89mm的油管，脚蹬架应焊牢。

(2)扒杆立在井口旁或井口房上，四面绷绳与地面成45°，用花篮螺钉拧紧，地锚要牢固。

(3)检查滑轮是否润滑，螺钉是否松动，防跳器是否定好。

2. 检查绞车

(1)绞车固定牢靠，电机运转正常，电路畅通无阻。

(2)检查倒顺开关是否灵活好用，电机是否运转正常，安全闸刀是否好用。

(3)检查绞车、井口密封圈和滑轮是否三点成一线。

(4)检查转数表、离合器是否灵活好用，转数表要校对归零。

(5)检查钢丝死、活记号是否有，死记号是否对准标桩。

3. 检查刮蜡片操作

(1)准备好450mm管钳、250mm活扳手、手钳和游标卡尺各1把。

(2)关闭清蜡闸门，开清蜡放空闸门，将防喷管内余压放掉。

(3)用450mm管钳卸防喷管堵头，用手来摇绞车将刮蜡片提出防喷管外，用刹车固定滚筒。

(4)检查防掉器直径是否合格，检查铅锤是否变形或弯曲，焊接处有无裂缝，活环螺钉是否松动脱扣，刮蜡片各焊口有无裂缝，有无变形，直径是否合乎标准，刮蜡片直径要求：ϕ73mm普通油管上59. 5mm，下60. 5mm；ϕ73mm玻璃油管上57. 5mm，下58. 5mm，缝宽不大于5mm。ϕ73mm油管内下56 ~57mm防掉器。

(5)经检查确认合乎质量标准方可将刮蜡片放在防喷管里。

(6)上紧防喷管堵头，关清蜡放空闸门。

4. 焊钢丝记号

(1)备电烙铁、焊锡、焊锡膏及砂纸等。

(2)电烙铁通电预热，确定钢丝记号位置，用砂纸擦光，在擦光处抹焊锡膏，将焊锡熔化在烙铁上，在要焊处焊上记号。

(3)记号呈枣核形，长4 ~6mm，圆外径大于钢丝直径2mm，光滑美观，不能在10cm内连焊两个记号。

(4)时间不宜过长，每放一次烙铁5 ~10s，避免钢丝退火强度降低，焊好后拔下电烙铁，用砂纸将记号修整光滑，直至达到标准为止。

5. 连刮蜡片接头操作

(1)在钢丝端头处取50 ~60cm用手折弯180°后，用手钳合拢成双股。

(2)用手钳将双股钢丝在8mm处弯出第一弯90°。

(3)将弯好的双股钢丝插入刮蜡片连接环内弯成180°，成4股钢丝。

(4)将其一股活头围绕另三股钢丝绕12圈或14圈。

(5)用手钳将绕剩余的钢丝活头剪断，并将第一道弯头与所绕钢丝合拢。

(6)连好的接头连接处是双股，主股不能短于副股，不能咬伤、碰伤连接处钢丝。

(二)机械清蜡操作

(1)缓慢开清蜡闸门，用450mm管钳慢慢松动密封圈压帽，不漏油，钢丝能自由通过为止。

(2)松开刹车，拨倒顺开关通电，下放刮蜡片，用刹车控制下放速度，一般不小于6m/min，精力要集中，控制钢丝不能放松，以防钢丝打扭或跳槽。

(3)下放钢丝遇阻时，要勤活动钢丝，严防猛顿、硬下。

(4)下到预定深度后，拨倒顺开关停车，用管钳稍紧密封圈压帽，以防上起钢丝时带油。

(5)将写有清蜡日期、深度、清蜡人及井号的纸条压在钢丝下，等待20min后，再上起刮蜡片。

(6)拨倒顺开关到上起位置，上起时要随时观察转数表，并使钢丝排列整齐，提前50m摸记号，摸到记号立即停车，拉下总闸刀和安全闸刀。

(7)摘下离合器或滚筒销子，用手摇绞车将刮蜡片起到井口防喷管内。

(8)看转数表是否归零，记号是否回到原位，压钢丝证明刮蜡片确已进入防喷管内后，关清蜡闸门。

(9)听出油声，有无油嘴堵现象，如有即排除，一切正常后将清蜡情况填入报表。

五、自喷井井场地面管线热洗操作

原油从井口到水套炉之间没有经过加热，因此这段管线容易结蜡，时间长了油流通径减小，原油流动阻力增大，使油井减产，因此这段地面管线要定期热洗。油井热洗分不放油热洗和放油热洗，不放油热洗比较好，优点是可节省原油，热洗后地面清洁不污染环境。

(一)不放油热洗操作

(1)检查刮蜡片是否在防喷管内。

(2)将水套炉火稍开大。

(3)开分离器旁通闸门。

(4)关分离器进油闸门。

(5)开分离器放空闸门，把分离器压力放掉。

(6)开分离器热洗进油闸门2~3圈。

(7)关井口总闸门。

(8)控制正常生产闸门。

(9)开热洗回油闸门进行热洗。

(10)将温度计插入井口测温口内。

(11)温度达到90~100℃时，约15min热洗完毕。

(12)开总闸门1~2圈，扫净热洗管线。

(13)立即关热洗回油闸门。

(14)开正常生产闸门。

(15)缓慢开总闸门。

(16)关分离器放空闸门。

(17)关分离器热洗进油闸门。

(18)开分离器进油闸门，待分离器压力与干线压力平衡时，开分离器出油闸门。

(19)关分离器旁通闸门。

(20)调节水套炉火，恢复正常。

(21)把热洗时间填入报表内。

(二)放油热洗

不放油热洗井场需安装热洗管线，因为有的井没装热洗管线就要放油热洗。放油热洗分干线回油放空热洗和分离器中天然气放空热洗两种。

1. 干线回油放空热洗操作

(1)检查刮蜡片是否在防喷管内。

(2)将水套炉火稍开大。

(3)开分离器旁通闸门。

(4)关分离器进油闸门，关分离器出油闸门。

(5)到井口关总闸门。

(6)缓慢开清蜡闸门3~5圈。

(7)缓慢开清蜡放空闸门。

(8)将温度计插入井口或水套炉测温孔内。

(9)热洗10~15min，油温达90~100℃时，热洗完毕。

(10)关生产闸门，开总闸门1~2圈，扫净放空管线。

(11)立刻关清蜡闸门。

(12)关清蜡放空闸门。

(13)平稳开生产闸门，缓慢开总闸门。

(14)开分离器进油闸门。

(15)待分离器压力与干线压力平衡后，开分离器出油闸门。

(16)关旁通闸门，正常生产。

(17)调节水套炉火，恢复正常生产。

2. 用分离器中天然气放空进行热洗的操作

(1)检查刮蜡片是否放在防喷管内。

(2)关分离器出油闸门，待分离器压力为0.4~0.5MPa时，关井口总闸门。

(3)缓慢开清蜡闸门3~5圈。

(4)缓慢开清蜡放空闸门，控制出油热量进行热洗。

(5)将温度计插入井口测温孔内观察油温(如井口无测温孔则插入水套炉进口测温孔内)。

(6)热洗10~15min，油温达到90~100℃时，热洗完毕。

(7)关生产闸门。

(8)关总闸门1~2圈，用油管气扫净热洗放空管线(约半分钟完毕)。

(9)立刻关清蜡闸门。

(10)关清蜡放空闸门，开生产闸门。

(11)缓慢开总闸门。

(12)待分离器压力与干线压力平衡时，开分离器出油闸门正常生产。

第四节　自喷井生产管理中常见事故的处理

本节内容使读者能正确预防和处理油井清蜡中顶钻、跳槽、打扭、蜡卡等事故；会分析和处理油气计量中计量不准、跑油等问题；能预防和处理水套炉运行中易出现的问题，保证水套炉安全工作；能选择合适的打捞工具，学习井下落物打捞方法；会自喷井常见故障的分析与处理。

一、清蜡中常见事故和处理

（一）跳槽

跳槽就是清蜡钢丝从滑轮中掉出来。造成跳槽的原因很多，如清蜡操作不稳，钢丝剧烈跳动，下钻速度快突然遇阻，滑轮固定螺钉松动，滑轮不正，轮边有缺口，钢丝上焊的记号太大，防跳器或防跳小压轮失灵，钢丝严重打弯或扭动太大，顶钻时来不及起，活动钢丝时不平稳，上起时错拨倒顺开关，钢丝跳出滚筒等，都会引起钢丝跳槽。

发现跳槽后千万不要急刹车，应该连续缓慢下钻，然后将密封圈压帽紧死，爬上爬杆将钢丝移到滑轮槽内，再详细检查钢丝，如无毛病，便可松开压帽继续下钻。

（二）打扭

钢丝在井内及地面都能出现打扭。钢丝绕活圈叫活扭，绕死圈叫死扭。井内多发生死扭，通常是顶钻引起的。地面往往是因下钻时突然遇阻，钢丝松弛或跳动剧烈，起钻时拨错倒顺开关，钢丝弯多等造成的。

钢丝在地面打活扭时千万不能停车，应继续放松钢丝，并迅速将扭打开，如已成死扭则不要让死扭缓扣，而应由一人背着钢丝缓慢匀速上起，另一人摇绞车，把死扭缠滚筒5～15圈后，再用电动机起钻。起出刮蜡工具后，应将死扭部分剪掉或更换钢丝。

（三）顶钻

由于刮蜡片被蜡糊死，油气流不能从刮蜡片内通过而推着全部刮蜡工具快速上升的现象叫顶钻。顶钻事故通常是在起刮蜡片时发生的，如不注意或处理不当，容易造成井内钢丝打扭、折断，导致掉刮蜡片的严重事故。

造成顶钻的原因很多，新井发生顶钻的原因主要是清蜡规律没有摸清、铅锤重量选择不当、清蜡次数过少等。正常生产井则多因没有按刮蜡制度进行清蜡或清蜡不彻底造成顶钻。结蜡严重的井，如果对结蜡规律不清楚且刮蜡片下得太猛，或当蜡块堵塞刮蜡片并已形成蜡棒又高速上提并突然停车或倒放钢丝时，都会引起顶钻。因此，预防顶钻就要避免上述现象的出现。

下刮蜡片时，如有上顶现象，不要强下，应起出刮蜡片检查并打掉死蜡，等一会再下。

顶钻后钢丝在井内打扭时，要平稳缓慢上起，千万不要让钢丝松动，如刮蜡片还未到防喷管内就起不动，说明打扭处被堵头挡住，这时不能硬起，以免拉断钢丝，可关清蜡胶皮闸门挤住钢丝，打开清蜡放空闸门，放掉余压，卸下丝堵上提钢丝，减掉死扭，导出钢丝和清蜡工具。

（四）蜡卡

起刮蜡片时被蜡卡住的现象叫蜡卡。蜡卡多因清蜡不及时、刮蜡片发生变形或倒装、油井工作制度或清蜡制度不合理造成的，蜡卡后往往发生顶钻。蜡卡时若还能活动，可上下缓慢活动使之解卡，如已卡死，则可灌入热油或轻质油，将蜡融化解卡。注意不要硬拔，以免拉断钢丝。

(五)硬卡

刮蜡片卡在油管内的某种金属物上的现象叫硬卡。造成硬卡的原因一般有刮蜡片变形；刀刃损坏；油管加工不良有毛刺；油管内径不规则；刮蜡片连杆弯曲或螺纹变形；清蜡闸门或总闸门的丝杠太长，在开闸门时，螺纹没有完全退出；刮蜡片下得过深，使刮蜡片卡在工作筒或配产器上等等。遇硬卡也不能硬拔，更不要用振动、冲击等办法解卡，只能是改变钢丝上提方向慢慢活动解卡。

(六)堵头或压帽打出

堵头没上紧，密封圈压帽松动，冬季堵头螺纹上有冰，误认为已上紧，冰化后，引起堵头或压帽打出。在下钻前堵头或压帽打出，应立即关死清蜡闸门，仔细查阅钢丝确无损伤后再上紧堵头或压帽。

当刮蜡片起、下至井口400m以内时堵头或压帽打出，应先立即关紧清蜡闸门，然后控制生产闸门，再打开清蜡闸门，缓慢起出清蜡工具，检查钢丝有无损伤。如果清蜡闸门是钢板闸门，应根据具体情况酌情处理，一般是抢起清蜡工具进入防喷管后再关清蜡闸门。在客观条件(井喷引起火灾事故)不允许抢起的情况下，则先关清蜡闸门，灭火后再处理落物事故。

二、量油、测气中易发生的事故

(一)跑油

油气不能按正常流程流动，而从分离器的安全阀或水套炉的用气管线流出，就叫跑油。

跑油的原因有：量油后忘记开出油闸门、安全阀失灵或定压低于干线回压都容易引起从安全阀跑油事故；用气闸门开得太大；分离器压力低于干线压力；放空油量压力控制得太低；烧干线时，干线气包的压力低于干线回压则会造成从水套炉的用气管线跑油；另外，量油后，忘关玻璃管上、下流闸门，玻璃管爆裂或气管线渗漏，甚至穿孔等亦会引起跑油。

现跑油应迅速熄灭附近火源(如水套炉、干线炉以及附近居民用火)，立即切断流油来源，查明跑油原因并做相应处理。

(二)量油、测气不准

量油不准的原因有：油嘴被堵，出油不正常；分离器旁通闸门未关严或出油闸门未关严；玻璃管下流闸门以下有石棉绳、胶皮密封圈、毛毡片、泥沙等堵塞；玻璃管内底水不够或有污油及轻质油等。

测气不准的原因有：压差水银柱未对准零位；测气短节或挡板结冰或腐蚀；测气短节、孔板被堵或胶皮管漏气；孔板不规则，有伤痕，有毛刺等；放空测气在气流10m内有障碍物；孔板和管线不对中心，原油温度过高或过低；分离器压力未降至零以及测气仪表自身质量、安装质量和使用中各部件的连接、运行状况不良等。

三、水套炉、干线炉易出现的事故

(一)水套炉、干线炉自动灭火

水套炉、干线炉自动灭火，如因倒风熄火，需在烟囱上加挡风帽或调整合风板；如因气管线内有水或油将火冲灭或因结冰堵塞气管线时，定时排放水、油或采取防冻措施；要如因火嘴堵塞则要定期检查，排除堵塞。

发现灭火后，千万不能马上点火，因供气闸门未关，炉膛内仍充满天然气，点火时易爆，应先关供气闸门，打开合风板，过 20 ~ 30min 让天然气排净后再点火。

(二)水套炉烧高压

遇此情况应先关闭或关小供气闸门，然后找出原因。如果因气太大，火不稳，可关小供气闸门，将火控制平稳；若因油嘴或出油管线堵塞，油流减少，可排除堵塞；若火嘴调压阀失灵，应检修调压阀；若火嘴供气压力突增，应控制火嘴供气压力；若水套内油盘管穿孔，原油与沸腾水相混，水套压力急升，应先将油流改出水套，放净水套内油、水，打开水套，检修或更换油盘管；若油井出油间歇，脱气严重，应摸清间歇规律，控制火嘴火，安装调压阀；若水循环不正常，则改为小循环使之正常。

(三)水套炉内水位下降太快

水套炉内水位下降太快说明水套、沸腾管、循环管线或散热片等某处有大渗漏，应及时找出渗漏部位进行检修，以免造成“烧干锅”引起爆炸。

(四)玻璃管内有油花

若发现玻璃管内有油花应立即查明原因，如断定是油盘管渗漏，应停炉大检修，以免引起更大事故。

(五)干线炉盘管结焦、起疱变形

干线炉盘管结焦、起疱变形，若因火太大，应控制炉火(一般出口温度夏季不超过 50℃，冬季不超过 70℃)；若因油井出油间歇，干线油流断续不稳，应摸清间歇规律；若因干线堵塞，应及时排除堵塞；若因干线液量低，干线长，应调整干线井数，保证有一定液量(一般干线炉应有 60t/d 以上的流量。对 $2.5\times10^8 \sim 3.4\times10^8$J 的干线炉，干线长度不应超过 50m)。

四、油井落物打捞

在油井日常管理过程中，由于工作不慎，使下到井内的工具损坏，或因地面发生其他故障造成物件落入井内称为井下落物。常见的落物有：清蜡用的铅锤、刮蜡片、压力计、产量计、取样器等。打捞有油管内打捞和套管内打捞两种，油管内打捞不动管柱，还可在生产过程中打捞；而套管内打捞要停产、压井、起管柱。所以，掉在井内的物件应尽量不要弄到油管外面去。

油管内打捞一般用钢丝、绞车或钢丝绳系带打捞工具下井打捞，所以又称软捞。

打捞前要搞清落的是什么物件？可能在什么位置？井下管柱情况如何？油井生产情况如何？鱼顶是什么形状等有关情况。

根据调查得知的具体情况，选择合适配套的打捞工具，即打捞器、加重杆、钢丝或钢丝绳、绞车等。常用的打捞工具有：一长一短二齿内钩、外钩，适用于打捞不带钢丝的刮蜡片；二齿、三齿或四齿内钩，适合于打捞带钢丝而未绞结成团的落物；单齿外钩，适用于打捞带钢丝并绞结成团的落物；卡瓦打捞筒和剪刀打捞筒，适用于打捞压力计、产量计之类的落物。落物被卡时，要在打捞器上部接振荡器，以便振荡解卡后捞出落物。

五、自喷井常见故障的分析与处理

自喷井生产中常见故障的分析与处理详见表2-1。

表2-1　自喷井常见故障的分析与处理

序号	现象	原因	解决办法
1	产量和油管压力下降，套压、流压上升	油管被堵或结蜡严重	冲洗或清蜡
2	产量急剧下降，分离器压力下降，油压、套压上升	(1)出油管线结蜡或有堵塞物 (2)油嘴被堵 (3)输油温度低	(1)热洗出油管线，排堵 (2)检查油嘴 (3)提高输油温度
3	套压下降，油压不变	套管闸门或套管法兰连接处及压力表漏气	修理或改装漏气部分
4	套压、油压均下降	(1)井底砂堵或蜡堵 (2)井底有水	(1)经井底取样后热洗 (2)加长油管采油
5	油层静止压力和产量下降，含砂量增加，气油比增高	油嘴偏大，由于大压差采油，形成砂堵或井底明显脱气	先探砂面，系统试井后，选择合理的油嘴，若出砂严重则冲砂
6	油井完成后，出油不好(电测显示好)	(1)泥浆浸入油层造成堵塞 (2)射孔井段有问题	(1)气举、抽汲或冲洗 (2)检查射孔质量，若误射则需补射若无误射则进行土酸处理
7	套压很高，几乎等于流压。油压低，气油比升高，产量下降	井底泥浆堵或砂堵，出气多，出油少，油套环空中大量充气	先用较大油嘴出油，若仍不畅通则进行冲洗
8	气油比上升，套压接近流压，井内出现硬蜡，产量降低	井底脱气严重，井壁附近油层结蜡	挤油热，轻质油溶蜡
9	油压突然下降，套压上升，油嘴处有蜡块	油管蜡未清好，油流不畅通	彻底清蜡
10	油压大于套压	(1)井底压力大于饱和压力时生产 (2)套管漏气 (3)环形空间有死油或泥浆	(1)若压力表检查准确，则是正常的 (2)修补漏气处 (3)热洗或抽汲
11	油压逐渐下降，气油比逐渐上升	(1)油嘴过大，气量消耗增大 (2)油嘴被刺大	(1)通过系统试井并选用合理的油嘴 (2)更换合格的油嘴生产
12	油管压力波动大，套压很快下降，含砂增加，出砂稳定油嘴过大，造成油井激动	油嘴过大，造成油井激动	用较小油嘴试井，选择合理油嘴生产
13	换小油嘴后，油压逐渐上升，产量下降，气油比上升	油嘴过小，流速太低，油管上段脱气严重	通过系统试井，选用合理的油嘴生产
14	更换油嘴后，发现油压、套压下降，出油声音不正常，即声音很大，分离器压力升高、气油比增加	油嘴没上紧，喷掉或换错油嘴	检查油嘴

续表

序号	现象	原因	解决办法
15	检查油嘴后，油压、套压上升，不出油，分离器压力下降	生产闸门或回压闸门未开	检查闸门开关情况
16	检查油嘴后，油压、套压逐渐下降，分离器压力升高	(1)检查油嘴时，敞喷造成的结果 (2)检查油嘴后，用双翼采油树两面油嘴同时出油的结果，或油嘴未上紧，被喷掉	(1)禁止用出油管线喷油 (2)立即关掉其中一翼闸门，并检查油嘴
17	出油时油压下降，出气时油片上升	油井出现间隙生产	调整工作制度
18	开井出油数小时后，套压下降，油压变为零	死油未抽完或污物未出净，井底堵塞	气举冲洗或抽汲
19	产量上升，油压、套压下降，气油比下降	见到了注水效果	油井见到注水效果后，要注意观察油井是否出水

第三章　抽油井生产管理

采油是油田开发过程中非常重要的环节，它是从油田人工补充地下能量到人工举升的采油过程，包括注水井和采油井两大管理对象。注好水、采好油是采油工的中心工作。常规油气田开发过程如图3-1所示。

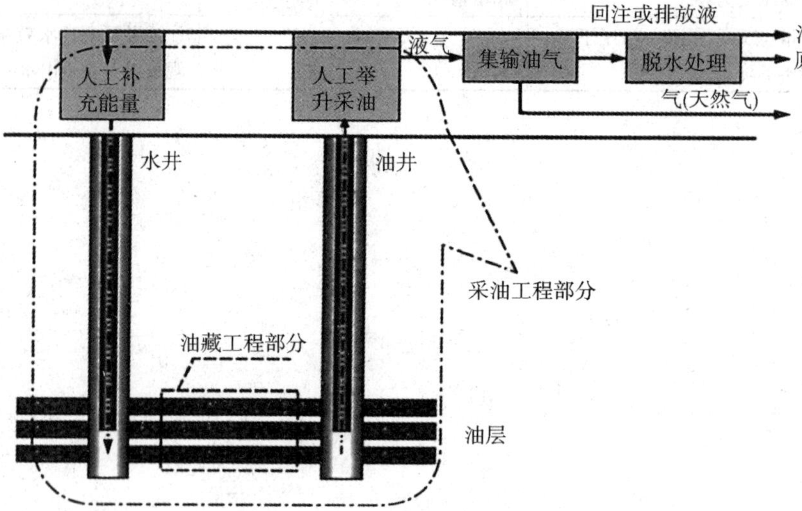

图3-1　常规油田开发过程示意图

第一节　抽油井的管理

抽油机井结构由井口装置(如图3-2)、地面抽油机、井下抽油泵、抽油泵吸入口(筛管)、机械动力传递装置(抽油杆)、油管、套管等组成。

一、抽油井井口作用及结构

(一)抽油井井口作用

1. 常见井口的型号

抽油井井口装置一般有简易井口和CY250井口两种。

2. 井口流程及作用

如图3-2所示，油、气在井口所通过的管路、设备，构成抽油井的井口流程。最简单的井口流程是一套采油树及油、气混输的管线和设备。一般抽油井的井口流程主要作用是录取油井动态资料、投球、油井测试、修井作业等。

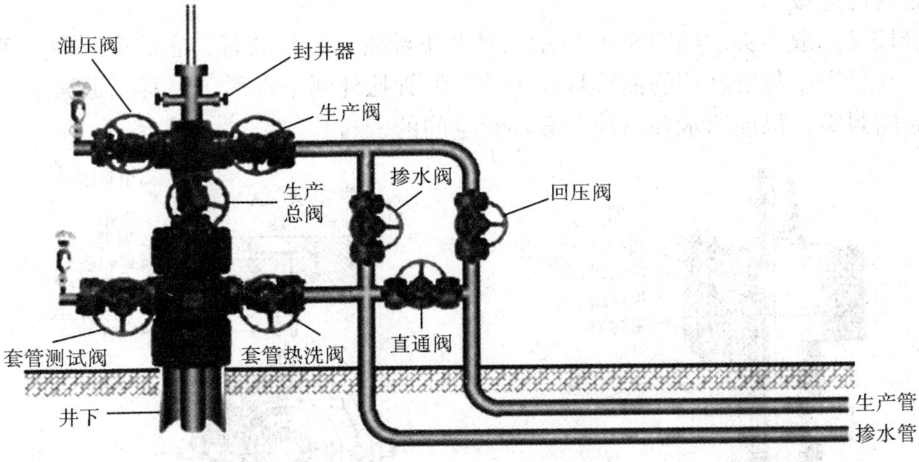

图 3-2　抽油机井井口生产装置(双管掺水)示意图

(二)抽油机井井口装置

井口装置是井口流程的主要设备，一般由套管头、油管头和采油树三部分组成。

1. 套管头

套管头装在整个井口装置的最下端，它的作用是连接井内各层套管，并密封各层套管的环形空间，如图 3-3 所示。

2. 油管头

油管头装在套管法兰上部，用来悬挂下入井中的油管及井下工具，密封油、套环形空间。

如图 3-4 所示，油管头主要有套管四通与油管挂组成。套管四通的中心部分是有一定锥度的油管挂座，用来悬挂油管挂，套管四通的上法兰又称顶丝法兰，它有四个头部呈锥形的顶丝螺杆顶压住油管挂上部，防止井下压力将油管及油管挂托起。

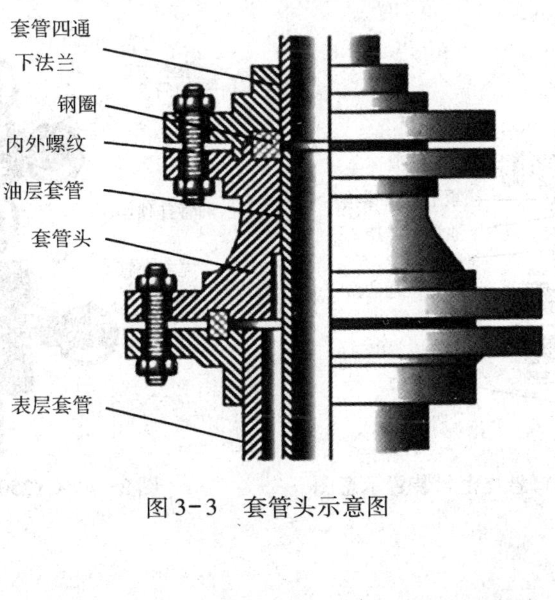

图 3-3　套管头示意图

顶丝法兰如图 3-5 所示，上有 12 条螺栓，将顶丝法兰与油管头上法兰连接在一起，钢圈密封，套管四通的下法兰与套管法兰通过 12 条螺栓连接，钢圈密封。套管四通的两侧与套管阀门连接。

油管挂又称萝卜头，如图 3-6 所示，是井下油管的悬挂装置，它的中间为一带管螺纹的圆孔，孔径大小与所悬挂的油管直径一致。油管挂外部呈锥形，上有二道紫铜密封圈和一道橡胶密封圈，保证油水井的油、套环形空间的密封。

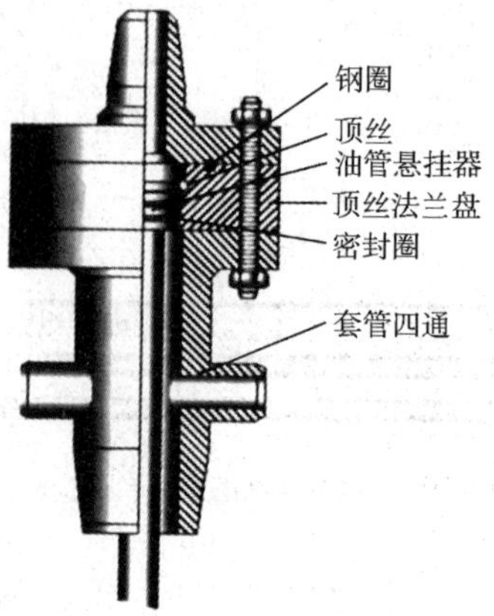

图 3-4　油管头示意图

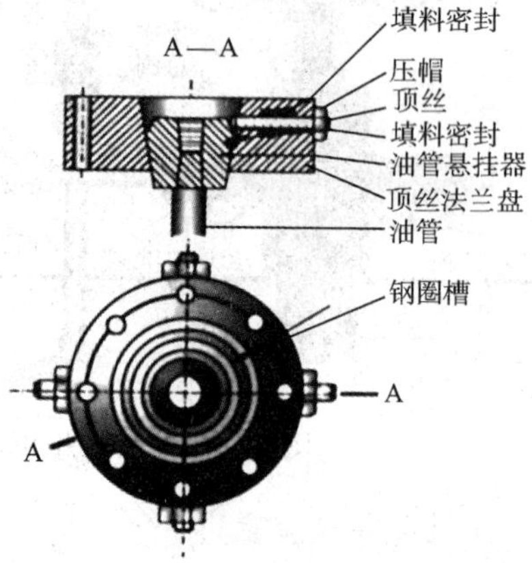

图3-5　顶丝法兰盘悬挂油管示意图

3. 采油树

(1)采油树的作用

采油树的主要作用是悬挂油管、承托井内全部油管柱重量；密封油、套管之间的环形空间；控制和调节油井的生产；录取油、套压力资料，测试等日常管理；保证各项作业施工的顺利进行。

(2)采油树的结构

如图 3-7 所示，以国产 CY250 采油树为例，各零部件有：套管四通、左右套管阀门、油管头、油管四通、总阀门、左右生产阀门、测试阀门或清蜡阀门(封井器)、油管挂顶丝、卡箍、钢圈及其他附件组成。

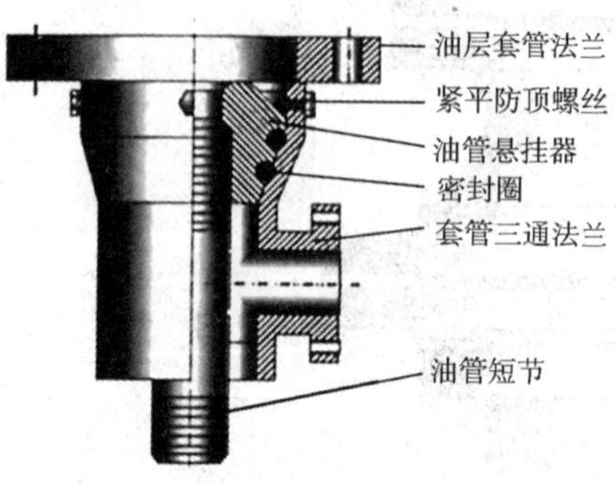

图 3-6　合成一体的井口悬挂密封装置示意图

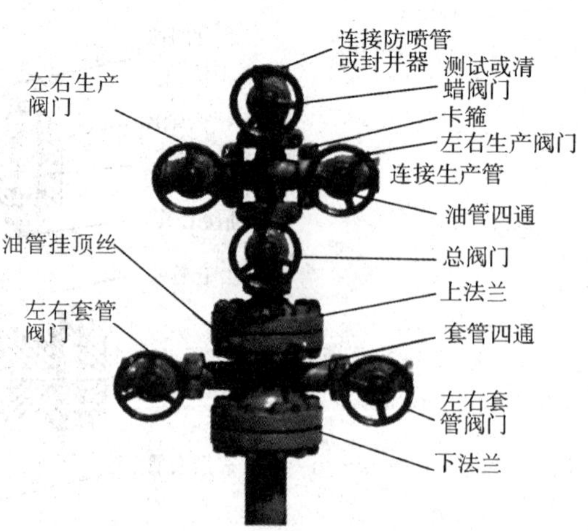

图 3-7　CY250 型采油树组成示意图

①总阀门：装在油管头的上面，是控制油、气流入采油树的主要通道。在正常生产时，是常开的。

②生产阀门：安装在油管四通或三通的侧面，它的作用是控制油、气流向出油管线。正常生产时，生产阀门总是打开的，在关井时才关闭。

③取样阀门：装在出油管线上，用来取样和检查、更换油管时放空。

④回压阀门：作用是在检查和维修生产阀门及井下作业时，防止集油管线的流体倒流。

(3)采油树维护保养内容

保持设备清洁无渗漏、无油污、无锈、无松动、无缺件、各部件开关灵活好用。

二、抽油井的操作规程

(一)采油树阀门开关操作

1. 开关阀门的正确姿势

(1)如图3-8所示，人体位于阀门手轮侧面，随阀门位置高低不同，身体适当弯曲，取便于操作的姿势。

(2)头部在阀门侧上方30cm左右，目视阀门手轮及丝杠，双手握住手轮。

图3-8　开关阀门锁操作示意图

2. 开阀门操作

开阀门时左手握阀门手轮上部，右手握手轮下部，然后双臂用力按逆时针方向旋转手轮，并随时倒换手握位置再转，直到阀门开启完毕。

为减轻液体对阀门闸板冲击，应做到慢旋手轮慢开阀门，待听到阀门内有液体冲击的“刺”声时，缓停一会儿，当阀门两侧的压力差趋向稳定，“刺”声减小以致消失时再将阀门闸板开大。阀门打开后，将手轮回旋半圈。

3. 关阀门操作

按开阀门姿势站好，右手在上，左手在下，握住阀门手轮，双臂按顺时针方向旋转手轮直到旋不动为止，阀门关毕后将手轮回旋半圈。

4. 技术要求

(1)采油树阀门不能用于节流，开启时应全部开大闸板，关闭时应关严闸板。

(2)开关阀门时不能使用加力杠，当阀门出现关闭不严时，应采用多次开关的方法，借助液体动力冲掉阀座上的杂质，达到关严的目的；不可强关，以免损坏闸板及阀座的密封面。

5. 安全要求

开关阀门时人要站在侧面，防止阀门或丝杠飞出，造成人员受伤。

(二)抽油机井井口取油样

抽油机井取样和油套压资料的录取一样，也是采油工作中所录取的动态资料之一，通过它可以直观地了解油井的含水情况，详实准确地掌握油井产液量和产油量的变化，为油水井动态分析提供可靠的依据，是油田开发必不可少的第一手资料。

1. 人员要求

本项目所需人数为1人。

2. 准备工作

(1)工具、用具、材料准备：取样桶1个，污油桶1个，200mm活动扳手1把，笔1支，棉纱少许，标签。

(2)劳保用品准备齐全，穿戴整齐。

3. 操作步骤

(1)检查井口流程(如图3-9所示)，检查样桶是否干净。

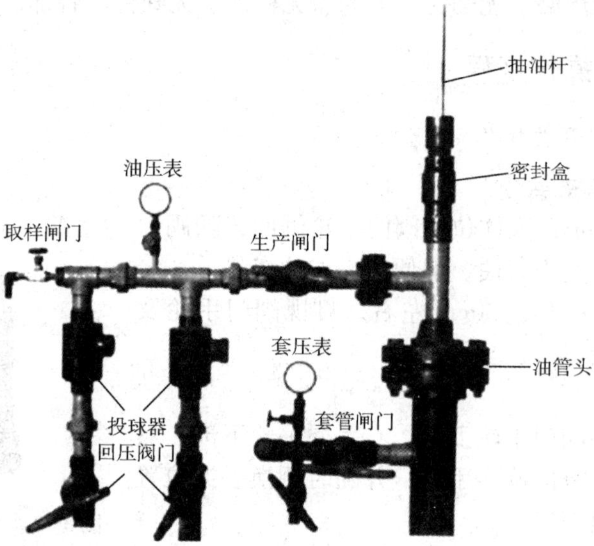

图3-9　抽油机取样

(2)关闭井口掺水阀门(双管流程的井)，停掺水10~15min后，再关闭回压阀门。

(3)一手拿污油桶，将其桶口对准取样阀门出口处，一手缓慢打开取样阀门，把死油放进污桶内，直到看见有新油喷出时关闭取样阀门，把污油桶放好在地上。

(4)打开取样桶盖，一手拿取样桶，将其桶口对准取样阀门出口，一手缓慢开取样阀门，取少量油，关闭取样阀门，上下晃动清洗样桶。

(5)按上述动作取样，取样时，第一次取到样桶总体积的1/3处，关闭取样阀门，打开回压阀，5min后关闭回压阀，打开取样阀门，再进行第二次取样，取到样桶总体积的2/3处，重复上述操作，进行第三次取样，取到样桶的4/5处，共取样量不少于500mL，(标准样桶的80%)。

(6)取完样后，打开回压阀门，打开掺水阀门(双管流程的井)，用棉纱擦干净取样筒边缘的油污，将取样井号、地点、时间、取样人姓名填写在取样标签上。

(7)将污油桶内的污油倒进污油池，收拾工具，清理现场。

4. 技术要求

(1)雨天取样要有防雨措施，不能使样桶内进水。

(2)取样桶清洁无渗漏，取好的油样不能外溅。

(3)取样前必须放掉死油，取样时分三次取够，每次间隔时间不得少于5min，取样后要及时送化验室进行化验。

(4)操作时和操作结束后，必须确认流程是否正确，观察压力正常后方可进行或离开。

5. 安全要求

(1)取样时注意风向，人要站在上风口操作，防止油气中毒。

(2)气特别大的井不准带打火机，关闭手机。

(三)录取抽油机井井口油、套压

抽油机井油套压资料是采油工作中所录取的动态资料之一，它的变化可以反应油井生产变化情况，地层供液情况及油井生产制度是否合理，因此，正确录取油套压资料是保证我们取准资料的基础工作。

1. 人员要求

本项目所需人数为 1 人。

2. 准备工作

(1)工具、用具、材料准备：250mm、300mm 活动扳手各 1 把，污油桶 1 只，6MPa 压力表 1 块，垫片若干，棉纱若干，笔、纸。

(2)劳保用品准备齐全，穿戴整齐。

3. 操作步骤

(1)检查井口生产流程，油、套阀门是否打开，现用油、套压力表是否准确，油井是否出油。

(2)记录油、套压力表读数，关闭油压表针形阀，用扳手逆时针卸松压力表，若压力表指针缓慢下降至零点，说明压力表准确好用，否则换上带来的备用压力表；对套压表的检查与油压表相同。

(3)经检查确认压力表准确后，上紧卸松的压力表，打开压力表针形阀，表针应升起来并与放空前压力基本一致。

(4)录取压力：录取油压(读压力表)要使眼睛位于压力表盘正前方，眼睛、指针和刻度线在同一水平位置上，读出压力值；如果油压随井口产量波动(抽油机井泵况好的井在上冲程时压力上升，下冲程时略有下降)，取其平均值，并记录下数值。录取套压方法基本与录取油压相同，如图 3-10 所示。

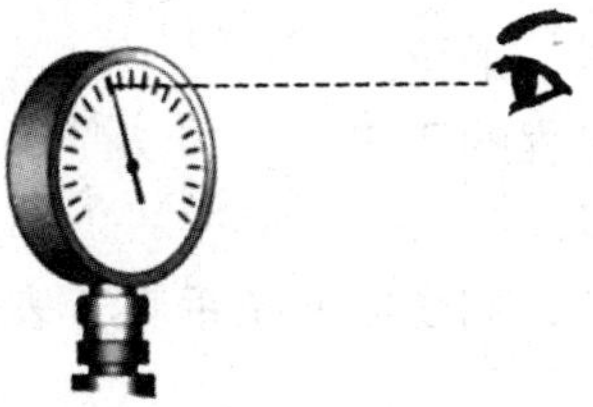

图 3-10　观察压力值示意图

(5)收拾工具，清理现场。

4. 技术要求

(1)录取的压力值必须在量程 1/3 ~2/3 之间，否则要更换量程适合的压力表，再录取读数。

(2)检查压力表时放空或卸表要缓慢，特别是放空时要准备放空桶，防止放空时油花四溅。

(四)抽油机井井口憋压(抽压)

抽油机井井口憋压主要是为了验证抽油泵及油管是否发生漏失，在投球操作过程中可憋起压力将清蜡球推进集油管线。

1. 人员要求

本项目所需人数为1人。

2. 准备工作

(1)工具、用具、材料准备：250mm，300mm活动扳手各1把，垫片若干，6MPa合格压力表1块，污油桶1只，棉纱少许，绝缘手套1副，笔、纸。

(2)劳保用品准备齐全，穿戴整齐。

3. 操作步骤

(1)检查井口流程是否正确，有无渗漏。

(2)按更换压力表的方法将井口油压表卸下，换上带来的经校验的大量程压力表，打开压力表针形阀，记录初始压力表读数。

(3)关闭回压阀门开始憋压，记录压力随时间的变化值，分别记录三个以上的压力值及与之对应的时间点，当压力升到规定压力时，停抽10min，观察记录压降随时间的变化值，同样，测压降时的数据录取也必须是三个以上点，检查漏失情况。

(4)打开回压阀门泄压，待压力平稳后关闭回压阀门，开始第二次憋压，重复步骤(3)，憋压共进行三次。

(5)换回原来的压力表，打开回压阀门，恢复正常生产。

(6)将井号、憋压时间、压力数据等内容填入有关表格，并画出憋压曲线及压降曲线草图，根据压力判断出油情况。

(7)收拾工具，清理现场。

4. 技术要求

(1)憋压时选用量程合适的压力表，并经校验合格。

(2)采油树各部位不渗不漏，阀门灵活好用。

(3)记录时间不少于10min。

(4)拆装压力表时操作要缓慢、平稳。

(5)憋压值不得超过压力表量程的2/3。

(6)记录数据准确，分析正确。

(7)读压力值时，眼睛、指针、刻度成一条垂直于表盘的直线。

5. 安全要求

(1)检查电路系统，启、停机操作时戴好绝缘手套，防止电路系统漏电，导致的触电伤害。

(2)仔细检查压力表许用范围，防止压力表选用不当误操作导致的井口油气泄漏从而造成油气中毒伤害。

(3)开关阀门时人应站在侧面，避免丝杠飞出伤人。

(4)启动或停抽时人不能正对开关箱。

(5)井口操作时不能站在阀门附近，防止压力过高憋漏管线，高压液体刺伤人。

（五）投球

投球作为采油工日常工作的一部分，主要目的是为了防止原油从油井到集油站整个流动过程中结蜡，保证集油管线畅通，维持油井正常生产。

1. 人员要求

本项目所需人数为 1 人。

2. 准备工作

(1)工具、用具、材料准备：专用扳手 1 把，600mm 管钳 1 把，清蜡球 1 个，污油桶 1 个，笔 1 支，棉纱少许，纸、刀片。

(2)劳保用品准备齐全，穿戴整齐。

3. 操作步骤

(1)准备好大小合适、完好无损的清蜡球，用刀片在清蜡球上做好标记并进行登记。

(2)停井，关生产回压阀门，放空，用 600mm 管钳打开投球器摇把孔压帽，用专用扳手将投球器顺时针旋转 90°，切断投球器与出油管线的通道。

(3)用 600mm 管钳逆时针旋转，卸掉投球孔护盖及堵头，将球放入投球筒深处，上紧堵头及护盖。

(4)用专用扳手将投球器逆时针旋转 90°，打开与出油管线的通道，上紧投球器摇把孔压帽。

(5)关放空阀，开生产阀门，开始生产，当回压大于正常生产回压 0.5～1MPa 以上时打开回压阀，观察井口压力。

(6)待一切正常后收拾工具，清理现场。

4. 技术要求

(1)清蜡球的大小与管线内径相匹配。

(2)清蜡球上的球号要易于辨别，不能重复。

5. 安全要求

(1)正确使用工、用具，使用时要轻拿、轻放，避免敲击和碰撞；操作要平稳，规格型号要配套，防止物体磕碰伤人。

(2)开关阀门时人应站在侧面，避免丝杠飞出伤人。

(3)操作时必须按操作规程进行，人应站在投球器侧面，防止油气滋出伤人。

(4)操作时注意金属工具的使用方法，严禁敲击，避免引起火花。

(5)检查流程，确认没有泄漏，防止流程倒错引起的滋漏事故。

（六）抽油机井口加药(CX－2 清蜡剂)

抽油机井井口定期加药主要是为了防止油井及集油管线出现结蜡现象，延长油井免修期，它是采油工日常工作的内容之一。

1. 人员要求

本项目所需人数为 1 人。

2. 准备工作

(1)工具、用具、材料准备：CX－2 清蜡剂适量，加药桶 1 只，棉纱少许。

(2)劳保用品准备齐全，穿戴整齐。

3. 操作步骤

(1)检查加药包各部位是否完好，检查加药包与套管的平衡阀是否关闭。

(2)缓慢打开加药漏斗阀门，释放加药包内的气体，待气体放空完毕后，缓慢将准备好的药剂倒入加药包内，如图3-11所示。

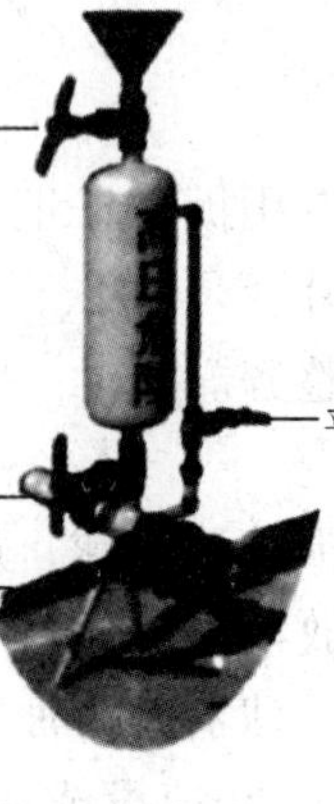

图3-11　抽油机加药装置示意图

(3)关闭加药漏斗阀门，打开平衡阀门，待油套管环形空间及加药包压力平衡后，缓慢打开下流阀门，药剂靠自重流入油套管环形空间，用手敲加药包检查药是否流完，若无声音说明药已全部流入油套环形空间。

(4)关闭与油套管环形空间连接的下流阀门。

(5)关闭压力平衡阀门。

(6)打开加药漏斗阀进行放空。

(7)清洁卫生，收拾工具，向下游站汇报加药情况。

4. 技术要求

加药时必须进行放空，同时人要站在上风口，防止药液溅到身上。

5. 安全要求

(1)加药时选择上风口，必要时可佩戴防护面具，防止操作不当导致的CX-2清蜡剂外泄引发工作人员面部药品伤害。

(2)检查流程，确认没有泄漏，防止流程倒错引起的刺漏事故。

(七)抽油机井热洗

抽油机井热洗是为了防止蜡晶体在油管壁附着、聚集、长大而堵塞油管，影响油井正常生产的一种井筒加热措施。它是采油工管理、维护抽油机井正常生产的一项经常性的技能操作。

1. 人员要求

本项目所需人数为3人。

2. 准备工作

(1)工具、用具、材料准备：300型热洗车1台，15 m^3 水罐车两台，500A钳形电流表1块，600mm、900mm管钳各1把，3.75kg手锤1把，高压弯头1副，绝缘手套1副，棉纱少许，笔，纸。

(2)劳保用品准备：劳保用品准备齐全，穿戴整齐。

3. 操作步骤

(1)单管流程

①通知计量站或转油站倒好站内流程，检查井口流程，记录油套压值。

②打开套管阀门(套压控制井)，慢放套管气，使套压低于洗井压力0.3～0.5MPa(对于套管阀门常开的可省略此步)。

③用高压弯头和洗井管线将套管头与热洗车、水罐车连接，用管钳上好，并用手锤砸紧，如图3-12所示。

④用钳形电流表测量抽油机驴头上下行的电流，并进行记录。

⑤启动热洗泵进行水循环。

⑥点火加热使水温逐渐缓慢上升，开始热洗。热洗共分三个阶段：第一阶段洗井液温度60～65℃，第二阶段洗井液温度70～78℃，第三阶段洗井液温度80～90℃，记录热洗时间及温度。

⑦用钳形电流表测电流，若抽油机驴头上下行电流差值较小，说明油井生产正常，记录好数据，即可停止洗井。

图3-12 抽油机井热洗时接热洗管示意图

⑧洗井完毕后，停炉，停热洗泵，拆卸井口洗井管线，恢复井口原貌。

⑨通知计量站或转油站倒回原流程，恢复正常生产，此时油压有明显上升，而套压接近零时说明洗井质量较好。

⑩将有关资料填入报表并向有关部门汇报，收拾工具，清理现场。

(2)双管流程

①与计量站或转油站上联系约定倒流程时间。

②检查井口流程，记录油套压值，用钳形电流表测量抽油机驴头上下行的电流，并进行记录。

③打开套管阀门(套压控制井)，慢放套管气，使套压低于洗井压力0.3～0.5MPa(对于套管阀门常开的可省略此步)。

④打开高低压直通阀门，双管连通地面双管，到约定时间，打开地面循环，根据井间距离和热洗周期确认可以倒洗井流程时，关闭井口掺水阀门，打开套管洗井阀门，在开大后，稍关一点井口直通阀，井口套压开始上升，并稳定在一个值上，在确认不憋压后，关闭井口直通阀。

⑤观察油套压变化，用手不断摸总阀体，若温度由凉逐渐变热，再变凉，再变热，并很快接近进口温度时，说明油井已洗通。

⑥在确认热洗畅通后，根据洗井制度及质量标准调整排量和温度以及洗井时间。

⑦用钳形电流表测电流，若抽油机驴头上下行电流差值较小，说明油井生产正常，即可停止洗井。

⑧与计量站或转油站联系停泵，倒回原生产流程，确认计量站或转油站停泵后，关闭

套管热洗阀门，开掺水拌热阀门。

⑨确认倒回流程正确后，录取油套压值，此时油压有明显上升，而套压接近零时说明洗井质量较好。

⑩收拾工具，清理现场。

4. 技术要求

(1)放套管气时应缓慢，防止地层激动(套压控制井)。

(2)热洗时不能停抽油机，以防套管内的死油堵死进泵通道。

(3)热洗排量由小到大，逐步升温，热洗进口温度最后应达到85～90℃左右，出口温度不低于60℃，热洗时间不低于4h。

(4)电流恢复到正常工作时的电流。

(5)洗井完毕后，热洗车柱塞泵一定要放空。

5. 安全要求

(1)工具使用时，要轻拿轻放，避免敲击和碰撞，操作要平稳，规格型号要配套，用手锤时不能戴手套，防止滑脱伤人。

(2)雨雪天严禁热洗。

(3)确认流程畅通，热洗温度由低到高升温，符合洗井要求。

(4)热洗车连接管线要牢靠，防止高压管线刺漏或热液烫伤工作人员。

第二节　抽油机的管理

抽油机是抽油井的地面机械传动装置，它和抽油杆、抽油泵配合使用，能将井下原油抽到地面。

一、抽油机的基础知识

(一)抽油机的分类及型号表示

1. 抽油机的分类

按照抽油机的结构和工作原理不同，可分为游梁式抽油机和无游梁式抽油机。

- 机械采油
  - 有杆泵采油
    - 深井泵采油
      - 游梁式抽油机采油
      - 无游梁式抽油机采油
    - 电动螺杆泵采油
  - 无杆泵采油
    - 电动潜油泵采油
    - 水力活塞泵采油
    - 射油泵采油

游梁式抽油机按结构不同可分为前置式和普通式，普通式的支架在驴头和曲柄连杆机构之间，前置式的曲柄连杆机构位于驴头和游梁支架之间。

2. 抽油机的型号表示

抽油机的型号表示方法如图 3－13 所示。

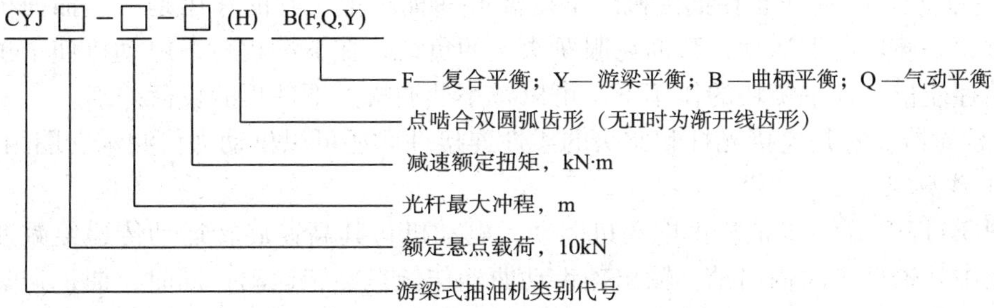

图 3－13　抽油机型号

例如 CYJ3－1. 2－7（H）Y 表示该机为游梁式抽油机；悬点额定负荷为 30kN；光杆最大冲程为 1. 2m；其减速器额定扭矩为 7kN · m；减速器采用点啮合双圆弧齿轮；平衡方式为游梁平衡。

(二)抽油机的组成及原理

1. 抽油机的组成

如图 3－14 所示，抽油机由主机和辅机两大部分组成。主机由底座、减速箱、曲柄、连杆、平衡块、横梁、支架、游梁、驴头、悬绳器及刹车装置组成。辅机由电动机、电路控制装置组成。

图 3－14　抽油机组成

2. 主要部件的作用

(1)驴头。它的作用是保证抽油时光杆始终对准井口中心位置。驴头的弧线是以支架轴承为圆心，游梁前臂长为半径画弧而得到。修井时可将驴头从井口移开，方便作业。移开的方式有三种，即：侧转式、上翻式、可卸式。

(2)游梁。游梁固定在支架上，前端安装驴头承受井下负荷，后端连接横梁、连杆、曲柄、减速箱，传递电动机的动力。

(3)曲柄连杆机构。曲柄连杆机构的作用是将电动机的旋转运动变成驴头的往复运动。在曲柄上有 3 个孔，用来调节冲程。

(4)减速箱。它是将电动机的高速转动，通过三轴二级减速变成曲柄轴(输出轴)的低速转动，同时支撑平衡块。

(5)平衡块。平衡块装在抽油机游梁尾部或曲柄轴上。它的作用是：当抽油机运行至上冲程时，平衡块向下运动，帮助克服驴头上的负荷；在下冲程时，电动机使平衡块向上运动，储存能量，在平衡块的作用下，可以减小抽油机上下冲程的负荷差别。

(6)悬绳器。它是连接光杆和驴头的柔性连接件，还可以供动力仪测示功图用。

3. 工作原理

如图 3-15 所示，抽油机由电动机驱动，电动机将其高速旋转运动传递给减速箱的输入轴，经中间轴后带动输出轴，输出轴带动曲柄作低速旋转运动。同时，曲柄通过连杆经横梁拉着游梁后臂(或前臂)摆动(或者是连杆直接拉着游梁后臂)。游梁的前端装有驴头，抽油杆上端悬挂在驴头上，下端和深井泵柱塞连接，这样驴头通过抽油杆带动深井泵柱塞在泵筒内作上下往复运动，不断将井中液体增压泵出，使原油沿井筒流到地面，通过井口装置进入地面集油管线。抽油机井正常生产时液体流动过程如图 3-16 所示。

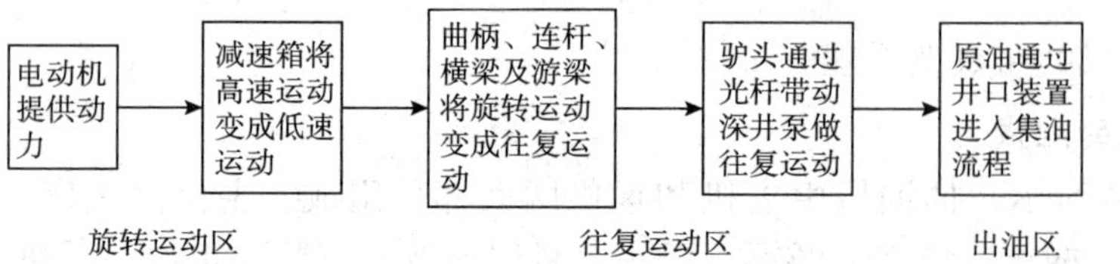

图 3-15　抽油机工作原理示意图

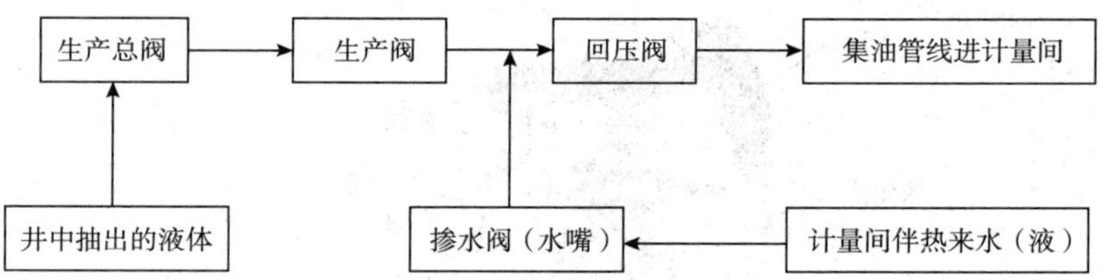

图 3-16　抽油机井正常生产时液体的流动过程

4. 平衡方式特点

(1)游梁平衡。游梁的尾部装设一定重量的平衡块。平衡方式简单，适用 30kN(3t)以下的轻型抽油机。

(2)曲柄平衡。曲柄平衡是将平衡块加在曲柄上，适用于 100kN(10t)以上重型抽油机。这种平衡方式减小了游梁平衡引起的抽油机摆动，调整比较方便。但是，曲柄上有很大的负荷和离心力。

(3)复合平衡。它是在一台抽油机上同时使用游梁平衡和曲柄平衡。特点：小范围调整时，可调整游梁平衡；大范围调整时，则调整曲柄平衡块。这种平衡方式适用于中深井。

(4)气动平衡。气动平衡是利用气体的可压缩性来储存和释放能量，达到平衡的目的，可用于 100kN 以上重型抽油机，这种一平衡方式减少了抽油机的动负荷及震动，但其装置精度要求高，加工麻烦。

（三）抽油机保养

抽油机是24h连续运转的机械，维修保养工作可概括为：“紧固、润滑、调整、清洗、防腐”。紧固——紧固各部件间的连接螺丝；润滑——各加油点（部位）定期添加润滑油脂，检查减速箱机油情况，如图3-17所示；调整——检查调整刹车锁块、皮带、减速箱齿轮及电气设备等的运行情况；清洗——清洗呼吸阀、刹车锁块；防腐——对脱漆、生锈部位进行除锈、刷漆或涂油。

图3-17　抽油机润滑位置示意图

二、抽油机的操作规程

启停抽油机也是采油工最基本的一项操作，它是抽油机井处理故障和正常维护等操作的前提条件，正确启停抽油机可以延长抽油机所用电动机等电气设备的使用寿命，保证抽油机井各项工作的顺利进行。

（一）启动抽油机

1. 人员要求

本项目所需人数为2人。

2. 准备工作

（1）工具、用具、材料准备：600mm管钳1把，300mm、375mm活动扳手各1把，6MPa压力表1块，150mm平口螺丝刀1把，500A钳形电流表1块，绝缘手套1副，安全带2副，安全帽2顶，黄油、棉纱少许，纸、笔。

（2）劳保用品准备齐全，穿戴整齐。

3. 操作步骤

（1）启动前检查。

①检查井口流程各阀门，打开井口生产阀门，检查井口零部件及仪表是否齐全好用，毛辫子有无断股、毛刺、打扭等现象，铅块有无脱落现象。

②检查抽油机各连接部位紧固是否牢固可靠，各润滑部位保养是否到位。

③检查减速箱机油孔液位是否合适。

④检查皮带松紧度，并检查皮带轮四点一线（将线绳通过两轮轴中心，使两轮端面达到四点一线）。

⑤检查配电箱配件齐全、合闸，检查配电箱是否通电、保险完好、电动机接头完好情况，电动机有无松动和裸露线头。

⑥检查刹车是否灵活好用，行程在1/2～2/3之间，接触面在80%以上。

⑦检查抽油机周围是否有障碍物，场地内是否有杂物、工具、用具及人员。

(2)启动操作。

①取出刹车锁块及刹车。

②送电，按启动按钮，启动抽油机，让曲柄摆动2～3次，利用曲柄平衡块惯性二次启动抽油机，注意启动时不能逆向启动，如图3-18和图3-19所示。

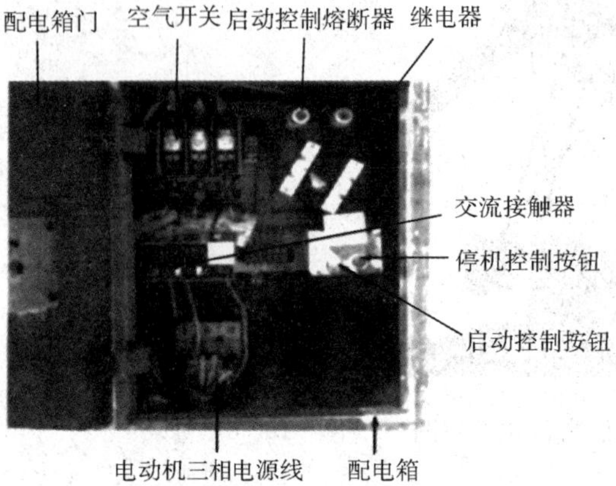

图3-18　抽油机配电箱组成示意图

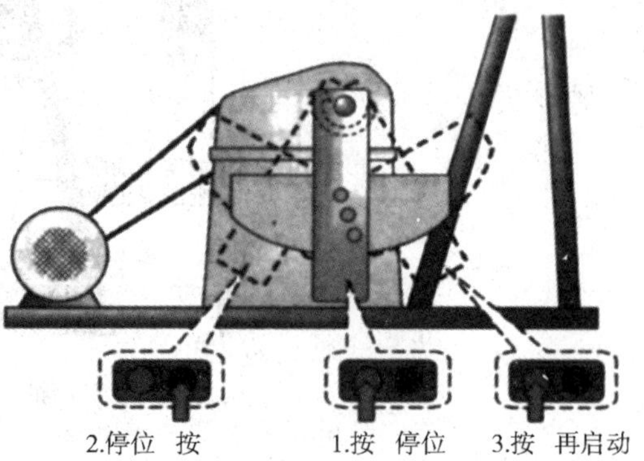

图3-19　二次启动抽油机操作程序示意图

(3)启动后检查。

①看：抽油机各连接部位、曲柄销、冕形螺母、平衡块固定螺丝是否有松动、脱出、滑动现象，若有松动，用活动扳手进行紧固；检查减速箱是否漏油，回、套压是否正常，油井是否出油，悬绳器方卡子是否有松动，毛辫子是否打扭；检查光杆密封盒松紧是否合适，若有松动用管钳进行紧固。

②听：抽油机各部位运转声音是否正常，光杆密封盒检查是否有碰挂现象，抽油机是否出油。

③测：用钳形电流表分别测三相电流是否平衡，用温度计测油井出油温度。

④摸：光杆上行时用手背摸光杆，检查光杆是否发烫。

⑤收拾工具，清理现场。

⑥待抽油机运转平稳后，记录开井时间、停井原因、停井时间和开井时间、井口回压、套压等资料。

4. 技术要求

(1)测电流时，眼睛、表针、刻度与表盘成一直线。

(2)发现各部位有异常声音，立即停机，检查处理。

(3)开抽油机时刹车装置必须全部松开。

5. 安全要求

(1)启动抽油机时人不能正对开关箱，必须戴高压绝缘手套。

(2)启动抽油机时，严禁抽油机附近站人和有障碍物。

(3)雨雪天要防止电气设备漏电伤人。

(4)检查电动机和设备温度要去掉手套，用手背触摸。

(5)不能直接和间接接触曲柄及皮带轮部位，避免机械绞伤或夹伤造成人员伤害。

(6)检查抽油机曲柄、皮带轮等转动部位防护装置是否齐全、完好，防止曲柄及皮带轮转动部位造成机械夹伤或绞伤造成人员伤害。

(7)操作刹车锁块时，一人拉紧刹车进行保护，一人上操作台操作刹车锁块，防止刹车锁块夹伤手。

(8)检查皮带时严禁戴手套或手握皮带，以免夹伤手指。

(9)上、下抽油机支架不能携带工具，必须用工具袋装好，用绳子吊运，防止工具坠落伤人。

(10)工具使用时，要轻拿轻放，避免敲击和碰撞；操作要平稳，规格型号要配套，防止打滑。

(11)高处作业时脚下要站稳，登高作业超过2m以上必须穿戴安全带，悬挂高度以高于身高、拉紧为原则，所用工具必须拴牢，以免造成高处坠落事故。

(12)操作时和操作结束后，必须确认流程是否正确，观察压力正常后方可进行或离开。

(13)听取设备声音时，不能直接趴在设备上，要借助平口螺丝刀听取(平口螺丝刀头接触设备，将螺丝刀柄挨靠在耳旁听取)。

(二)停抽油机

1. 人员要求

本项目所需人数为2人。

2. 准备工作

(1)工具、用具、材料准备：600mm管钳1把，300mm、375mm活动扳手各1把，绝缘手套1副，棉纱少许，纸、笔。

(2)劳保用品准备齐全，穿戴整齐。

3. 操作步骤

(1)在曲柄由最低位置向上运行约20°时，一手按停止按钮，另一手向回拉刹车把，测试曲柄在90°或270°时，刹车是否灵活，若曲柄能立即停止说明刹车灵活，否则要进行调整，再试直到灵活为止(具体操作见调节抽油机刹车操作)。

(2)松刹车，按启动键，二次启动抽油机。

(3)在曲柄接近预停位置时，按下停止按钮，拉刹车把，刹紧刹车，观察停机位置是否符合要求，若不符合要求，可慢松刹车，看到曲柄快到要求位置时，迅速拉刹车，进行微调直至符合要求。

(4)拉下电控箱的闸刀，锁死刹车锁块；当油井气体影响严重时，驴头应停在下死点；当油井含砂、蜡量较大时，驴头应停在上死点。一般情况下，驴头应停在上冲程1/2~2/3处．如图3-20所示。

(5)关闭回压阀门，放净死油(冬季停抽时间长，应进行扫线)。

(6)记录油压、套压，收拾工具，清理现场。

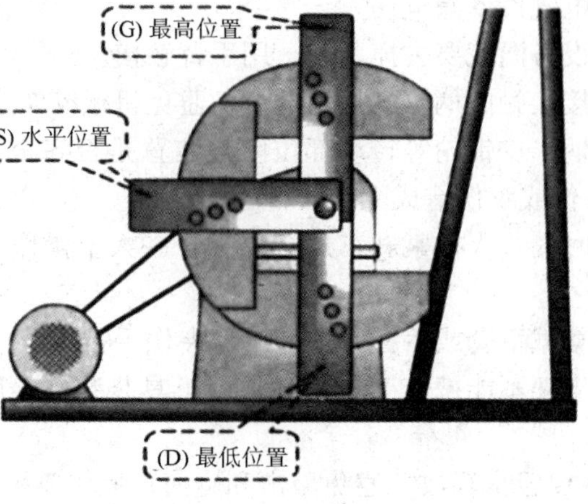

图 3-20　抽油机井停机不同位置示意图

4. 技术要求

(1)根据油井的生产情况让抽油机停在适当的位置，并刹紧刹车，断电，锁死刹车锁块。

(2)微调停机位置时松刹车必须缓慢进行，可通过多次微调达到要求。

(3)对冲次较大的抽油机进行停机，对所停位置要有余量，否则就会使停的位置过量。

5. 安全要求

(1)停抽时人不能正对开关箱，必须戴高压绝缘手套。

(2)操作刹车锁块时，一人拉紧刹车进行保护，一人上操作台挂刹车锁块，防止刹车锁块夹伤手。

(3)工具使用时要轻拿轻放，避免敲击和碰撞；操作要平稳，规格型号要配套，防止打滑。

(4)操作时和操作结束后，必须确认流程是否正确，观察压力正常后方可进行或离开。

(三)抽油机井的巡回检查

抽油机井的巡回检查可以通过看、听、摸、闻来进行，一旦发现抽油设备存在问题，及时采取相应的措施，保证抽油设备的正常运行。

1. 人员要求

本项目所需人数 1 人。

2. 准备工作

(1)工具、用具、材料准备：300mm、375mm 活动扳手各 1 把，150mm 平口螺丝刀 1 把，密封填料 2 根，500A 钳形电流表 1 块，600mm 管钳 1 把，绝缘手套 1 副，黄油、棉纱少许，纸、笔。

(2)劳保用品准备齐全，穿戴整齐。

3. 操作步骤

(1)检查油压、套压是否正常，用平口螺丝刀检查出油是否正常。

(2)将油套压表阀门关闭，观察压力表指针是否落零，看压力表是否过校验期。

(3)检查井口密封填料松紧是否合适，若有松动用盘根棒或管钳进行紧固，检查光杆是否发热、密封填料有无漏油。

(4)井口流程、抽油机设备达到无缺件、无松动、无异响，不脏、不锈、不漏油，现场规格化。

(5)检查悬绳器钢丝绳有无断股、脱股现象，悬绳器压板是否保持水平。

(6)检查曲柄销子、平衡块有无松动和脱出现象，曲柄键是否有松动、退出现象，曲柄紧固螺丝有无松动。

(7)检查抽油机保养是否到位，中、尾轴承有无异常。

(8)连杆、横梁部分是否正常，游梁、驴头部分有无异常。

(9)支架、底盘部分是否正常，有无震动发响，底盘螺丝有无松动。

(10)皮带轮、刹车部分是否正常，皮带安装是否合格。

(11)减速箱和各部轴承润滑是否良好，有无漏油现象。

(12)电动机和启动箱内的电器设备部分有无异常现象和漏电现象。

(13)检查完毕后作好记录，将工具收拾齐全，清洗干净，存放。

4. 技术要求

(1)抽油机的紧固率和润滑率必须达到100%。

(2)抽油机加注黄油、齿轮油的各个润滑部位和润滑点，不允许有缺油现象和润滑油变质现象。

(3)悬绳器钢丝绳无断损现象。

(4)驴头、悬绳器、光杆要对准井口中心位置。

(5)井口密封填料不发热、不漏油、松紧适当，光杆外露0.8～1.5m。

(6)井口设备、抽油机设备达到不缺、不锈、不松动、不渗漏、规格化。

(7)电器设备无漏电现象。

(8)井场无油污，无杂草，抽油机周围无障碍物。

(9)若抽油机上、下行冲程中负荷相差过大，要用钳形电流表测平衡，发现问题及时汇报并记录。

5. 安全要求

(1)雨雪天要防止电气设备漏电伤人。

(2)检查井口是否有超压现象。

(3)紧固各部位螺丝，防止螺丝松动引起机械事故。

(4)检查抽油机曲柄、皮带轮等转动部位防护装置是否齐全、完好，防止曲柄及皮带轮转动部位造成机械夹伤或绞伤造成人员伤害

(5)不能直接和间接接触曲柄及皮带轮部位，避免机械绞伤和夹伤造成人员伤害。

(6)检查电动机温度要去掉手套，用手背触摸。

(7)工具使用时，要轻拿轻放，避免敲击和碰撞；操作要平稳，规格型号要配套，防止打滑。

(8)听取设备声音时，不能直接趴在设备上，要借助平口螺丝刀听取(平口螺丝刀刀口接触设备，将平口螺丝刀柄挨靠在耳旁听取)。

(四)测游梁式抽油机剪刀差

剪刀差是指曲柄两侧面不重合形成像剪刀一样的开差，叫剪刀差。剪刀差过大会使曲

柄不在同一个平面上工作，抽油机运转时会使抽油机一侧受力大，另一侧受力小，长时间的运转可能造成拉断连杆、尾轴、尾梁螺栓，造成翻机、扭坏游梁等事故。测其值主要是为了检查其工作状况，防止发生不应有的损失。

1. 人员要求

本项目所需人数为 2 人。

2. 准备工作

(1)工具、用具、材料准备：超过两曲柄间距长直尺 1 根，塞尺 1 把，钢板尺 1 把，5m 钢卷尺 1 只，500mm 或 1000mm 水平仪 1 个，检测棒 1 个，300mm 游标卡尺 1 把，绝缘手套 1 副，棉纱少许，纸、笔。

(2)劳保用品准备齐全，穿戴整齐。

3. 操作步骤

(1)用直尺测剪刀差的方法。

①停抽，将抽油机曲柄停在水平位置，锁死刹车锁块。

②用纱布清理曲柄两端面，将长直尺横在两曲柄的最末端，做上记号，量取两曲柄端面全长及半长距离，在直尺中间位置做上记号。

③将水平仪放在长直尺中间观察，若发现水平尺中间的水泡不在正中间，观察它偏向的方向，在水泡偏移的相反方向(位置较低)一端曲柄平面上方、长直尺下加塞尺或垫片垫起直尺，直到水平仪水泡停在中间位置时为止，如图 3-21 所示。

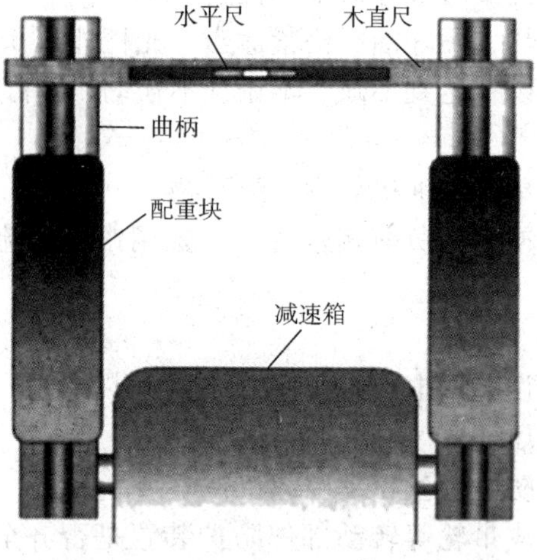

图 3-21　用直尺测剪刀差示意图

④计算塞尺厚度，并用游标卡尺测量垫片厚度，记录两厚度数据。

⑤将底座平面清理干净，按步骤②方法量取底座横向水平度，按步骤③和④测量底座水平情况。为验证长直尺是否平直，将直尺左右端面对调，重复测量水平情况。

⑥将有关数据记录并进行计算，标准是剪刀差不大于抽油机安装技术要求。

⑦取出刹车锁块，检查抽油机周围有无杂物，送电，开抽。

⑧收拾工具，清理现场。

(2)用检测棒测剪刀差的方法。

①停抽，将抽油机曲柄停在水平位置，锁死刹车锁块，拉紧刹车，切断电源。

②将专用检测棒放人曲柄的最大冲程孔，要求放置水平不能偏斜，夹紧不能有松动。

③将水平仪放在两检测棒中间，按上(1)中步骤③和④进行操作，如图3-22所示。

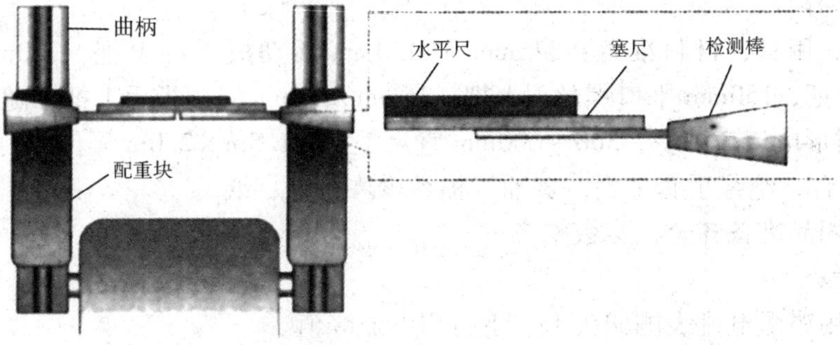

图3-22　用检测棒测剪刀差示意图

④将有关数据记录并进行计算，标准是剪刀差不大于抽油机安装技术要求。

⑤取出刹车锁块，检查抽油机周围有无杂物，送电，开抽。

⑥收拾工具，清理现场。

4. 技术要求

(1)停机时，曲柄尽可能接近水平位置。

(2)停机后电源一定要切断。

(3)在无长直尺的情况下，可先用水平仪测量一端曲柄(径向平行)。然后测量另一端曲柄，用游标卡尺分别测出水平仪在两曲柄上处于水平位置时所垫垫片的厚度。求出厚度差值。用差值乘以输出轴至曲柄末端长度除以水平仪长度，即为该抽油机剪刀差。

(4)剪刀差超过标准时要及时调整(五型抽油机小于5mm，十型抽油机剪刀差小于6mm，十二型抽油机剪刀差小于7mm)。

(5)检测棒在运输过程中应固定在工具箱内，以保持检测棒的精度，使用时应轻拿轻放，以免影响精度。

5. 安全要求

(1)刹死刹车并锁好锁块，刹车一定要紧，操作刹车锁块时一人拉住刹车把，一人上机操作刹车锁块，防止平衡块滑动伤人。

(2)启、停机操作时戴好绝缘手套。

(3)抽油机自携平台站位可靠、作业平稳，防止滑跌摔伤。

(4)操作人员戴好安全帽，做好头部防护，防止测量位置不当导致的磕碰伤害。

(5)操作时两人需分工明确，配合默契，一人在抽油机自携平台操作，一人在下面递工具，记录数据。

(五)游梁式抽油机曲柄调平衡

抽油机在工作中，驴头上、下冲程电动机所受的负荷相差很大，由于抽油机速度高，交替变化大，从而引起抽油杆柱上、下行时受力不均匀，为此需要借助平衡块来调节驴头上下冲程时电动机的负荷，使电动机平稳运行，延长电动机和抽油机及井下杆柱的寿命。但随着开采时间及井下产液量的变化，原来处于平衡状态的抽油机会不断发生变化，因此调整抽油机平衡是采油生产中常进行的一项操作。

1. 人员要求

本项目所需人数为2人。

2. 准备工作

(1)工具、用具、材料准备：375mm 和 450mm 活动扳手各 1 把，700mm 撬杠 2 根，3.75kg 手锤1把，150mm 平口螺丝刀1把，36mm×48mm 专用扳手1把，随机型专用摇把1把，500A 钳形电流表1块，300~600mm 直尺1把，1.5m×2.0m 操作平台1架，粉笔1根，计算器1台，绝缘手套1副，黄油、棉纱少许，笔、纸。

(2)劳保用品准备齐全，穿戴整齐。

3. 操作步骤

(1)一人用钳形电流表测驴头上、下行程电流峰值。

(2)另一人用计算器按式(3-1)计算平衡率。

$$B = \frac{I_{下}}{I_{上}} \times 100\% \tag{3-1}$$

式中 B——平衡率,%；

$I_{上}$、$I_{下}$——驴头上、下冲程时所测的电流，A。

判断平衡块的调整方向：

平衡率 >100%，相对输出轴平衡块向曲柄轴的方向调整(内移)，如图 3-23 所示。

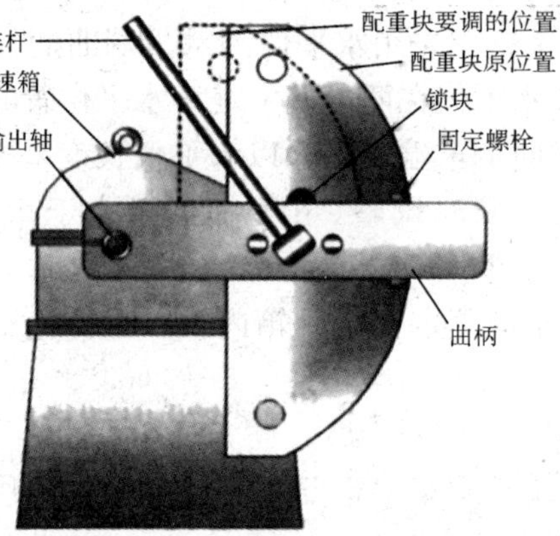

图 3-23 抽油机向内调整平衡示意图

平衡率 <85 %，相对输出轴平衡块向远离曲柄轴的方向调整(外移)。

用式(3-2)或式(3-3)估算平衡块的调整距离：

$$H_2 = H_1(I_{上1} - I_{下1})/(I_{上} - I_{下}) \tag{3-2}$$

$$或 H = |100 - B \times 100| \tag{3-3}$$

式中 H——平衡块移动的距离，cm；

H_1——平衡块第一次预调距离，cm；

H_2——平衡块经过计算后需调距离，cm；

$I_{上1}$、$I_{下1}$——第一次预调时驴头上、下冲程时所测的电流，A。

(3)检查调整刹车。

(4)按抽油机停机方法将抽油机停在便于操作位置，一般向外调曲柄停在水平位置的右下方15°或左下方15°，向内调曲柄停在水平位置右上方或左上方15°处，锁死刹车锁块，刹紧刹车。

(5)两人配合卸下锁块螺丝，卸下锁块，松开平衡块固定螺栓，擦净曲柄面，在曲柄面上做出预调位置记号。

(6)用专用摇把将平衡块移到合适的位置(旧式抽油机在移动平衡块时要一人慢慢晃动，另一人向前推，要防止平衡块脱落，若曲柄停在水平位置时，则需要用撬杠向前撬)，用撬杠调正平衡块使其与曲柄处于一个平面，如图3-24所示。

图3-24 用摇把移动平衡块示意图

(7)在锁块螺丝上涂上黄油，两人配合装好锁块，上紧锁块螺丝帽，拧紧平衡块固定螺栓。

(8)用同样方法调整其他平衡块，调好后启动抽油机生产。

(9)取出刹车锁块，松刹车，送电，启动抽油机。

(10)测电流，计算并检查调整效果，并观察平衡块有无松动或碰、擦现象。

(11)收拾工具，清理现场。

4. 技术要求

(1)调整后平衡率大于或等于85%为合格。

(2)曲柄与水平位置的夹角不得大于15°。

(3)松平衡块螺栓顺序与平衡块移动方向相同，即平衡块移向哪个方向，先卸那个方向的螺栓。

(4)固定螺栓的螺母不能卸掉，曲柄要擦净，移动平衡块时用力不要过猛，防止平衡块滑落。

(5)要上紧平衡块固定螺栓，防止运转时平衡块滑落。

5. 安全要求

(1)检查抽油机曲柄、皮带轮等转动部位防护装置是否齐全、完好，防止曲柄及皮带轮等转动部位可能发生机械伤害事故。

(2)检查刹车、刹车锁块是否完好，操作刹车锁块时，一人拉紧刹车进行保护，一人上操作台操作刹车锁块，防止刹车锁块夹伤手。

(3)测电流时必须戴绝缘手套。

(4)站位要合适，平衡块前进方向不许站人。

(5)高空作业时脚下要站稳，高处作业超过2m以上时必须穿戴安全带，悬挂高度以高于身高、拉紧为原则，所用工具必须拴牢，戴好安全帽，防止高空坠落和空中落物伤人。

(6)工具使用时，要轻拿轻放，避免敲击和碰撞；操作要平稳，规格型号要配套，摆放要合理．使用手锤时不能戴手套，防止手锤打滑或掉落伤人。

(六)调“四点一线”

抽油机“四点一线”指以减速箱皮带轮、电动机皮带轮边缘拉一条线通过两轴中心，这四个点如图3-25所示，A、B、C、D在两轮上处于端面所在的同一平面的一条直线上，称为“四点一线”。两皮带轮只有达到“四点一线”时抽油机才能正常运行，若它们不在一直线上，则可通过调整电动机滑轨或电动机位置来实现。

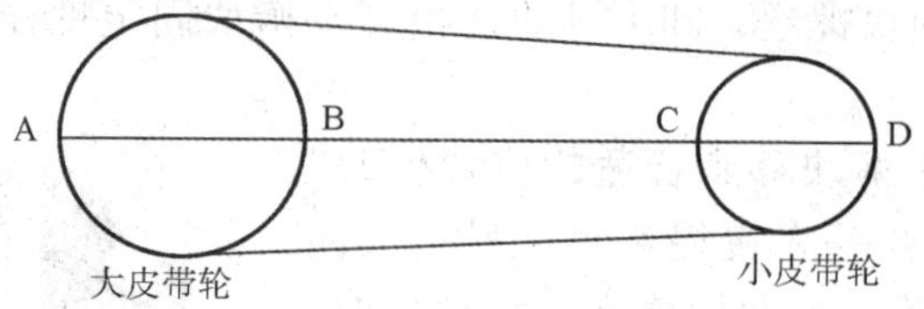

图 3-25 “四点一线”示意图

1. 人员要求

本项目所需人数为 2 人。

2. 准备工作

(1)工具、用具、材料准备：375mm、300mm 活动扳手各 1 把，200mm 平口螺丝刀 1 把，500、1000mm 撬杠各 1 根，600mm 管钳 1 把，24mm × 27mm 梅花扳手 1 把，绝缘手套 1 副，黄油、棉纱少许，工程线 6m。

(2)劳保用品准备齐全，穿戴整齐。

3. 操作步骤

(1)停抽油机，刹车，切断电源，锁死刹车锁块，一般将曲柄停在井口方向向下 60° ~ 70°左右为宜。

(2)卸下皮带轮护罩，两人一人一边分别用螺丝刀和 500mm 撬杠卸松电动机前后顶丝。

(3)用 375mm 活动扳手或梅花扳手首先卸松电动机滑轨的固定螺栓，再卸松电动机固定螺栓。

(4)一人将工程线通过电动机皮轮中心放在其外缘上，另一人将工程线通过减速箱皮带轮中心放在其外缘上，如图 3-26 所示，观察两皮带轮内外缘上的四个点是否成一直线，如图 3-27 所示。

图 3-26 测“四点一线”操作示意图

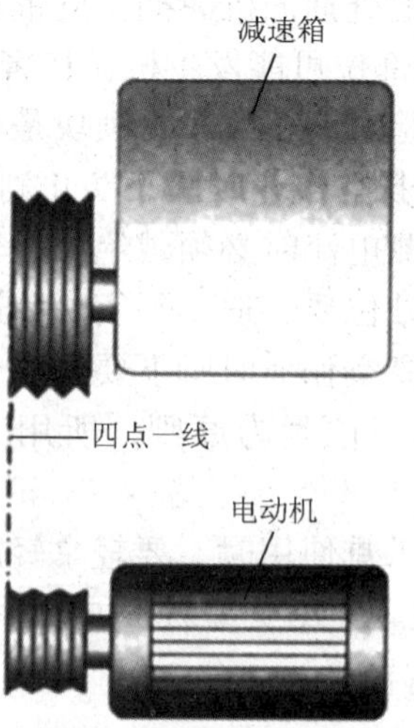

图 3-27 电动机测四点一线示意图

(5)用撬杠找正电动机位置，检查误差是否在允许范围内，若不合格，用前后顶丝进行调节，可重复进行上述操作。

(6)根据皮带松紧度，调整电动机滑轨到一定位置，用375mm活动扳手把滑轨固定螺栓拧紧。

(7)再次检查"四点一线"，双手重叠向下压皮带2~3次，检查皮带的松紧程度，若不合格需重新调整顶丝，合格后用螺丝刀紧固滑轨固定螺栓或电机固定螺栓。

(8)清理现场，收拾工具。

(9)取出刹车锁块，松刹车，送电，启动抽油机，填写记录。

4. 技术要求

(1)调整后的误差目测不能超过5mm，拉线测不超过1mm。

(2)操作时要先卸电动机顶丝，再卸滑轨固定螺栓。

(3)调整好电动机位置并将其固定好后，再调整滑轨。

(4)紧固滑轨螺栓时注意穿正滑轨鞋，对角上紧电动机固定螺栓。

(5)检查皮带松紧度时，双手重叠向下压皮带2~3次，压下1~2cm为合格。

5. 安全要求

(1)检查抽油机曲柄、皮带轮等转动部位防护装置是否齐全、完好，防止转动部位造成机械夹伤或绞伤，造成人员伤害。

(2)启、停抽油机时戴好高压绝缘手套，停机位置要适当，否则会影响操作或造成人为磕碰等伤害频率增多。

(3)操作刹车锁块时，一人拉紧刹车进行保护，另一人上操作台操作刹车锁块，防止刹车锁块夹伤手。

(4)检查抽油机皮带松紧度时不能戴手套，不能用手抓皮带，以免夹伤手指。

(七)更换电动机皮带

抽油机井电动机皮带的作用是将电动机的旋转运动传递给减速箱，从而带动减速箱齿轮旋转。由于皮带长期在野外运转，条件较为恶劣，容易产生磨损，更换抽油机井电动机皮带就成为采油工设备操作的一个基本技能。

1. 人员要求

本项目所需人数为2人。

2. 准备工作

(1)工具、用具、材料准备：300mm、375mm活动扳手各1把，150mm平口螺丝刀1把，500、1000mm撬杠各1根，配套的新皮带1副，绝缘手套1副，黄油、棉纱少许，细线(工程线)5m。

(2)劳保用品准备齐全，穿戴整齐。

3. 操作步骤

(1)检查刹车装置，保证灵活好用。

(2)停抽，刹车，将驴头停在接近上死点便于操作的位置，切断电源，锁死刹车锁块。

(3)摘下皮带护罩(有皮带护罩的井)，松开电动机滑轨顶丝和固定螺栓，用撬杠向前移动电动机，使皮带松弛，如图3-28所示。

(4)摘下旧皮带，换上新皮带。

图 3-28　更换电动机皮带示意图

(5)用撬杠向后移动电动机滑轨到合适位置，然后用撬杠调整电动机左右位置。

(6)用撬杠调整电动机滑轨或电动机位置，使电动机皮带轮与输入轴皮带轮成“四点一线”。

(7)用顶丝调整皮带松紧度，使皮带松紧度合适，上紧顶丝，给顶丝涂上黄油，测皮带松紧度及两皮带轮的“四点一线”。

(8)用活动扳手对角上紧电动机滑轨固定螺栓，装皮带护罩。

(9)取出刹车锁块，检查抽油机周围有无障碍，送电，松刹车，启动抽油机，观察皮带有无摆动现象。

(10)收拾工具，清理现场。

4. 技术要求

(1)紧固滑轨螺栓时注意穿正滑轨鞋。

(2)如用顶丝达不到“四点一线”时，可调整滑轨或电动机位置。

(3)检查皮带松紧度时，双手重叠向下压皮带 2～3 次，压下 1～2cm 为合格。

(4)换皮带时要先松电动机滑轨顶丝，后松电动机滑轨固定螺栓。

(5)若“四点一线”合格，只是皮带松，用顶丝调节皮带松紧度，若“四点一线”不合格，即皮带轮不在同一平面，则需要调整电动机左右位置。

5. 安全要求

与调“四点一线”相同。

(八)调游梁式抽油机冲次

冲次是抽油机驴头每分钟上、下往复运行的次数。它是抽油机采油的一个重要生产参数，主要决定了抽油机驴头上下往复运动快慢。调冲次是针对抽油机抽汲参数的调整，调大调小是依据油井供液能力来决定的，有时也是相对抽油机负荷过大或过小而调整。调冲次主要通过更换不同直径的电动机皮带轮来实现，电动机皮带轮直径越小，冲次越小，直径越大冲次越大。

1. 人员要求

本项目所需人数为 2 人。

2. 准备工作

(1)工具、用具、材料准备：300mm、375mm 活动扳手各 1 把，平口螺丝刀 1 把，3.75kg 手锤 1 把，40mm×30mm 铜棒 1 根，700mm、1000mm 撬杠各 1 根，600～900mm 拔轮器 1 套，200mm、300mm、600mm 合适的皮带轮 1 只，200mm ×300mm 游标卡尺 1 把，

500A 钳形电流表 1 块，工程线 5m，绝缘手套 1 副，100#细砂纸 1 张，黄油、棉纱少许。

(2)劳保用品准备齐全，穿戴整齐。

3. 操作步骤

(1)停抽，将驴头停在合适位置，刹车，切断电源，锁死刹车锁块，卸皮带护罩(有皮带护罩的井)。

(2)卸松电动机顶丝和滑轨固定螺栓，用撬杠向前移动电动机，使皮带松弛，缓慢盘动皮带轮，摘下旧皮带。

(3)卸皮带轮盖板，对于不同类型的电动机其皮带轮组装不同，卸法也不同，如图 3-29 所示。

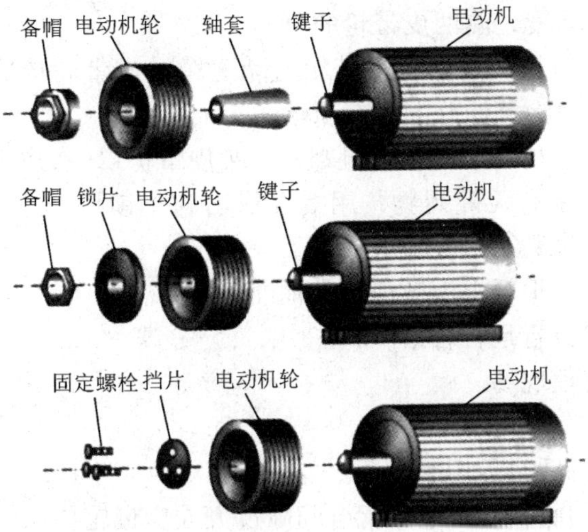

图 3-29　电动机轮组拆卸、装示意图

①若有锥度、用丝扣固定皮带轮的电动机，应先用管钳将皮带轮盖板上的固定螺帽卸开。

②若无锥度而用丝扣固定皮带轮的电动机，则用螺丝刀、小手锤解除锁片后，用活动扳手卸掉皮带轮盖板上的螺帽。

③若无螺帽的电动机，则用 300mm 活动扳手卸松皮带轮盖板螺丝取下皮带轮盖板。

(4)两人配合将拔轮器两爪装到电动机皮带轮内侧，拔轮器顶丝顶在电动机轴中心倒角槽内，用一根撬杠插在拔轮器三爪内，并别在电动机基础槽上，使拔轮器与电动机基础啮住，用盘根棒顺时针缓慢、均匀地转动拔轮器尾端顶丝杠，直到电动机皮带轮被拔出为止，松开拔轮器顶丝，取下拔轮器和电动机皮带轮，如图 3-30 所示。

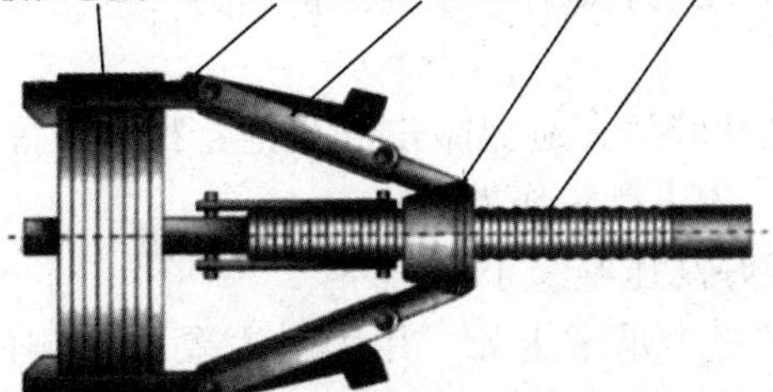

图 3-30　拔轮器使用示意图

(5)用游标卡尺分别测量电动机轴大小头轴径与新皮带轮轴大小头孔径是否合适，要求配合间隙不超过 ±0.02mm。

(6)用平口螺丝刀起出电动机轴上的键，用棉纱彻底清洁电动机轴、键槽、键及新皮带轮内孔，用砂纸打光电动机轴，防止造成配合间隙过大，轮子晃动。

(7)在电动机轴、键槽、键及新皮带轮内孔涂上黄油。

(8)将键装入电动机轴上，两人配合将电动机轴和新皮带轮上的键槽对中，装上皮带轮，一人扶皮带轮，一人垫上铜棒用手锤均匀向里敲击皮带轮，均匀上紧皮带轮盖板螺栓。

(9)装上皮带，用撬杠向后移动电动机，上紧滑轨固定螺栓，在顶丝上涂上黄油，上紧前顶丝，测皮带的松紧度，测两皮带轮的“四点一线”。

(10)用撬杠调整滑轨，使电动机皮带轮与减速箱轴皮带轮成“四点一线”，用顶丝调整皮带松紧度，在顶丝上涂黄油并上紧右顶丝。

(11)紧固滑轨固定螺栓，检查电动机螺栓，装皮带护罩(有皮带护罩的井)。

(12)检查抽油机周围有无障碍物，用撬杠取出刹车锁块，送电，松刹车，启动抽油机，观察皮带轮有无摆动现象。

(13)测电动机电流，根据电流数值调整抽油机平衡。

(14)测抽油机冲次数看是否合格。

(15)收拾工具，清理现场。

4. 技术要求

(1)刹车要牢，停机后必须切断电源。

(2)清理轴和孔要彻底，防止造成配合间隙过大或皮带轮晃动。

(3)安装皮带轮时要用铜棒垫着，边旋转边敲或对角敲，勿用力过猛，禁止直接用手锤猛烈敲打皮带轮。

(4)电动机轴与新皮带轮孔径的间隙最大不超过 ±0.02mm。

(5)检查皮带松紧度时，双手重叠向下压皮带 2 ~ 3 次，压下 1 ~ 2cm 为合格。

(6)启抽运转正常后方可离开。

5. 安全要求

(1)检查抽油机曲柄、皮带轮等转动部位防护装置是否齐全、完好，防止转动部位造成机械夹伤或绞伤，造成人员伤害。

(2)不能直接和间接接触曲柄及皮带轮部位，避免机械绞伤和夹伤造成伤害。

(3)检查皮带松紧时严禁戴手套或手握皮带，以免夹伤手指。

(4)操作刹车锁块时，一人拉紧刹车进行保护，另一人上操作台操作刹车锁块，防止刹车锁块夹伤手。

(5)工具使用时，要轻拿轻放，避免敲击和碰撞；操作要平稳，皮带轮规格型号要配套，用手锤时不能戴手套，防止滑脱伤人。

(6)启、停抽油机时戴好高压绝缘手套。

(7)使用拔轮器时要将三个爪子卡死，用力时人要站在侧面，防止拔轮器飞出伤人，皮带轮快拔出时要用手扶住，防止落下砸伤人。

(九)更换抽油机的电动机

1. 人员要求

本项目所需人数为4人。

2. 准备工作

(1)工具、用具、材料准备：250mm、300mm活动扳手各1把，500mm、1000mm撬杠各1根，随机型功率适合的电动机1台，200mm、300mm、600mm合适的皮带轮1副，拔轮器1个，密封填料2根，绝缘手套1副，绝缘胶带1卷，40mm×30mm铜棒1根，3.75kg手锤1把，5m加力杠1根，150mm平口螺丝刀1把，200mm游标卡尺1把，摇表1个，电工工具1套，100#砂纸1张，工程绳6m，棕绳5m，黄油、棉纱少许，笔、纸。

(2)劳保用品准备齐全，穿戴整齐。

3. 操作步骤

(1)停抽，将驴头停在合适位置，刹紧刹车，锁死刹车锁块，切断电机电缆电源。

(2)检查电动机不带电时，打开旧电动机接线盒，将电缆接头分别卸下，并用绝缘胶带分别将电缆接头包好。

(3)卸松电动机顶丝和固定螺栓，卸松滑轨螺栓，用撬杠向前移动电动机滑轨，取下电动机上的皮带，使其挂在减速箱皮带轮上，卸去电动机盖板螺栓，如图3-31所示。

(4)将拔轮器安在皮带轮上，用盘根棒旋转拔轮器，拔出皮带轮，取出键，卸掉电动机固定螺丝，如图3-32所示。

图3-31　卸电动机固定螺丝

图3-32　使用拔轮器卸皮带轮

(5)将棕绳拴在电动机上，两边各两人同时用力抬下旧电动机，换上新电动机，根据电动机底座用撬杠调整滑轨，装上电动机固定螺栓。

(6)用活动扳手上紧电动机固定螺栓，用砂纸打光电动机轴承表面，清理键及皮带轮，用游标卡尺测量电动机轴承大小头直径、电动机轴键槽、皮带轮大小孔径及键的尺寸。如图3-33所示。

图3-33　测皮带轮孔径

(7)用摇表测电动机绝缘，大于 0.5 MΩ，为合格的电动机。

(8)给电动机轴承键涂黄油，将铜棒垫在皮带轮上，用手锤敲打皮带轮，安装好皮带轮，上紧皮带轮盖板。

(9)挂上皮带，用撬杠移动电动机，使两皮带轮端面用线绳测量达到“四点一线”，用顶丝调整好皮带松紧，拧紧滑轨及电动机固定螺栓，再次测“四点一线”，如不符合要求，应重新调整。

(10)接上所换新电动机电缆接头，接好零线，装好接线盒盖，接通电动机总配电箱保险，合闸刀供电。

(11)送电，松刹车，启动抽油机，观察电动机运转状况(若发现反转，调整相序即可)。

(12)收拾工具，清理现场。

4. 技术要求

(1)操作前必须断电，具有电容性质的设备应放电，卸开每相电线后用绝缘胶带包住，卸、接电线时不能用手钳拧。

(2)电动机接好后，正反转应标出线头位置。

(3)严禁不松刹车启动抽油机。

(4)使用手锤敲打时，必须将铜棒垫在下面，严禁直接敲打设备。

(5)检查皮带松紧度时，双手重叠向下压皮带 2 ~ 3 次，压下 1 ~ 2 指为合格。

5. 安全要求

(1)吊电动机前必须上紧电动机吊环。

(2)拆卸和安装电动机时操作人员要相互配合，防止用力不均砸伤人。

(3)其他安全要求与调冲次相同。

(十)更换游梁式抽油机曲柄销总成

更换游梁式抽油机曲柄销总成是为了维护采油设备正常运行，也是采油工维护、保养设备，确保抽油机安全运行的重要操作技能之一，我们通过学习它的操作规程，能够正确地进行其操作，以保证油井设备的正常运行。

1. 人员要求

本项目所需人数为 4 人。

2. 准备工作

(1)工具、用具、材料准备：375mm、450mm 活动扳手各 1 把，1000mm 撬杠 2 根，200mm 手钳 1 把，150mm 平口螺丝刀 1 把，300mm 中平锉 1 把，0.75kg、3.5kg 手锤各 1 把，40mm × 30mm 铜棒 1 根，卡盘或方卡子 1 副，卡瓦牙 2 片，79 ~ 110mm 冕形螺母套筒扳手 1 个，随机型曲柄销子总成 1 个，1.5m × 2.0m 操作平台 1 架，0.5 ~ 2.5 m 安全带 2 副，绝缘手套 1 副，19mm 钢丝绳 10m，棕绳 10m，3 ~ 5t 导链 1 副，钢丝刷 1 把，100#砂纸 1 张，机油壶 1 个，黄油、棉纱少许。

(2)劳保用品准备齐全，穿戴整齐。

3. 操作步骤

(1)检查刹车是否灵活好用。

(2)停机，使曲柄停在右上方 45° ~ 60°位置便于操作，刹紧刹车，切断电源。

(3)一人将光杆方卡子安在光杆密封盒上，将卡瓦牙安装在方卡内，用活动扳手上紧固定螺栓，使方卡卡住光杆，另一人松刹车，二次启动抽油机，卸掉驴头负荷(使悬绳器钢丝绳略松即可)，刹死刹车，锁好锁块。

(4)用棕绳和导链将游梁同变速箱、驴头和支架拉紧。

(5)一人用手钳拔掉曲柄销开口销子，用冕形螺母套筒扳手卸掉背帽、冕形螺母和垫片，再将冕形螺母用手上到曲柄销子上，上到和销子螺纹平扣为止。

(6)两人合作，卸掉连杆拉紧螺栓，用撬杠将连杆与曲柄销撬开，使之分离。

(7)两人配合，将铜棒垫在曲柄销子上，用大手锤将曲柄销子总成从曲柄孔中打松取下，并取出衬套。

(8)一人用细砂纸将新曲柄销子打光加上黄油，对带有衬套及键的曲柄销，清洗干净曲柄孔并均匀涂抹黄油于内壁光滑面。

(9)安装衬套，两人配合用手锤和铜棒将曲柄销子安装好。

(10)给曲柄销子轴承加黄油，用活动扳手上紧黄油孔堵丝。

(11)两人配合将新曲柄销子总成(如图3-34)装入曲柄冲程孔内，装好键，放好压紧垫圈，用手拧紧冕形螺母，拉导链调节连杆位置，将扣环装到新曲柄销上，对角拧紧四条螺栓。

图3-34　抽油机曲柄销子总成

(12)一人用冕形螺母套筒扳手上紧冕形螺母和背帽，装好开口销，另一人用活动扳手将连杆销拉紧螺栓对角上紧。

(13)两人配合取掉棕绳和导链。

(14)取出刹车锁块，松刹车使驴头吃上负荷，打掉光杆方卡子，锉净光杆毛刺。

(15)送电，开抽，检查曲柄销子总成有无响声。

(16)生产正常后，收拾工具，清理现场。

4. 技术要求

(1)刹车灵活牢固，二次启动抽油机，动作干净，配合得当。

(2)装卡瓦牙时，卡瓦牙装入1/3 ~2/3为宜。

(3)使用钢丝绳和导链将游梁和变速箱拉紧时，钢丝绳、导链应符合要求。

(4)卸衬套必须用铜棒垫上，防止衬套损伤。

5. 安全要求

(1)使用导链时要销好保险销子，拉动时人应站在侧面，防止挂钩脱落伤人。

(2)打光杆卡子要牢固，人应站在侧面。

(3)操作刹车锁块时，一人拉紧刹车进行保护，一人上操作台操作刹车锁块，防止刹车锁块夹伤手。

(4)工具使用时，要轻拿轻放，避免敲击和碰撞；操作要平稳，规格型号要配套，用手锤时不能戴手套，防止滑脱伤人。

(5)高处作业时脚下要站稳，登高作业超过2m以上必须穿戴安全带，悬挂高度以高于身高、拉紧为原则，戴好安全帽，所用工具必须拴牢，防止高处坠落和空中落物伤人。

(6)使用钢丝绳和棕绳时要拴好、拴牢，防止脱落伤人。

(7)卸曲柄销子时人要站在侧面，用手锤打松销子后必须用撬杠撬出，防止曲柄销子飞出伤人。

(十一)调整游梁式抽油机冲程

抽油机驴头上死点与下死点之间的垂直距离为冲程。为了使冲程与其他参数的配合达到最佳效果，而对冲程进行的调节工作称为调冲程。

1. 人员要求

本项目所需人数为4人。

2. 准备工作

(1)工具、用具、材料准备：450mm活动扳手2把，300mm活动扳手1把，700mm尖头撬杠2把，40mm×30mm铜棒1根，0.75kg、3.5kg手锤各1把，3~5t导链2副，200mm手钳1把，150mm平口螺丝刀1把，光杆方卡子1副，卡瓦牙2片，79~110mm冕形螺母套筒扳手1把，1.5m×2.0m操作平台1架，0.5~2.5 m安全带2副，直尺1把，500A钳形电流表1块，绝缘手套1副，ϕ15mm钢丝钢丝绳套2副，ϕ20mm棕绳1根，100#砂纸2张，钢刷子1把，400mm中平锉1把，黄油、棉纱少许，笔、纸。

(2)劳保用品准备齐全，穿戴整齐。

3. 操作步骤

(1)停抽，将驴头停在下死点的位置，刹紧刹车，两人站在操作平台上，将导链挂在抽油机驴头上。

(2)慢松刹车，将抽油机曲柄停在右上方接近45°~60°或操作方便的右下方45°~60°左右位置处，刹紧刹车，切断电源，一人用光杆方卡子卡紧光杆。

(3)另一人略松刹车，二次启动抽油机，使光杆方卡子坐在在光杆密封盒上，卸掉驴头负荷，刹紧刹车，切断电源，两人配合锁好刹车锁块。

(4)由两名操作人员站在操作平台上，调整导链，挂上钢丝绳，将尾轴承与变速箱、驴头与井口分别拴住，并使其绷紧，防止曲柄销子撬出后造成驴头下坠或上升。

(5)用手钳拔掉两边曲柄销上的开口销或用活动扳手卸掉盖板螺丝后拿下盖板。

(6)用冕形螺母套筒扳手卸掉背帽和冕形螺母，取下垫片，再将冕形螺母用手上到曲柄销子上，上到和销子螺纹平扣为止。

(7)用活动扳手将两边连杆销拉紧螺栓松开，用铜棒垫在曲柄销子上，用手锤打松曲柄销子总成。

(8)用棕绳将连杆绑住固定(驴头偏重的抽油机可用导链将尾轴承与变速箱相连并拉紧，防止曲柄销撬出后，驴头下坠)，用撬杠撬出两边曲柄销子总成，将两边连杆与曲柄总成拉出，并绑在抽油机支架上，并用铜棒垫在衬套上，将衬套打出。

(9)检查打出的销子和衬套有无磨损，如有磨损进行更换。

(10)将选定的衬套和冲程孔用棉纱擦拭干净，并涂上黄油，将衬套装入冲程孔内，清理曲柄销子表面并加黄油。

(11)一人用导链调整曲柄销子位置，另两人分别松左、右钢丝绳，使曲柄销矛对准孔中心慢慢推进去。

(12)卸去连杆上的棕绳，放好垫片，拧紧冕形螺母及备帽，装好开口销子或上好盖板。

(13)卸下导链下部钢丝绳，取下尾轴承与变速箱、驴头与井口两副导链和钢丝绳。

(14)取出刹车锁块，慢松刹车，使驴头吃上负荷，卸去井口光杆密封盒上的光杆方卡子，锉光毛刺。

(15)送电，起抽，检查抽油机工作是否正常，油井有无碰泵现象。

(16)将驴头停在抽油机下死点，卡死光杆方卡子，根据计算好的数值调整防冲距。

(17)送电，起抽，检查防冲距是否合适，运转有无异常响声，运转正常后用钳形电流表测抽油机电流，检查平衡状况，不平衡时要进行调整。

(18)油井正常生产后收拾工具，清理现场。

4. 技术要求

(1)5 型[①](①5 型抽油机是指 50kN 抽油机；10 型是指 100kN 抽油机；12 型是指 120kN 抽油机。)以下抽油机盘车时，盘车人员与刹车人员一定要配合好。

(2)停机时，将曲柄停在与水平位置成 45°~60°处。

(3)根据结构不平衡值选择位置挂好导链，当结构不平衡值为正值时，导链挂在驴头部位；当结构不平衡值为负值时，导链挂在尾梁上。

(4)撬出曲柄销子时，应防止碰坏销子丝扣。

(5)带有衬套和键的曲柄销子安装前可涂黄油，带锥度的曲柄销，销体和孔不准涂黄油，装前用砂布和干棉纱擦净即可。

(6)悬绳器上方的方卡子不准卸掉，防止抽油机尾部下坠伤人。

(7)装卸曲柄销时，要正确区分正反扣。

(8)冲程由大调小应下放防冲距，冲程由小调大应上提防冲距。

(9)测电流，检查平衡状况。

(10)设备无扭曲，无杂音，运转正常。

5. 安全要求

与换曲柄销子总成相同。

(十二)更换游梁式抽油机刹车蹄片

抽油机刹车是抽油机的制动装置。经常检查、调整刹车装置，是确保抽油机安全运行的重要操作技能之一。

1. 人员要求

本项目所需人数为 2 人。

2. 准备工作

(1)工具、用具、材料准备：450mm、375mm 活动扳手各 1 把，150mm 平口螺丝刀 1 把，700mm 尖头撬杠 1 把，0.75kg 手锤 1 把，200mm 手钳子 1 把，随机型刹车蹄片 1 副，

2m 钢卷尺 1 把，钢刷或砂纸 1 把(1 张)，绝缘手套 1 副，黄油、棉纱少许。

(2)劳保用品准备齐全，穿戴整齐。

3. 操作步骤

(1)两人配合，停抽，拉闸刀断电，将抽油机停在自由位置，锁死刹车锁块。

(2)两人配合，一人站在地上接递工具、用具，另一人站在抽油机自携式操作平台上，用手锤敲松刹车摇臂与刹车拉杆接头穿销上的开口销子，用手钳拔下开口销子，取下刹车拉杆接头穿销，使刹车蹄片与刹车轮离开距离最大，取下拉杆，靠在减速箱上，如图 3-35 所示。

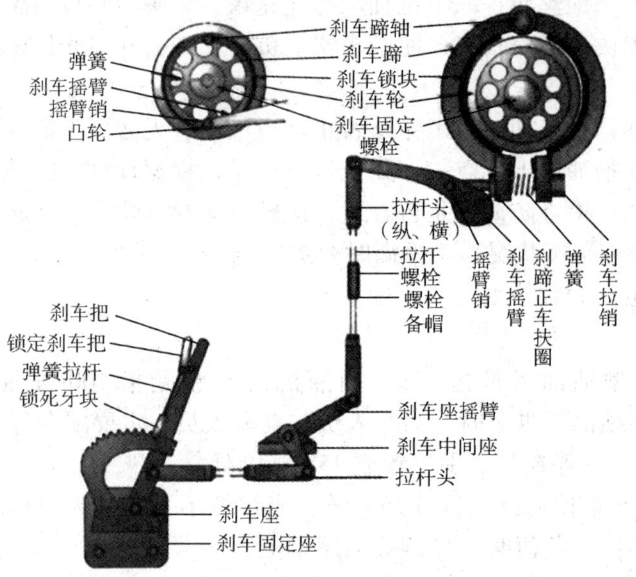

图 3-35　抽油机刹车装置结构示意图

(3)卸掉刹车摇臂与刹车销的穿销，此时两刹车蹄片立即被弹簧弹开，放好刹车摇臂。

(4)用活动扳手卸松刹车蹄轴(减速箱上的定位螺丝)及调节螺栓、弹簧等，拔出调节螺栓和弹簧，卸掉刹车蹄片的调节螺栓。

(5)用活动扳手卸掉刹车蹄轴，取下两刹车蹄片，交给下面的人放在地上。

(6)站在操作平台上的人用棉纱及钢刷子清理干净刹车箍固定螺栓、连杆联接处及导向传动部位，并涂抹黄油，做润滑防锈处理。

图 3-36　更换刹车蹄片

(7)两人配合将组装好的新刹车蹄片安装到蹄轴上，用活动扳手拧紧固定螺栓，如图 3-36 所示。

(8)对正两刹车蹄片，穿好弹簧、刹车销等，紧固调节螺栓。

(9)两人配合使刹车摇臂与刹车销孔对正插上穿销，锁好开口销子。

(10)连接刹车拉杆，把刹车拉杆连头插入摇臂小头，插好穿销，装好开口销。

(11)拉刹车，用钢卷尺测量刹车锁块与刹车轮之间距离(张合度)，确定调整一侧或两侧的尺寸，用活动扳手旋转正反螺母(调节张合度调节螺栓)使张合度两边距离误差小于2～3mm。

(12)拉刹车把，调节刹车连杆，使刹车把在刹车行程的1/2～2/3之间，全松刹车把，刹车锁块全部离开刹车轮。

(13)用撬杠松开刹车锁块，送电，开抽并试刹车的灵活性2～3个点。

(14)刹车调试正常后，收拾工具，清理现场。

4. 技术要求

(1)刹死刹车后，刹车锁块与刹车轮接触面为80%以上。

(2)卸刹车两蹄片时要注意不要损坏蹄轴上的螺纹。

(3)固定螺栓要上紧，拉杆开口销子要插牢。

(4)启动抽油机试刹车，刹车最松时不刮不磨，两刹车锁块间距离相等为合格，保证其灵活好用。

(5)换完刹车蹄片后要注意松紧度，使两刹车蹄片刚好能自由活动为宜，操作完后要重新调整刹车行程。

5. 安全要求

(1)工具使用时，要轻拿轻放，避免敲击和碰撞；操作要平稳，规格型号要配套，防止打滑。

(2)操作刹车锁块时，一人拉紧刹车进行保护，一人上操作台操作刹车锁块，防止刹车锁块夹伤手。

(3)装卸刹车蹄片时精力要集中、脚下站稳，防止刹车蹄片掉下伤人。

(4)操作时必须将电源切断，防止抽油机自动启动伤人。

(十三)抽油机保养

保养设备是确保采油设备安全生产运行的必备技能，抽油机一级保养是采油工经常性的管理工作之一。

1. 人员要求

本项目所需人数为2人。

2. 准备工作

(1)工具、用具、材料准备：300mm、375mm、450mm活动扳手各1把，0.75kg手锤1把，电工工具1套，600mm管钳1把，黄油枪1把，300mm手钳子1把，安全帽2顶，0.5～2.5m安全带2副，绝缘手套1副，钢刷子、毛刷子各1把，100#砂纸2张，工程线5m，清洗油、棉纱、黄油少许，清洗桶1只，吊线锤1个，机油少许，机油壶1个，纸、笔。

(2)劳保用品准备齐全，穿戴整齐。

3. 操作步骤

(1)停抽，使驴头停在下死点位置，切断电源，锁死刹车锁块。

(2)身着安全带，头戴安全帽上抽油机驴头，系好安全带，用吊线锤检查驴头中心是否与井口中心对正，若没对正，进行调整(参见驴头对中操作)。

(3)检查驴头销子有无脱出现象。

(4)取出刹车锁块，松刹车，调整平衡块位置至便于操作处，锁死刹车锁块，检查皮带松紧程度，如不合适进行调整，并检查“四点一线”(参见调“四点一线”操作)。

(5)用手锤检查底座、电动机滑轨、减速箱、平衡块、中轴承、尾轴承等部位紧固螺栓是否有松动现象，若有松动，用活动扳手对其进行紧固。

(6)用300mm活动扳手卸下曲柄销子轴承、中轴承、尾轴承等处的黄油孔堵丝或轴承盖板，用黄油枪对其各部位加注黄油，操作完后将其上好并用扳手拧紧。

(7)用活动扳手卸下减速箱视孔盖板螺栓，打开减速箱视孔盖，检查齿轮啮合情况，用螺丝刀检查减速箱油面及油质，不足时应补加，变质时要更换，用钢刷子清除减速箱视孔盖及呼吸阀的铁锈，并用毛刷子蘸清洗油将其清洗干净，安装好视孔盖。

(8)用棉纱清除抽油机外部油污。

(9)用毛刷子清洗刹车系统各部位，并用机油壶给各润滑点加机油，检查刹车是否灵活好用，必要时进行调整。

(10)用电工工具检查电器各触点接触良好，检查电路是否畅通。

(11)检查毛辫子有无毛刺、断股现象，若有，要进行更换，检查悬绳器、毛辫子悬挂盘是否完好，取出刹车锁块，松刹车，二次启动抽油机。

(12)保养结束后，将工具清洗干净、保养存放。

4. 技术要求

(1)严格按照一级保养周期700～800h进行保养。

(2)抽油机曲柄销子加注黄油时，可将轴承盖卸下，直接加注黄油。

(3)用手锤检查螺栓紧固时必须敲击螺栓正面，不得敲击棱角。

(4)检查减速箱机油时，一定要注意检查其呼吸阀畅通情况。

5. 安全要求

(1)启动或停抽时人不能正对开关箱，操作时必须戴高压绝缘手套。

(2)启动抽油机时，严禁抽油机附近站人和有障碍物。

(3)雨雪天要防止电器设备漏电伤人。

(4)检查抽油机曲柄、皮带轮等转动部位防护装置是否齐全、完好，防止曲柄及皮带轮转动部位造成机械夹伤或绞伤，造成人员伤害。

(5)检查皮带时严禁戴手套或手握皮带，以免夹伤手指。

(6)检查电动机和设备温度要去掉手套，用手背触摸。

(7)操作刹车锁块时，一人拉紧刹车进行保护，一人上操作台操作刹车锁块，防止刹车锁块夹伤手。

(8)操作员上中轴承操作平台时不能携带工具，必须用工具袋装好，用绳子吊运，防止工具坠落伤人。

(9)高处作业时脚下要站稳，登高作业超过2m以上必须穿戴安全带，悬挂高度以高于身高、拉紧为原则，所用工具必须拴牢，以免造成高处坠落事故。

(10)使用工具时要轻拿轻放，避免敲击和碰撞；操作要平稳，规格型号要配套，防止打滑。

(11)操作结束后，必须确认流程是否正确，观察压力正常后方可进行或离开。

(12)听取设备异响声音时，不能直接趴在设备上，要借助平口螺丝刀等辅助工具听取(平口螺丝刀刀口接触设备，将平口螺丝刀柄挨靠在耳旁听取)。

(十四)抽油机安装质量验收

抽油机安装质量的高低，对抽油机的使用起着至关重要的作用。抽油机安装质量验收是在跟踪其安装施工的基础上，对安装施工的各道工序环节进行质量把关。

1. 人员要求

本项目所需人数为2人。

2. 准备工作

(1)工具、用具、材料准备：600mm水平尺1把，2m直尺1把，0.05~3mm塞尺1把，150mm平口螺丝刀1把，0.75kg、3.75kg手锤各1把，2m钢卷尺1只，300mm、375mm、400mm活动扳手各1把，抽油机专用扳手1把，机油壶1把，工程绳5m，吊线锤1根，电工工具1套，0.5~2.5 m安全带1副，绝缘手套1副，棉纱少许，记录笔、纸。

(2)劳保用品准备齐全，穿戴整齐。

3. 操作步骤

(1)停抽，使驴头停在接近上死点处，锁死刹车锁块。

(2)检查活动基础无裂缝、变形，高基础不与曲柄摩擦，基础中分线与井口中心在同一直线上，如图3-37所示。

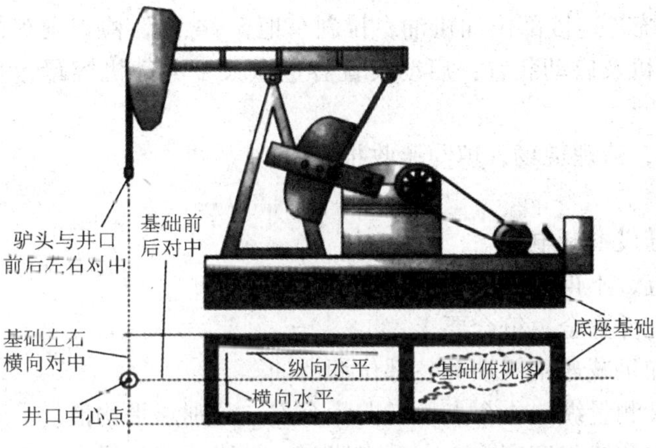

图3-37　抽油机安装(水平、对中)示意图

(3)用水平尺测量抽油机基础纵横水平度，要求左右各测4个点(支架左右、减速箱左右)，前后各测3个点(支架前、减速箱前后)观察水平尺位置，记录塞尺厚度(具体操作参见测剪刀差操作)。

(4)抽油机不平度前后每米不超过3mm，左右不超过2mm，基础与基础地脚螺栓处不得有悬空。

(5)用水平尺测量抽油机支架顶板纵向两侧水平，以检查支架纵横水平。

(6)用吊线锤测量减速箱与抽油机基础的对称中心线在同一垂直平面内，支架纵横水平。

(7)用吊线锤从游梁中点垂下，检查游梁中分线与底座中心点是否在同一垂直线上，偏差不大于1.5mm。

(8)用吊线锤分别从支架顶板前后中点垂下，检查支架中心点投影与底座中心点是否在同一垂直线上。

(9)用吊线锤和测量板检查驴头中分线与井口中心线在同一垂直线上，其偏差：5 型机不大于 5mm，10 型机不大于 7mm，12 型机不大于 8mm(操作参见抽油机驴头对中操作)。

(10)将驴头停在上死点，驴头下端距悬绳器上平面 0.25 ~0.3 m。再将驴头停在下死点，悬绳器下平面距光杆密封盒 0.4 ~0.5m。

(11)测量曲柄剪刀差：将抽油机停在接近水平处，用吊线锤和测量板检查两曲柄剪刀差，5 型机误差不大于 6mm，10 型机不大于 7mm，12 型机不大于 8mm。

(12)测量两连杆平行及长度：将抽油机停在接近上死点处，用吊线锤和钢卷尺检查两连杆平行及长度，两连杆倾斜度不得大于 3°，长度必须一致，其误差为：5 型机不大于 2.5mm，10 型机不大于 3mm，12 型机不大于 3.5mm。

(13)检查减速箱皮带轮外端面与电动机皮带轮外端面相互平行，要求通过轴心连线成“四点一线”，摆动差不超过 1mm。

(14)检查各部件连接螺丝齐全、紧固、无松动。

(15)检查减速箱油位是否在标准线内，各润滑点(中轴承、尾轴承、连杆销、曲柄销、刹车、变速箱)润滑是否到位。

(16)检查刹车系统：灵活好用，用直尺检查刹车蹄片张合均匀，刹车蹄片表面清洁，无松动，给刹车系统各连接部位加机油，拉刹车把 3 ~4 次，检查刹车行程。

(17)检查电动机及启动装置：启动装置容量应大于电动机容量，且设备及线路完好，均有接地。

(18)收拾工具，清理现场，填写验收报告单。

4. 技术要求

(1)验收前保证设备断电。

(2)要逐点检查，不得遗漏。

(3)抽油机各配件齐全，符合要求。

(4)启动前要加足减速箱机油和各部位润滑油。

(5)检查水平度测量纵向 4 个点，横向 3 个点，分别求平均值。

(6)检查游梁中分线与底座中心点垂直线时，吊线锤沿游梁中点垂下。

(7)检查支架中心点投影与底座中心点垂直线时，吊线锤沿支架中点垂下。

(8)用吊线锤和钢卷尺检查连杆平行时，吊线锤沿连杆轴承垂下，测量吊线锤到曲柄轴承之间的距离。

(9)减速箱标准油位应在油位计的 1/2 ~2/3 之间，目测油面应淹没输出轴齿轮外缘。

(10)抽油机基础纵横水平度要求纵向测量误差小于 0.5/1000，横向误差小于 0.15/1000。

5. 安全要求

(1)停抽时人不能正对开关箱，操作时必须戴高压绝缘手套。

(2)雨雪天要防止电气设备漏电伤人。

(3)检查皮带时严禁戴手套或手握皮带，以免夹伤手指。

(4)操作刹车锁块时，一人拉紧刹车进行保护，一人上操作台操作刹车锁块，防止刹车锁块夹伤手。

(5)操作员上中轴承操作平台和驴头时不能携带工具，必须用工具袋装好，用绳子吊运，防止工具坠落伤人。

(6)在中轴承操作平台和驴头上操作时，工具使用和摆放要合理、放牢、放稳，以免打滑或掉落伤人。

(7)高处作业时脚下要站稳，登高作业超过2m以上时必须穿戴安全带，悬挂高度以高于身高、拉紧为原则，以免造成高处坠落事故。

(8)操作时要戴好安全帽，以免高处落物坠落发生砸伤。

(9)使用工具时要轻拿轻放，避免敲击和碰撞；操作要平稳，规格型号要配套，防止打滑，用榔头时不能戴手套，防止物体磕碰伤人。

第三节　抽油泵及抽油杆

抽油泵也称深井泵，是有杆泵采油的专用设备。下到油井井筒动液面以下一定深度，依靠抽油杆传递动力，将原油抽出地面。

一、抽油泵的基础知识

(一)抽油泵的分类

1. 管式泵

泵径较大，排量大，适用于产量高、含砂多、气量小的浅井；结构简单，加工方便，价格低；不适用于深井，检泵和下泵时须起出油管。

2. 杆式泵

检泵方便，起出抽油杆时就可以起出泵来检泵；泵径小，排量低，用于产量低的深井。泵结构复杂，加工难度大，成本高。不能用于出砂井。整筒泵是一种新型抽油泵，具有泵效高、能延长油井免修期等特点。

(二)抽油泵代号

抽油泵的基本类型及其字母代号见表3-1。

表3-1　抽油泵代号

(1)	(2)	(3)	(4)	(5)
	字母代号			
	金属柱塞泵		软密封柱塞泵	
泵类型	厚壁泵筒	薄壁泵筒	厚壁泵筒	薄壁泵筒
杆式泵				
定筒式，顶部固定	RHA	RWA	—	—
定筒式，底部固定	RHB	RWB	—	—
定筒式，底部固定	RXB	—	—	—
动筒式，底部固定		RWT	—	RST
管式泵	TH	—	—	—

抽油泵的代号见图3-38，包括：

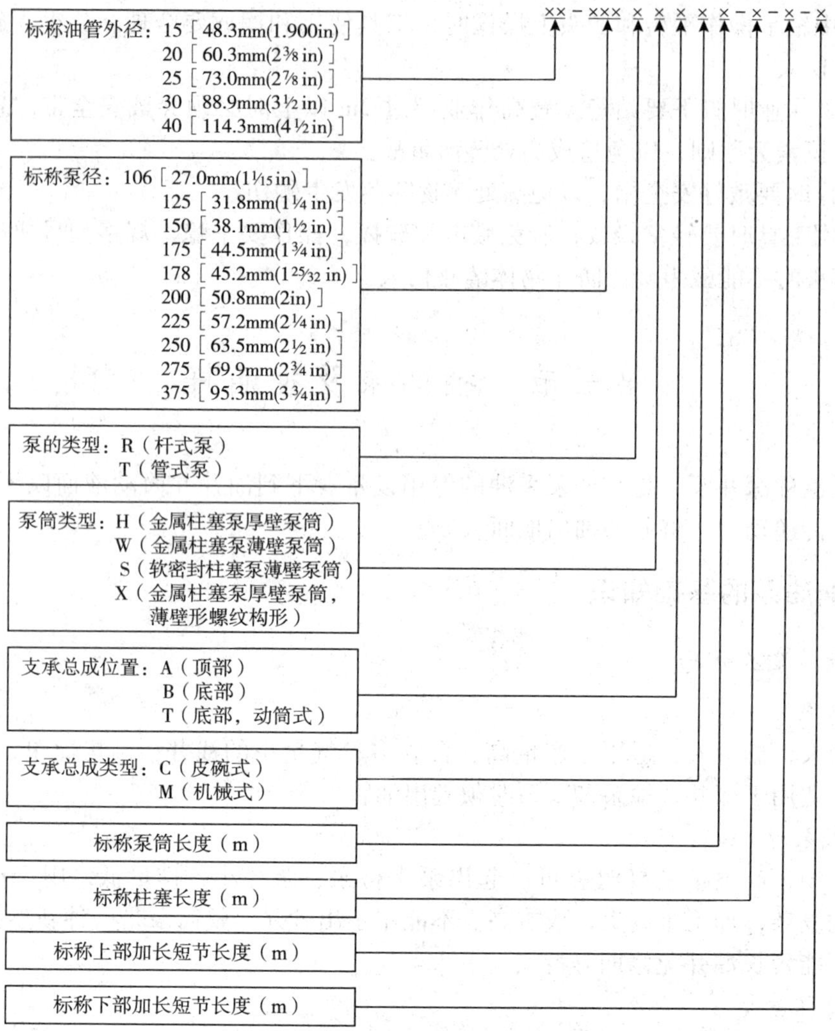

图3-38　抽油泵代号

a）标称油管外径；

b）标称泵径；

c）泵的类型，包括泵筒类型、支承总成的位置及类型；

d）标称泵筒长度；

e）标称柱塞长度；

f）标称加长短节长度(使用加长短节时)。

示例：一台泵径为31.8mm(1$\frac{1}{4}$in)的杆式泵，其厚壁泵筒长3.048m(10ft)，上部加长短节长0.610m(2ft)，下部加长短节长0.610m(2ft)，柱塞长1.219m(4ft)。在60.3mm(2$\frac{3}{8}$in)油管中工作并以底部皮碗支承总成固定，该泵代号表示为：

20　125RHBC3.0—1.2～0.6　0.6

(三)抽油泵的工作原理

如图3-39(a)所示，当活塞上行时，游动阀受油管内活塞以上液柱压力的作用而关闭，井口排出等于活塞冲程长度的一段液体；固定阀由于泵筒内压力下降，被油套环形空间液柱压力顶开，井内液体进入泵筒内，充满活塞上行所让出的空间。

如图3-39(b)所示，当活塞下行时，由于泵筒内液柱受压，压力增高，而使固定阀关闭。在活塞继续下行中，泵内压力继续升高，当泵筒内压力超过油管内液柱压力时，游动阀被顶开，液体从泵筒内经过空心活塞上行进入油管。

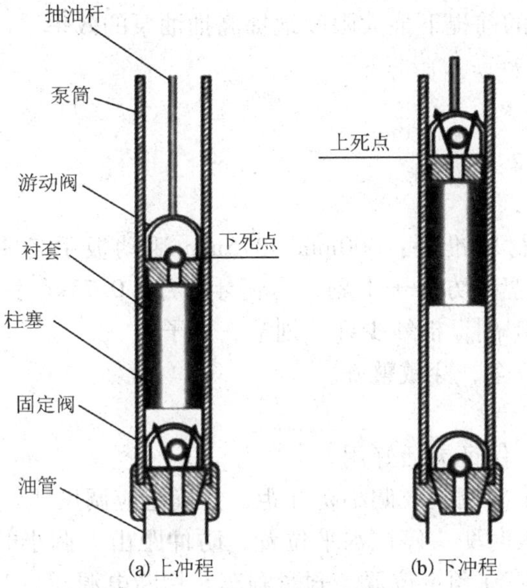

图3-39 深井泵工作原理示意图

活塞上下运动一次称一个冲程。在一个冲程中，抽油泵应完成一次进油和一次排油。活塞不断运动，游动阀与固定阀不断交替关闭和顶开，井内液体不断进入工作筒，从而上行进入油管，最后到达地面。

(四)理论排量和泵效

抽油泵在理想情况下，活塞一个冲程可以排出的液量，在数值上等于活塞上移一个冲程时所让出的体积。其计算公式如下：

$$Q_{理} = K \cdot S \cdot N \tag{3-4}$$

式中 $Q_{理}$——深井泵理论排量，m^3/d；

K——排量系数；

$$K = 1440 \times F = 1440 \times (\pi D^2/4) \tag{3-5}$$

式中 D——泵径，m；

S——冲程，m；

N——冲次，次/min。

理论产量往往大于实际产液量，因此泵效就是用来衡量泵工作情况好坏的一个指标。各种直径泵排量系数是一定的，抽油机的实际产液量与泵的理论排量的比值叫做泵效。

$$\eta = (Q_{实}/Q_{理}) \times 100\% \tag{3-6}$$

式中 η——泵效，%；

$Q_{实}$——抽油机实际产液量，m^3/d。

二、抽油泵操作规程

防冲距主要是驴头带动抽油杆和深井泵活塞在下行时，当其到达下死点时，为防止活塞与抽油泵固定阀罩发生碰撞而预留的长度。防冲距过小会引进碰泵现象，而过大则会降低抽油泵的抽汲效率，调游梁式抽油机防冲距的目的就是使防冲距的大小在合适范围内，从而在不发生碰泵现象的前提下最大限度地提高抽油泵的效率。

（一）调游梁式抽油机防冲距

1. 人员要求

本项目所需人数为2人。

2. 准备工作

(1)工具、用具、材料准备：300mm、375mm 活动扳手各1把，600mm 管钳1把，400mm 中平锉1把，卡盘或方卡子1副，卡瓦牙2片，0.75kg 手锤1把，1.5m×2.0m 操作平台1架，绝缘手套1副，棉纱少许，划笔、尺子。

(2)劳保用品准备齐全，穿戴整齐。

3. 操作步骤

(1)检查调整刹车，保证灵活好用。

(2)根据实际情况定出调大或调小防冲距，并确定应调尺寸。

(3)防冲距由小调大时驴头停在水平位置，防冲距由大调小时，驴头停在接近下死点位置，两人配合将驴头停在预定位置，刹紧刹车，切断电源。

(4)将光杆方卡子坐在光杆密封盒上，一人用活动扳手啮住螺栓，另一人用活动扳手将其拧紧，装好卡瓦牙，上紧方卡子。

(5)松刹车，送电，二次启动抽油机，使悬点载荷坐在光杆密封盒上，卸掉驴头载荷(卸载荷时方卡子不准撞击光杆密封盒)，再刹紧刹车，切断电源。

(6)需要调小防冲距时，一人站在操作平台上，用活动扳手将悬绳器上的方卡子螺栓卸松，以悬绳器上的方卡子上平面为基准面，用直尺向上量出应调尺寸，在光杆上做好标记，另一人慢松刹车使方卡子上平面缓慢移动到标记位置，如图3-40所示。

(7)操作平台上的人用活动扳手拧紧悬绳器上方卡子螺栓慢松刹车，使驴头吃上载荷(加载荷时不要过猛)。

(8)刹紧刹车，检查悬绳器方卡子是否牢固，两人配合卸掉井口光杆方卡子，锉净光杆毛刺，送电，开抽，检查调整效果。

(9)当需要调大时，方法与调小基本相同，只是悬绳器移动方向相反，即以悬绳器上的方卡子下平面为基准，向下量出应调的尺寸，做好标记，松刹车使悬绳器上平面缓慢移动到标记位置，重复上述(7)，(8)操作。

(10)检查抽油杆柱不挂不碰后，收拾工具，清理现场，将有关资料填入报表。

4. 技术要求

(1)停机后必须切断电源。

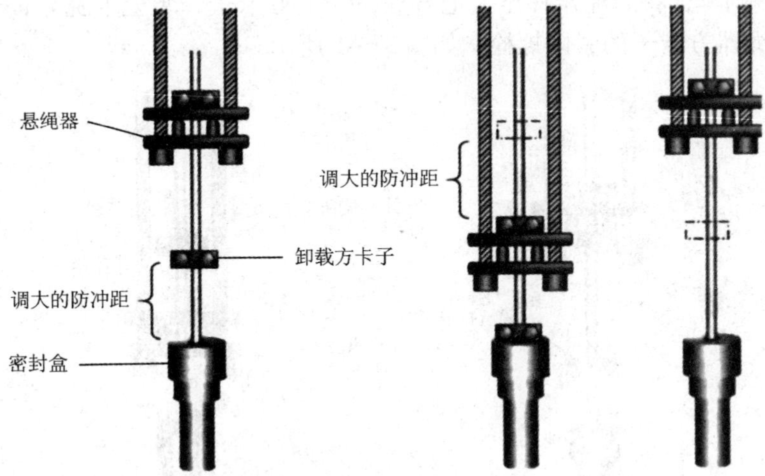

图 3-40 抽油机井调整防冲距示意图

(2)卸载荷时方卡子不准撞击光杆密封盒，加载荷时不要过猛。

(3)操作人员必须相互紧密配合，卡牙放入方卡子的1/3位置为佳。

(4)调后防冲距合乎要求，不挂不碰。

5. 安全要求

(1)光杆方卡子必须打紧，卸方卡子时人应站在侧面，以防打滑伤人。

(2)工具使用时，要轻拿轻放，避免敲击和碰撞；操作要平稳，规格型号要配套，防止打滑。

(3)操作刹车锁块时，一人拉紧刹车进行保护，一人上操作台操作刹车锁块，防止刹车锁块夹伤手。

(二)抽油机碰泵

抽油机碰泵就是人为地造成深井泵活塞与固定阀罩的碰撞。生产人员应及时消除深井泵阀球结蜡所粘附的杂物，恢复油井生产能力。

1. 人员要求

本项目所需人数为2人。

2. 准备工作

(1)工具、用具、材料准备：450mm×375mm活动扳手各1把，400mm中平锉1把，0.75kg手锤1把，卡盘或方卡子1副，卡瓦牙2片，棉纱少许，1.5m×2.0m操作平台1架，绝缘手套1副，安全帽2顶，笔、尺子。

(2)劳保用品准备齐全，穿戴整齐。

3. 操作步骤

(1)停抽，将驴头停在接近下死点处，刹紧刹车，断开电源。

(2)两人配合，在光杆密封盒上坐好卡盘(方卡子)，松刹车，二次启动抽油机，卸去驴头载荷，再刹紧刹车。

(3)在光杆上作好记号，并向上用直尺量出大于防冲距的距离作好记号。

(4)用扳手卸松悬绳器方卡子的紧固螺栓，取下悬绳器卡瓦牙。

(5)缓慢松刹车，将悬绳器移至上记号处，安上方卡子，装上卡瓦牙，卡紧悬绳器方卡子，卡紧悬绳器方卡子的紧固螺栓，如图3-41所示。

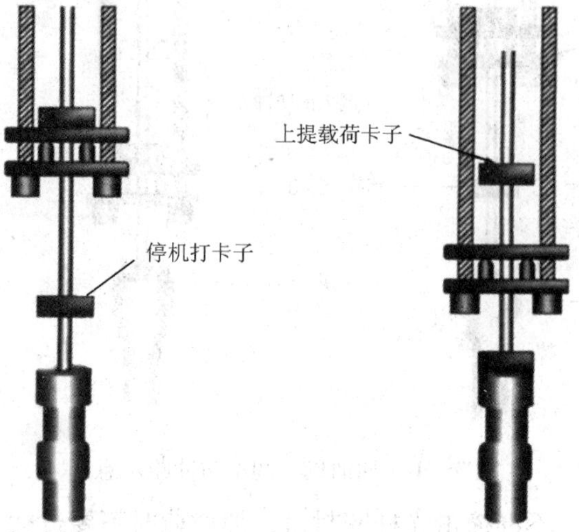

图3-41　抽油机井碰泵示意图

(6)缓慢松开刹车，使驴头吃上载荷后再刹紧刹车，卸掉井口光杆密封盒上卡盘和长瓦牙(或方卡子)，锉平光杆毛刺。

(7)送电启动抽油机，碰泵3~5次，用手搭在光杆密封盒侧面检查碰泵情况。

(8)停机，切断电源，将抽油机停在曲柄向上45°或60°处刹紧刹车，在井口光杆密封盒上坐好卡盘(或方卡子)，拧紧悬绳器方卡子的紧固螺钉，松刹车，开抽，卸去驴头载荷，直到把悬绳器下放到原位置，停抽，刹紧刹车。

(9)将方卡子移至碰泵前位置(下记号处)，卡紧方卡子，上紧悬绳器紧固螺丝。

(10)缓慢松开刹车使驴头吃上载荷，将方卡子提高距光杆密封盒约100mm处刹紧刹车，卸掉方卡子，沿水平方向锉光光杆毛刺。

(11)松开刹车，送电开抽，检查无上挂下碰现象，关生产阀门，憋压，检查油井是否出油。

(12)等油井运转正常后，倒回正常生产流程。

(13)收拾工具，清理现场。

4. 技术要求

(1)防冲距要达到标准要求。

(2)操作人员必须相互紧密配合，卡牙放入方卡子的1/3位置为佳。

(3)碰泵时用手背放在光杆密封盒侧面，检查碰泵情况，碰泵次数不能太多，以3~5次为宜。

5. 安全要求

(1)碰泵憋压时注意井口压力值，防止井口压力过高引起滋漏。

(2)操作结束后，必须确认流程正确，观察压力正常后方可进行或离开。

(3)听取设备声音时，不能直接趴在设备上，要借助平口螺丝刀听取(平口螺丝刀刀口接触设备，将平口螺丝刀柄挨靠在耳旁听取)。

三、抽油杆及油管

(一)抽油杆及油管基础知识

抽油杆是有杆泵抽油装置中的一个重要组成部分。它的上端通过光杆与悬绳器连接，下端连接抽油泵活塞，通过抽油杆柱将抽油机的动力传递到深井泵，使深井泵的活塞作往复运动，在有杆泵抽油装置中起传递动力和承受载荷的作用。

1. 抽油杆的技术规范

抽油杆主体是圆形断面的实心杆体，两端均有加粗的锻头，锻头上有连接螺纹和搭扳手用的方形断面，抽油杆公称直径有16mm（5/8in）、19mm（3/4in）、22mm（7/8in)和25mm（1 in)四种。抽油杆的长度，除最常见的8m长的抽油杆外，还有为组合而特别加工的1.0m、1.5m、2.5m、3.0m、4.0m五种长度，俗称抽油杆短节。

2. 抽油杆代号

抽油杆代号表示方法如图3-42所示。

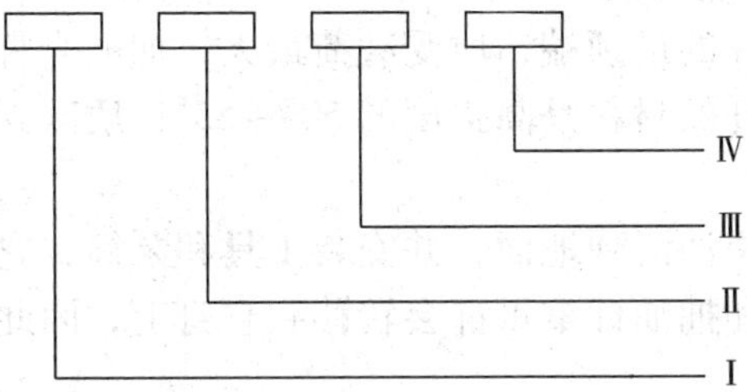

图3-42 抽油杆代号

抽油杆代号含义及示例见表3-2。

表3-2 抽油杆和附件的代号表示方法

名称		Ⅰ	Ⅱ	Ⅲ	Ⅳ	示例
钢制抽油杆		代号：CYG	抽油杆公称尺寸：mm	等级及类型：C，K，D，KD，HL，HY	名义长度：mm	公称尺寸为22mm，名义长度为8000mm的D级抽油杆。代号表示为：CYG22D8000
抽油光杆	普通光杆	代号：GG	光杆公称尺寸：mm	等级及类型：C，K，D，KD，HL，HY	长度：mm	公称尺寸为29mm，长度为8000mm的D级普通光杆。代号表示为：GG29D8000
抽油光杆	镦粗光杆	代号：GGD	光杆公称尺寸：mm	等级及类型：C，K，D，KD，HL，HY	长度：mm	公称尺寸为29mm，长度为8000mm的D级镦粗光杆。代号表示为：GGD29D8000
纤维增强塑料抽油杆		代号：FRP	抽油杆公称尺寸：mm	钢制接头的等级：A，B，K，C，D	名义长度：mm	公称尺寸为22mm，名义长度为8000mm的B级纤维增强塑料抽油杆。代号表示为：FRP22B8000

3. 抽油杆在传递动力过程中承受的载荷

在传递动力的过程中，抽油杆的载荷因抽油杆柱的位置不同而不同，上部的抽油杆载荷大，下部的抽油杆载荷小。抽油杆的载荷通常有下列几种：

(1)抽油杆本身重量；

(2)油管内柱塞以上液柱重量；

(3)柱塞与泵筒和衬套，抽油杆与油管，抽油杆与液柱，油管与液柱之间的摩擦力；

(4)抽油杆与液柱的惯性力；

(5)由于抽油杆的弹性而引起的振动力；

(6)由于液体和活塞运动不一致或泵未充满等因素引起的冲击载荷；

(7)井口回压。

4. 光杆的作用

光杆是连接在抽油杆柱顶端的一根特制实心钢杆。它的作用是：

(1)通过光杆卡子把整个抽油杆柱悬挂在悬绳器上；

(2)与井口密封填料配合密封井口。

光杆由于处在抽油杆柱的最顶端，所受载荷最大，加上光杆卡子卡在光杆上，所受应力特别集中，所以制造光杆的材料是高强度的50#～55#优质碳素钢。

5. 油管

油管的作用在于引导原油流到地面，并安装工具和泵筒，它不但要承受交变载荷，而且当抽油杆断脱时，液柱和抽油杆重量都会转移到它身上，因此要求质量好、连接牢固。

(二)光杆操作规程

抽油机井光杆操作包括更换光杆密封填料驴头与井口对中和更换毛辫子等。

1. 更换光杆密封填料

抽油机光杆运动时密封件磨损后油井内的压力使井中的油气从光杆密封盒处冒出，污染井口或井场，严重时会造成原油的大量浪费及环境污染，及时更换损坏的密封填料是保证油井正常生产，维护油井井场卫生，保护油气资源的重要手段之一。

(1)人员要求

本项目所需人数为1人。

(2)准备工作

①工具、用具、材料准备：600mm管钳1把，150mm平口螺丝刀1把，密封棒2根，同型号密封填料若干，1.5mm铁丝1根，污油桶1个，锯条1根，绝缘手套1副，棉纱、黄油少许。

②劳保用品准备齐全，穿戴整齐。

(3)操作步骤

①对于老井：

a)切密封填料呈30°～45°角，由于密封填料加入密封盒后法兰上面的压盖螺钉方向是顺时针转动的，为了加密封填料时能压紧，要求密封填料的切口要顺螺纹方向，即要切成顺时针的方向，不能逆时针方向，如图3-43所示。

b)按停止按钮，使驴头停在距下死点30～40cm左右便于操作的位置，刹紧刹车，拉闸断电。

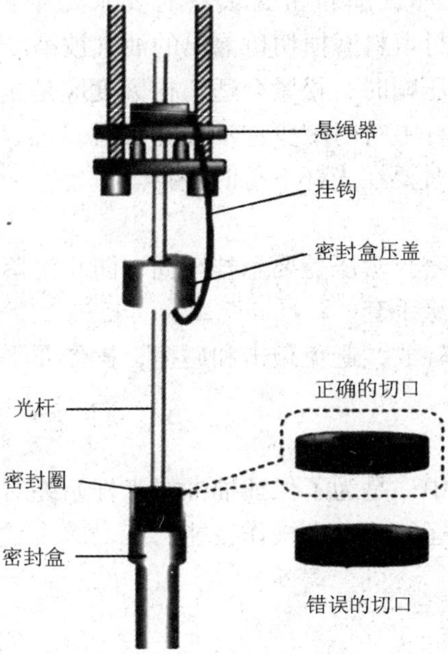

图 3-43　更换抽油机井光杆密封示意图

c)关回压阀门，打开放空阀门，将排出的原油放到污油桶内，待放空后用密封棒或600mm 管钳卸下密封盒(密封填料盒)上压帽，取出法兰，用铁丝将密封盒压帽法兰挂在悬绳器上。

d)用螺丝刀取出密封盒内旧密封填料，把新密封填料涂少许黄油，加到密封盒内，取下密封盒压帽，用密封棒紧好密封盒上压帽，紧压帽时松紧要合适。

e)关放空阀门，开生产阀门及回压阀门，检查井口密封盒处有无渗漏。

f)松刹车，合闸送电，启动抽油机，检查光杆密封填料是否发热、漏油，其中以手摸光杆不热、不带油、不漏气为合适，否则根据情况调整。

g)在光杆下行时密封盒压盖与光杆之间加少许黄油。

h)收拾工具，保养存放。

②对于装有封井器(防喷盒)的井：

a)按①中 a)、b)操作。

b)关生产阀门，将封井器两边顶丝用密封棒或 600mm 管钳对称关紧，使光杆位无密封盒中心位置。

c)用密封棒卸下密封盒上压帽，取出法兰，为了便于操作，用铁钉将密封盒压帽法兰挂在悬绳器上。

d)按①中 d)加密封填料。

e)用密封棒或 600mm 管钳打开防喷器顶丝，开生产阀门，检查压力表、密封盒是否有渗漏。

f)按①中 f)、g)、h)操作。

(4)技术要求

①停抽后，一般驴头应处在距下死点 30～40cm 左右的位置。

②旧密封填料必须取干净，加新密封填料时要求每个密封填料的切口错开120°～180°，这样能使从第一个密封填料磨损切口漏出的油气被第二个密封填料挡住。

③换好密封填料后，紧压帽时，松紧合适，松紧度应是光杆运行不发热、松开2圈不漏气、松开3圈不漏油、光杆上行时带少许油花为合适。

④二次调整密封盒松紧时要在光杆下行时进行。

(5)安全要求

①换光杆密封填料时，密封盒压盖要悬挂牢固，防止滑落砸伤操作人员。

②启、停抽油机要戴绝缘手套。

③工具使用时，要轻拿轻放，避免敲击和碰撞，操作要平稳，规格型号要配套，防止滑脱伤人。

2. 驴头与井口对中

游梁式抽油机的驴头对中，是为了保证抽油机光杆始终对准井口中心位置的操作，它是采油工维护采油设备正常运行的基本操作技能。

(1)人员要求

本项目所需人数为2人。

(2)准备工作

①工具、用具、材料准备：375mm活动扳手2把，300mm中平锉1把，0.75kg手锤1把，500mm撬杠1把，方卡子1副，30mm测量板1块，30mm直尺1把，2m钢卷尺1个，吊线锤1个，绝缘手套1副，0.5～2.5 m安全带2副，安全帽2顶，ϕ12mm×60mm钢筋1段，棉纱少许。

②劳保用品准备齐全，穿戴整齐。

(3)操作步骤

①两人配合，停抽，使驴头停在下死点位置，刹紧刹车，锁死刹车锁块。

②一人系上安全带，上驴头将安全带挂在驴头上，用钢卷尺测量驴头宽度，把测量板放置在驴头悬挂盘中心位置，将吊线锤放置在测量板中间位置，慢慢放下，使吊线锤垂直下落到光杆密封盒处，另一人在井口用直尺测出吊线锤与井口中光杆的偏差，并记录偏差数据，确定调整方向与调整距离。

③驴头上的人收吊线锤，收拾工具，摘安全带，下抽油机。

④两人配合，取出刹车锁块，起抽，使抽油机游梁处于接近水平位置，坐井口光杆方卡子卡紧光杆，松刹车，使井口光杆方卡子坐在光杆密封盒上，二次启动抽油机，卸掉驴头载荷，刹紧刹车，锁死刹车锁块。

⑤两人着安全带上抽油机中轴承操作平台，将安全带挂在护栏上，用活动扳手卸松中轴承四个固定螺栓与四个调节螺栓背帽，根据测出的驴头偏差方向，调整中轴承前后左右四个顶丝，使游梁在任何位置时驴头中心点投影都与井口中心基本重合，偏差不大于规定尺寸。调节方法是：

a)驴头偏后，松后面两条顶丝，紧前面两条顶丝。

b)驴头偏前，松前面两条顶丝，紧后面两条顶丝。

c)驴头偏左，松右前、左后两条顶丝，紧左前、右后两条顶丝。

d)驴头偏右，松左前、右后两条顶丝，紧右前、左后两条顶丝。

⑥若顶丝调到尽头还不能使之对中，就利用千斤顶调整底盘。

⑦调整完后，用活动扳手拧紧各顶丝背帽及中轴承固定螺栓，摘下安全带，下抽油机。

⑧两人配合，取出刹车锁块，慢松刹车，使驴头慢慢吃上载荷，卸掉井口光杆方卡子，锉净光杆毛刺。

⑨送电，松刹车，启动抽油机开抽，两人分别从纵横方向上观察光杆的上下行是否在井口中心，如不在要另行调整。

⑩检查生产正常后，收拾工具，清理现场。

(4)技术要求

①停机后必须切断电源，刹死刹车。

②停机调整时，如驴头偏前，驴头端游梁高于水平线10°；驴头偏后，驴头端游梁低于水平线10°；驴头左右偏，可停在水平位置。

③允许偏差：按驴头上、中、下位置时的线锤与地面三点投影圆直径不大于：冲程0.6～1.5m为14mm；冲程1.5～2.5m为18mm；冲程2.5～3.5m为22mm；冲程3.5～4m为28mm。

④如偏差过大，可用千斤顶调整底座，或重新吊装抽油机。

⑤吊线锤下放时调整测量板位置，使其沿悬绳器边缘垂直下放。

(5)安全要求

①启动、停抽时人不能正对开关箱，操作时必须戴高压绝缘手套。

②雨雪天要防止电器设备漏电伤人。

③井口操作时要戴好安全帽，防止高处落物坠落发生砸伤。

④操作刹车锁块时，一人拉紧刹车进行保护，一人上操作台操作刹车锁块，防止刹车锁块夹伤手。

⑤在驴头和中轴承操作平台上操作时，工具不能随身携带，必须用工具袋装好，用绳子吊运，工具使用和摆放要合理，放牢、放稳，以免打滑或掉落伤人。

⑥高处作业时脚下要站稳，登高作业超过2m以上时必须穿戴安全带，悬挂高度以高于身高、拉紧为原则，戴好安全帽，以免造成高处坠落事故。

⑦使用工具时要轻拿轻放，避免敲击和碰撞；操作要平稳，规格型号要配套，防止物体磕碰伤人，使用完后不能扔下防止砸伤人。

3. 更换抽油机毛辫子

毛辫子是通过悬绳器连接光杆与驴头的柔性元件，它起着连接和传递动力的作用，当其有断丝时，必须及时进行更换，否则会发生断裂，引起抽油机翻机事故。

(1)人员要求

本项目所需人数为2人。

(2)准备工作

①工具、用具、材料准备：375mm活动扳手2把，300mm活动扳手1把，200mm手钳1把，300mm中平锉1把，600、1000mm撬杠各1根，卡盘或方卡子1副，卡瓦牙2片，新毛辫子1根，绝缘手套1副，20mm棕绳5m，安全帽1顶，0.5～2.5m安全带1副，1.5～2.0m操作平台1架，棉纱若干，划笔1支。

②劳保用品准备齐全，穿戴整齐。

(3)操作步骤

①两人配合，切断电源，刹紧刹车，使驴头停在接近下死点的位置。

②用光杆方卡子在光杆密封盒处卡紧光杆，稍松刹车，二次启动抽油机使方卡子坐在光杆密封盒上，卸掉载荷后，再刹紧刹车，切断电源，锁死刹车锁块。

③两人站在操作平台上，用划笔在光杆上作好记号，用活动扳手卸松悬绳器上光杆方卡子的固定螺栓，取下悬绳器卡瓦牙及方卡子。

④一人系上安全带及安全帽携带棕绳上驴头，系好安全带，用棕绳将工具吊上驴头，并放好。

⑤驴头上的操作人员用手钳取下悬挂盘开口销，用活动扳手卸松其固定螺栓，从悬挂盘和压板下取出毛辫子。

⑥用棕绳一头拴住毛辫子，从驴头上取下毛辫子，抓住另一头棕绳缓慢下放毛辫子。

⑦地面操作人员接住缓慢下落的毛辫子两头顺势移动，将毛辫子平稳地放置在地面，解开拴旧毛辫子的棕绳，用其拴在新毛辫子中间位置，扶住毛辫子的两头。

⑧驴头上的人向上拉棕绳，将新毛辫子拉上驴头挂在驴头悬挂盘上，左右长度相等，再把悬挂盘复位(注意方向)，用活动扳手拧紧固定螺钉，装好悬挂盘开口销子，吊下工具，解安全带，下抽油机。

⑨两人上操作平台，将悬绳器按原位置安装在光杆上，安好悬绳器上光杆方卡子的卡瓦牙，上紧光杆方卡子的紧固螺钉。

⑩两人配合取出刹车锁块，慢松刹车，使驴头慢慢吃上载荷，卸掉井口光杆方卡子，锉净光杆毛刺。

⑪观察周围有无闲杂人员及障碍物，松刹车，送电，按下按钮，二次启动抽油机开抽，观察两边钢丝绳是否受力均匀，悬绳器是否处于一个平面，抽油机驴头有无声响，光杆有无碰、挂现象。

⑫生产正常后，收拾工具，清理现场。

(4)技术要求

①换好毛辫子后，检查安装质量。

②开抽后检查井下是否有撞击现象，有撞击声时，要重新调防冲距。

③悬绳器安装位置选择一定要适当，过长悬绳器碰井口，过短驴头啃悬绳器或影响安装动力仪。

(5)安全要求

①取下和挂好毛辫子时要用棕绳拴牢，两人配合默契，防止提升过程中毛辫子脱落伤人。

②悬绳器防脱螺帽和盖板螺钉一定要上紧，防止脱落引起抽油杆柱掉落事故。

③拆卸、安装悬绳器时两人要相互配合，用力均匀，抓牢、放稳，防止坠落伤人。

④其他安全要求与驴头对中相同。

第四章　电动潜油泵生产管理

第一节　电动潜油泵基础知识

电动潜油泵简称为潜油电泵（或电泵），它是机械采油中相对排量较大的无杆泵采油方式，即不需要抽油杆柱来传递动力的抽油设备。

一、电动潜油泵装置的组成及工作原理

（一）电动潜油泵装置的组成

电动潜油泵装置由三大部分，七大件组成，如图 4-1 所示。

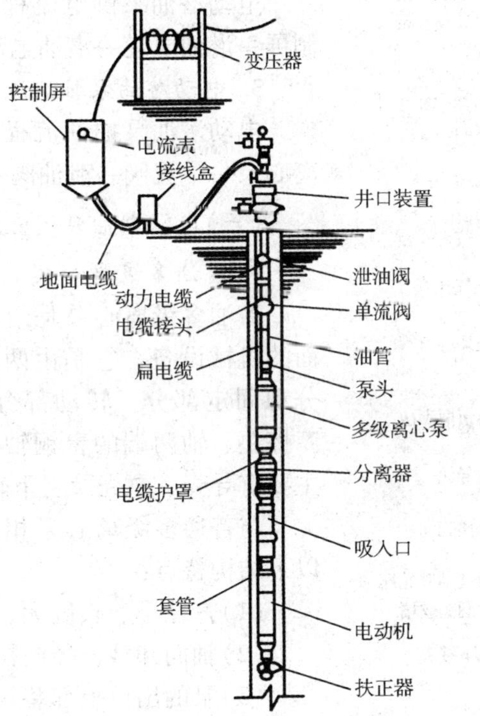

图 4-1　电动潜油泵装置组成示意图

1. 井下部分

井下部分（井下机组）主要由潜油多级离心泵、潜油电动机、保护器、油气分离器四大件组成。除油气分离器与潜油多级离心泵常为一整体外，其他各大件的外壳一般都用法兰

螺栓相连接，它们的轴用花键套连接以传输潜油电动机输出的扭矩。井下部分接于油管下端下入井中。

2. 中间部分

中间部分主要是传输电能的专用电缆。

3. 地面部分

地面部分主要由变压器和控制屏两大件组成。

（二）电动潜油泵工作原理

1. 电动潜油泵工作原理

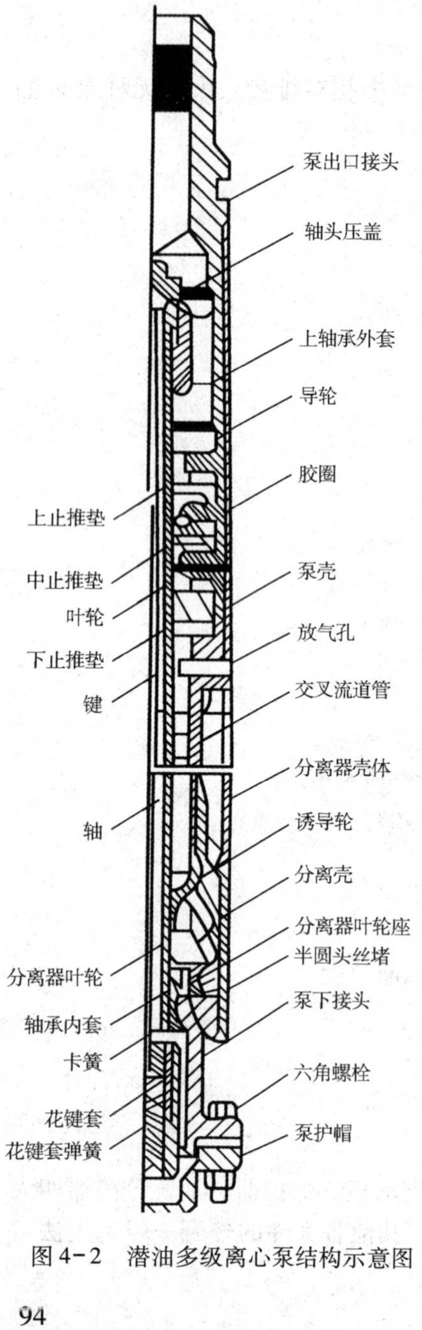

图 4-2　潜油多级离心泵结构示意图

地面上的变压器将电网电压转变为电动潜油泵装置所需的工作电压后，将电能输入控制屏，而后通过接线盒及电缆输给井下潜油电动机，潜油电动机再把电能转换成高速旋转的机械能传递给潜油多级离心泵，从而使经油气分离器进入潜油多级离心泵内的液体被加压举升到地面；与此同时井底压力（井底流压）降低，油层液体进而流入井底。

2. 电动潜油泵供电流程

电动潜油泵供电流程：地面电源→变压器→控制屏→潜油电缆→潜油电动机。

3. 电动潜油泵抽油流程

电动潜油泵抽油流程：油气分离器→潜油多级离心泵→单流阀→泄油阀→井口。

（三）电动潜油泵装置主要部件作用及特点

1. 潜油多级离心泵

潜油多级离心泵是给井液增加压头并举升到地面的机械设备，它是由两大部分组成的，即转动部分和固定部分。转动部分主要有转轴、键、叶轮、摩擦垫、轴两端的青铜轴套和固定螺帽；固定部分主要有导壳、泵壳及上下轴承外套，如图 4-2 所示。

与普通多级离心泵相比，潜油多级离心泵具有以下结构特点：

（1）直径小、长度大、级数多。

（2）轴向卸载，径向扶正。

（3）泵的出口上部装一单流阀和溢流阀。

（4）泵的吸入口装有脱气装置。

2. 潜油电动机

潜油电动机是井下机组的动力设备，是将地面输入的电能转化为机械能，进而带动潜油多级离心泵高速旋转。潜油电动机位于井下机组最下端，是三相鼠笼式异步感应电动机。主要由定子、转子、止推轴承和油循环系统等组成。与普通的三相鼠笼式异步感应电动机相比，潜油电动机具有以下结构特点：

(1)机身长。

(2)转轴为空心。

(3)启动转矩大。

(4)转动惯量小。

(5)绝缘等级高。

(6)附带保护器装置及油浴冷却。

3. 保护器

保护器是安装在潜油电动机的上部，用来保护潜油电动机的。潜油电动机虽然结构上和地面电动机基本相同，但它在井下工作环境比较恶劣(油、气、水压力、温度等)，因此要求密封好以保证井液不能进入电动机内；还要有补偿电动机内润滑油的损失、平衡电动机内外腔压力、传递扭矩、轴向卸载和完成呼吸作用。

目前国内外使用的保护器种类很多，结构各异，但从其工作原理来分，使用较普遍的有：连通式保护器、沉淀式保护器、皮囊式保护器和补偿式保护器等。

4. 油气分离器

油气分离器装在潜油多级离心泵的吸入口处，其作用是使井液通过时(在进入多级离心泵前)进行油气分离，减少气体对多级离心泵特性的影响。目前各油田所使用的油气分离器有沉降式和旋转式(离心)两种。

5. 控制屏

控制屏是电动潜油泵机组的专用控制设备，电动潜油泵机组的启动、运转和停机都是依靠控制屏来完成的，如图 4-3 所示。

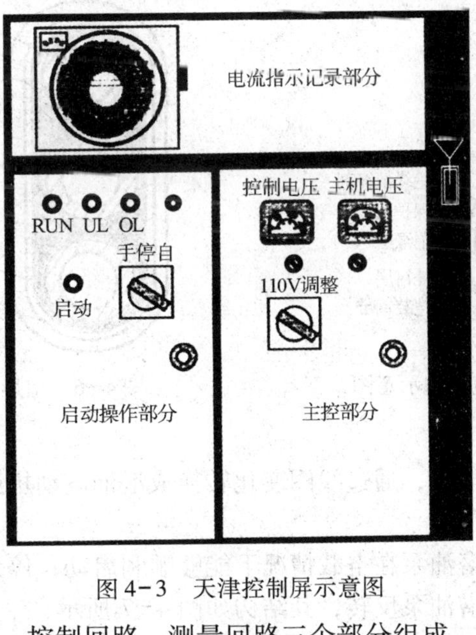

图 4-3　天津控制屏示意图

控制屏主要由主回路、控制回路、测量回路三个部分组成。其功能是：能连接和切断供电电源与负载之间的电路；通过电流记录仪，把机组在井下的运行状态反映出来；通过电压表检测机组的运行电压和控制电压；识别负载短路和超载荷，完成机组的超载保护停机（当井下潜油电动机的工作电流在电动机额定电流的1.2倍时，称为过载）；借助中心控制器，能完成机组的欠载保护停机（当井下潜油电动机的工作电流在电动机额定电流的0.8倍时，称为欠载）；能按预定的程序实现自动延时启动；通过选择开关，可以完成机组的手动、自动两种启动方式；通过指示灯可以显示机组的运行、欠载停机、过载停机三种状态。

6. 接线盒

接线盒是用来连接地面与井下电缆，测量机组参数和调整三相电源相序（电动机正反转），防止井下天然气沿电缆内层进入控制屏而引起爆炸，接线盒如图4-4所示。

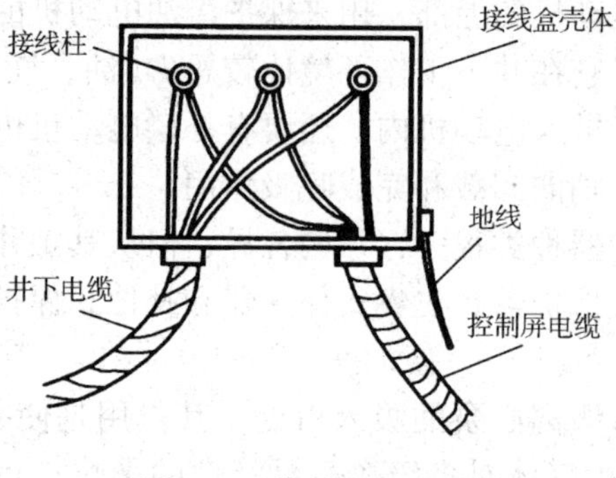

图4-4 接线盒示意图

7. 电缆

电缆是供给井下潜油电动机输送电能的专用电线，从外形上看，分为圆形电缆和扁形电缆两种，如图4-5和图4-6所示。

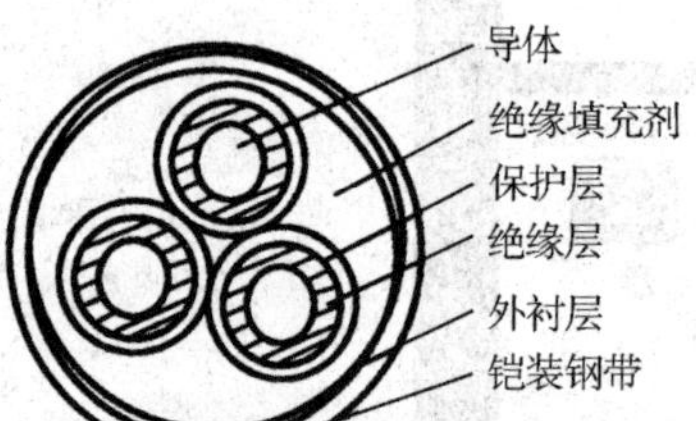

图4-5 圆形电缆结构示意图

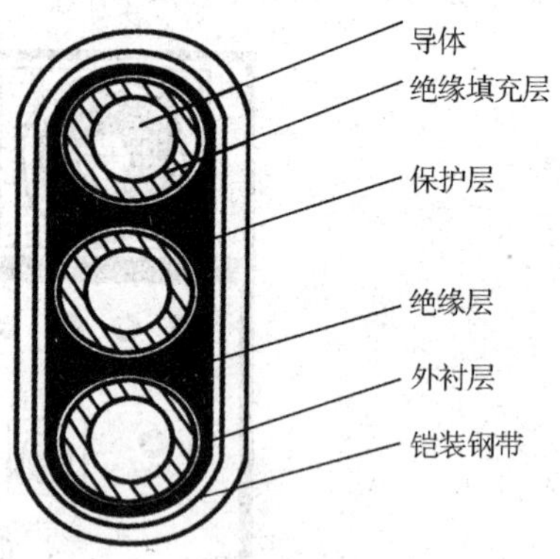

图4-6 扁形电缆结构示意图

8. 变压器

变压器用来调整网路电压，通过线圈变化转换成潜油电动机所需的工作电压。

9. 单流阀

单流阀用来保证电动潜油泵在空载情况下能够顺利启动；停泵时，单流阀可以防止油管内液体倒流而导致电动潜油泵反转，其结构如图4-7所示。

10. 泄油阀

泄油阀是在修井作业起泵时，将泄油阀芯切断，使油管与套管连通，油管内的液体就流回井筒，便于修井作业，其结构如图4-8所示。

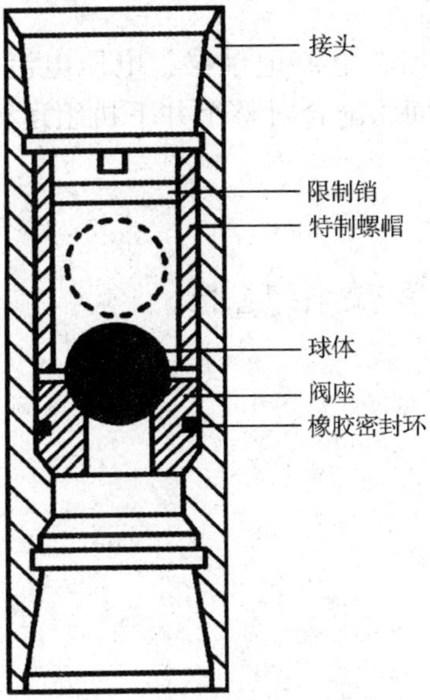

图4-7　单流阀结构示意图

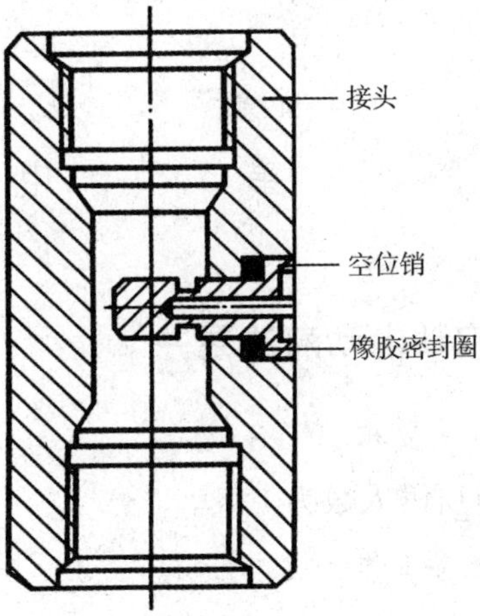

图4-8　泄油阀结构示意图

二、电动潜油泵主要参数

(1)排量：单位时间内电动潜油泵所排出液体的体积(m^3/d)。

(2)扬程：电动潜油泵机组在打水时的水柱高度(m)(或单位质量的液体流过电动潜油泵后能量的增加值)。

(3)转速：单位时间内泵叶轮的回转数(r/min)。

(4)功率：潜油电动机输出功率(kW)。

(5)效率：泵的输出功率与电动机的输出功率之比(排量效率：油井实际产液量与额定排量之比,%)。

三、电动潜油泵机组保护

电动潜油泵井井下机组保护可分为地面保护和井下保护两大部分。

(一)地面保护

(1)电源电路保护：有电压、相序、短路、延时等。

(2)载荷整流值保护：有过载电流保护、欠载电流保护。

(二)井下保护

井下保护有单流阀、扶正器、潜油电动机保护器等。

电动潜油泵井井下机组的地面保护都集中在控制屏上，电动潜油泵井的控制屏一般都是由三个回路组成的，即主回路、控制回路、测量回路，其功能分别是：

(1)主回路：电路元器件直接与电源变压器(900～1100V变压)相连，由隔离闸刀来实现接通和断开，电路控制开关是真空交流接触器。

(2)控制回路：电路是由控制电压调整开关，控制电流自动开关，控制方式选择开关等元器件组成。由于它们不直接与电源连接，所以又叫二次控制回路。控制回路中还应包括中间继电器、压敏电阻、整流电路等部分。

(3)测量回路：电路由电流互感器、电压互感器、电流记录仪、电压电流表等组成，通过这些仪表可对井下机组运行状况及电压与二次回路配合对整个井下机组运行进行自动控制。

第二节 电动潜油泵操作规程

一、启动电动潜油泵井

(一)人员要求

本项目所需人数为1人。

(二)准备工作

(1)工具、用具、材料准备。

600mm管钳1把，150mm螺丝刀1把，电流卡片1张，记录笔，记录纸，绝缘手套1副，棉纱若干。

(2)劳保用品准备齐全，穿戴整齐。

(三)操作步骤

(1)检查井口流程，检查油嘴、仪表是否齐全合格；开总阀门，开生产阀门，开回油阀门。

(2)检查控制屏。

检查内容为：

①电压仪表指示正常。

②观察指示灯状态，黄色指示灯或红色指示灯灯亮。

③用手拨选择开关：由原手动位置旋转到停止位置，指示灯灭，再把选择开关拨到手动位置，此时应黄色指示灯亮，若红色指示灯亮，说明电路或机组有故障，应停止启泵操作，要请专业人员检修。

④电流表及电流记录卡片记录笔均归零。

(3)装好电流记录卡片，合上控制屏总闸。

(4)拇指用力按下启动按钮，立即听到一声“砰”的声音，绿色指示灯亮，待电流记录卡片上电流回落至平稳后，将选择开关拨到自动位置。

(5)听井口出油声音是否正常，看电流电压是否正常，确认井下机组已被启动运行。

(6)检查电流记录卡片是否工作正常。

(7)检查井口压力及控制屏开关上的各种仪表，应达到正常工作。

(8)机组运行30min后按规定要求进行欠载、过载值及时间的二次整定。

(9)打开定压放气阀。

(10)记录启泵时间，运行电流、电压、井口油压、套压值。

(四)技术要求

(1)电泵机组发生欠载、过载停机应立即向上级部门汇报。

(2)机组启动后，检查一切正常并运行0.5h后，管理人员方可离开。

(3)电泵井欠载值为电泵机组额定电流的80%，过载值为电泵机组额定电流的120%。

(4)停电时间较长，套压过高时应放低套压后再启泵。

(五)安全要求

(1)电泵启泵时，如电泵机组发生过载停机或启动一次未成功，进行新的启泵必须由专业人员查明原因再启，防止强行启泵烧毁机组。

(2)启泵时，如井口油压超过正常值且很高，应及时停泵检查流程，防止憋漏井口。

二、停止电动潜油泵井

(一)人员要求

本项目所需人数为1人。

(二)准备工作

(1)工具、用具、材料准备。

600mm管钳1把，150mm螺丝刀1把，记录笔，记录纸，绝缘手套1副，棉纱若干。

(2)劳保用品准备齐全，穿戴整齐。

(三)操作步骤

(1)检查井口流程情况，记录井口油压、套压值。

(2)检查控制屏。

①检查电压表、电流表工作状况及电流记录卡片记录情况。

②记录电流、电压值。

(3)按控制屏停止按钮，绿色指示灯灭，将选择开关拨到停止位置。

(4)拉井控制屏总闸。

(5)听井口出油声音，检查、确认泵是否停止运行。

(6)倒流程。

①长期停泵井，应关井口生产阀门与总阀门。

②掺水保温井，应打开井口连通阀门进行干线热水循环，关闭井口掺水阀与回油阀门。

③关闭定压放气阀。

(7)记录停泵时间，井口油压、套压值。

(四)技术要求

(1)电泵停泵后，应根据实际情况倒好井口流程。

(2)电泵停泵时，应先按控制屏停止按钮，再拉开控制屏总闸。

(五)安全要求

电泵停泵时，应先按控制屏停止按钮，再拉开控制屏总闸，不得直接拉开控制屏总闸停泵，防止烧毁机组或使电网电压波动。

三、电动潜油泵井的巡回检查

(一)人员要求

本项目所需人数为1人。

(二)准备工作

(1)工具、用具、材料准备。

600mm管钳1把，试电笔1支，记录笔，记录纸。

(2)劳保用品准备齐全，穿戴整齐。

(三)操作步骤

(1)变压器检查。检查变压器警示牌，检查变压器端子接线，闻变压器是否有不良气味。

(2)控制屏检查。

①检查控制屏总闸位置，检查控制屏控制电压和机组工作电压。

②检查启动转换开关位置，在机组正常运行时控制屏启动转换开关应置于“自动”位置；对间歇生产井，转换开关置于“手动”位置。

③检查控制屏指示灯。指示灯有三个：即正常运行——绿色；欠载——黄色；过载——红色。如欠载或过载指示灯亮，机组应停机，分析原因，严禁随意启动。

④检查电流记录仪与电流表。主要检查电流曲线波动情况及原因，记录电流，并定期更换电流卡片。新投产或新开作业的井使用日卡，正常生产后使用周卡。

(3)接线盒检查。检查接线盒接地线是否良好，接线盒的门是否关闭、锁紧，接线盒有无漏电、淋雨、水浸现象等。

(4)电缆检查。检查接线盒两侧电缆有无破皮、鼓皮、破损现象，电缆敷设是否良好，电缆铠装接地是否完好。

(5)井口检查。

①检查生产阀门、回油阀门及总阀门的开启是否正常，检查井口掺水温度是否正常，检查管网流程有无损坏、渗漏现象。

②检查清蜡阀门。一般情况下清蜡阀门应关小，稍留缝隙。

③听油井出油声音，摸管线温度，分析出油是否正常。

④检查并记录井口油压、回压、套压，放套管气，控制合理套压生产。

(6)井号标志必须醒目，井场规格、整洁。

(7)填好巡回检查记录。

(四)技术要求

(1)发现问题及时处理，不能处理的问题及时汇报。

(2)检查电流记录卡片，新投产或新开作业井使用日卡，正常生产后使用周卡。

(五)安全要求

在检查变压器时，检查人员应站在安全护栏外检查，不得用木棒等乱触变压器；发现异常由专业人员处理。

四、检查、更换电动潜油泵井油嘴

（一）人员要求

本项目所需人数为 1 人。

（二）准备工作

(1)工具、用具、材料准备：600mm 管钳 1 把，375mm 活动扳手 1 把，油嘴专用扳手 1 把，0～150mm 游标卡尺 1 把，合适油嘴 1 个，铁丝 1 段，生料带 1 卷，放空桶(污油桶)1 个，记录笔，记录纸，黄油、汽油、棉纱若干。

(2)劳保用品准备齐全，穿戴整齐。

（三）操作步骤

(1)检查电泵井井口流程及控制屏运行状态，记录井口油压、工作电流值。

(2)停泵、关井倒流程。

①将控制屏选择开关拨到停止位置，机组运行时绿色指示灯灭，正常是黄色指示灯亮，电流显示及电流卡片记录笔归零，说明机组已停止运行。

②关闭井口生产阀门及回压阀门，若是双管生产，还要关直通阀门，再关闭套管定压放气阀，如图 4-9 所示。

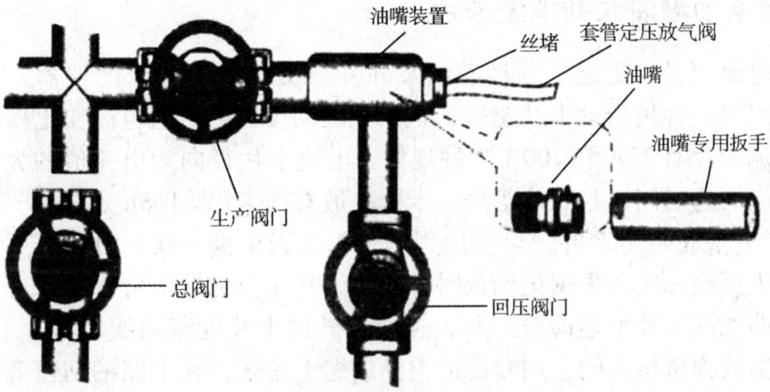

图 4-9　电动潜油泵井更换油嘴示意图

③确认关严后，慢开放空阀门，放净压力，准备卸油嘴装置丝堵。

(3)卸油嘴装置丝堵。

①先用活动扳手把套管定压放气阀与油嘴装置连接的活接头卸松。

②再用管钳卸掉油嘴装置丝堵，放净油嘴装置内余留的液体，用棉纱擦净油嘴装置边缘，准备卸油嘴。

(4)卸油嘴。用油嘴专用扳手轻轻插进油嘴装置内，确认对准油嘴双耳，然后用力逆时针方向卸扣，卸下油嘴，擦净油嘴表面及油嘴孔内的赃物，用游标卡尺检查孔径大小，并记录下来。

(5)装新油嘴。用游标卡尺测量新油嘴孔径，确认符合要求后，把新油嘴双耳卡在油嘴专用扳手内，双手端住油嘴专用扳手缓慢送入油嘴装置内，对正扣后顺时针上紧，最后用管钳轻带紧扣。

(6)装油嘴丝堵。把丝堵螺纹用棉纱清干净，缠密封胶带，先用手对正扣顺时针上扣，最后用管钳上紧；再把定压放气阀胶管扶正，带上活接头压帽，用活动扳手上紧。

(7)倒回流程。先关放空阀门，打开回压阀门，观察有无渗漏，确认无渗漏后再打开生产阀门。

(8)启动电动潜油泵。

(9)确认启泵正常后，到井口检查，注意油压上升情况，并作记录，约8min后无问题就可确认正常，打开套管定压放气阀，并调节好。

(10)记录井口油压、回压、套压值，机组工作电流。

(四)技术要求

(1)卸下油嘴后，油嘴装置内不能有脏物、异物。

(2)更换油嘴一定要测量准确，孔径误差小于0.1mm。

(3)如果油嘴孔尺寸过小，游标卡尺测不了，可用直尺测交叉十字取平均值。

(4)装卸油嘴不能用力过猛，防止油嘴双耳被扭掉而不好再装油嘴。

(5)开关阀门要平稳、侧身。

(五)安全要求

在卸油嘴装置丝堵时，必须放净压力，避免出现不安全因素。

五、更换电动潜油泵井电流卡片

控制屏的电流记录仪是记录电动潜油泵井井下机组工作电流的仪器。它由钟机、卡片、记录笔等组成，钟机带动卡片旋转，记录笔尖的位置随机组电流变化相应移动。

常见的电流卡片有75A和100A两种规格。电流卡片径向为电流值的大小，且多数是等值递增的；周向为时间，且是均等分。卡片一般有周卡(即168h走一圈)和日卡(即24h走一圈)两种。一般正常生产井，可使用周卡，每7天更换一次，对特殊要求的油井，可使用日卡，每天更换一次。根据记录仪时钟走向卡片还分为顺时针和逆时针卡片，顺时针转的卡片电流曲线在卡片上逆时针运行，逆时针转的卡片电流曲线在卡片上顺时针运行。记录仪的时钟多数为机械式的，用专门的上劲钥匙上紧弦，在上紧的凸钮旁边有两个快慢选择挡，即日或周走一圈。

电动潜油泵井电流记录卡片如图4-10所示。

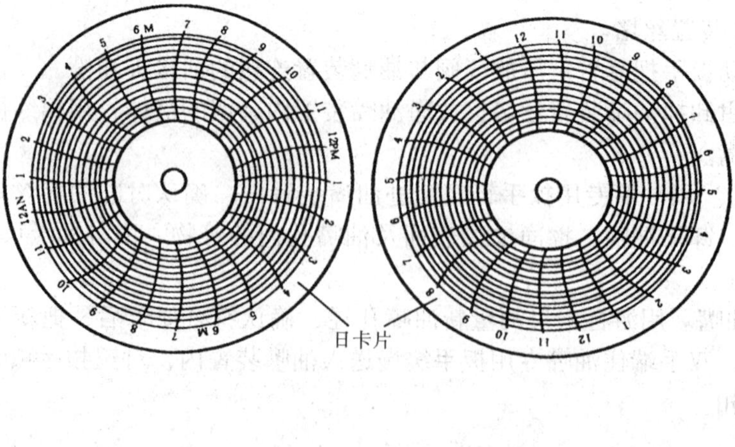

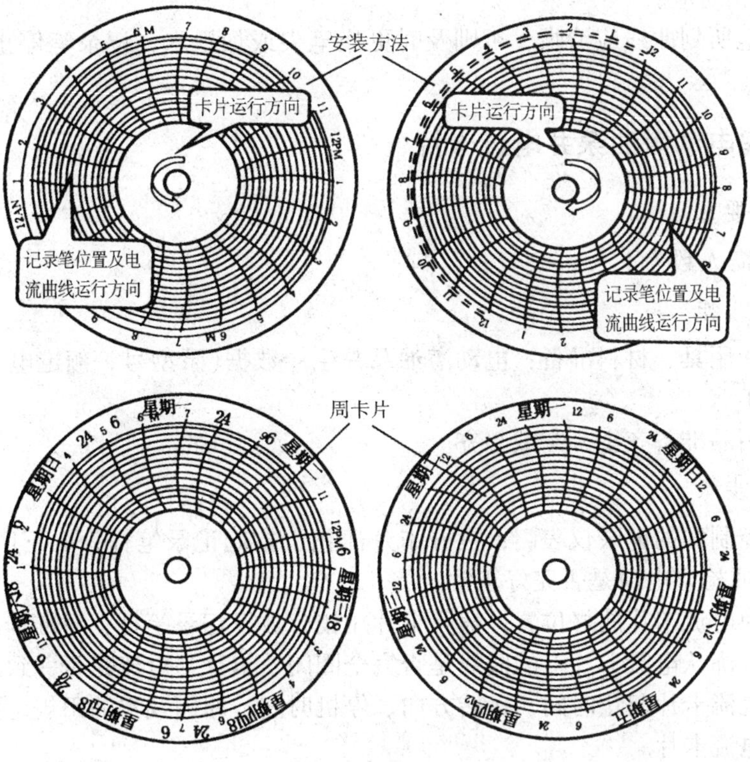

图 4－10　电动潜油泵井电流卡片

电动潜油泵井电流记录仪的电流卡片应定期更换。

（一）人员要求

本项目所需人数为 1 人。

（二）准备工作

（1）工具、用具、材料准备：时钟钥匙 1 把，电流记录卡片 1 张，记录笔 1 支。

（2）劳保用品准备齐全，穿戴整齐。

（三）操作步骤

（1）根据本井电流记录仪要求，选择卡片规格、卡片运转方向及周卡或日卡。

（2）核实、确认井号，在电流卡片相应位置填写井号、换卡日期、油嘴直径、换卡人姓名、时间等。

（3）打开控制屏的电流记录仪表门，拨开卡片压销，抬起记录笔杆。

（4）取下旧电流卡片，填写取卡日期、时间及取卡人姓名，将时钟上满发条或检查电池是否完好正常。

（5）将新换电流卡片放好位置，拨开卡片压销，放下记录笔杆，对准卡片时间。

（6）观察、确认新换电流卡片记录情况。

（7）关好控制屏的电流记录仪表门。

（四）技术要求

（1）新投产井、作业完的井用日卡，7 天后改用周卡，电流卡片、电流记录仪时钟挡位与日、周卡相对应。

(2)记录笔所划曲线应清晰，否则及时更换笔尖或加墨水，记录笔停止工作时笔尖应落零。

六、整理电动潜油泵井电流卡片

(一)人员要求

本项目所需人数为1人。

(二)准备工作

(1)工具、用具、材料准备：电动潜油泵井生产数据(泵型号、额定电流等)，记录笔1支，记录纸1张。

(2)劳保用品准备齐全，穿戴整齐。

(三)操作步骤

(1)打开控制屏的记录仪表门，拨开卡片压销，抬起记录笔杆，取下旧电流卡片，将时钟上满发条或检查电池是否完好正常。

(2)将新换电流卡片放好位置，拨开卡片压销，放下记录笔杆，对准卡片时间。

(3)检查、确认电流卡片上的曲线是否完全圈闭，卡片与电流是否一致。

(4)填写电流卡片起止时间、运转方向、停机时间、原因及本油田规定的其他数据。

(5)审定电流卡片。

(四)技术要求

(1)要结合本油田规定的数据认真填写。

(2)审定电流卡片一定要结合电动潜油泵井生产数据。

七、电动潜油泵井电流卡片分析

电动潜油泵井电流卡片(记录电流运行的曲线)是反映电动潜油泵运行过程中时间与潜油电动机的电流变化关系曲线，它是电动潜油泵井机组运行的主要记录资料，是判断机组运行状况的主要依据，对其分析是采油工日常管理的一项工作。

(一)人员要求

本项目所需人数为1人。

(二)准备工作

(1)工具、用具、材料准备：电动潜油泵井电流卡片5~8幅，生产数据，原油物性资料，绘图工具1套，计算器1个，记录笔，记录纸。

(2)劳保用品准备齐全，穿戴整齐。

(三)操作步骤

(1)根据潜油电动机额定电流绘制理想工作的电流卡片。

(2)熟悉电流卡片的规格，卡片运转方向，标注实际记录的运行时间，即具体确定卡片是75 A还是100A，是逆时针运行还是顺时针运行，是日卡还是周卡。

(3)比较实际电流卡片与理想工作电流卡片的差异，计算电泵机组保护是否合理。

(4)判断电泵机组工作状况。

(5)分析影响电泵井正常生产的因素。

(6)审核确认分析结果，将结果准确地标注在电流卡片。

(7)提出相应的整改措施。

(四)技术要求

(1)判断电泵井工作状况要准确，不得误判。

(2)要抓住主要因素，提出整改措施。

八、跟踪描述电动潜油泵井停产作业

(一)人员要求

本项目所需人数为 1 人。

(二)准备工作

(1)工具、用具、材料准备：电动潜油泵井停产时的生产数据、测试资料、井下管柱等，停产时的故障原因，作业施工设计书一份，5m 钢卷尺一把，记录本，记录笔。

(2)劳保用品准备齐全，穿戴整齐。

(三)操作步骤

(1)在与作业施工队交井时，核对、询问本次作业原因及目的、时间、施工队队号等；在正式作业抬井口时，向作业施工队要施工设计书。掌握本次作业施工目的及施工工序要点(以井下带丢手活门管柱为例)。

(2)正式作业施工起原井管柱。

①抬井口、上提活门，此时观察井口有无溢流现象，以判断活门是否严(无溢流时活门是严的)。

②起油管及电动潜油泵机组和管外电缆，把每一根油管及电缆情况观察记录清楚，有无刺漏，电缆有无刮破等现象。

③在泄油阀、单流阀及测压阀起出井口时以询问为主，因施工现场非专业人员通常是看不出问题的，多数油田均不是在现场拆开检查的。

④在油气分离器起出来后观察出气孔情况，观察潜油多级离心泵外表有无损伤。

⑤在潜油电动机与保护器起出井口时看一下电缆进电动机处有无烧痕等。

⑥检查扶正器及捅杆有无问题。

(3)刮蜡、清洗油管等。若连下部丢手管柱都起出，还有冲砂、探人工井底等工序；若是要堵水或调整层位，还要进行磁性定位。

(4)下新井管柱。

①若是起出丢手管柱的，要先下丢手管柱，到预定位置要在井口用水泥车(高压)正灌清水憋压释放丢手管柱，起出释放丢手管柱及油管。

②下新配机组管柱，注意按施工设计检查，如泵型、长度、潜油电动机、潜油多级离心泵节数、级数及总长等。

③在随机组油管下井过程中，注意电缆卡子打实情况(松紧、间隔距离等)，决不能缠绕。

(5)坐井口捅活门：在活门即将到位时，坐井口准备工作要就绪，重点是法兰钢圈，否则时间长了会发生井喷，特别是没压井(靠活门)就作业施工的井。

(6)记录好井口大法兰上的电缆出口处密封情况。

(7)记录好由作业施工队的专业人员对下井后机组电性检查情况的数据。

(8)接电源控制屏，调整保护值，通电启泵试运，验证泵正反转、井口憋压情况。

(9)最后检查记录，确认跟踪描述的内容，关键地方要与施工设计对照一下。

(四)技术要求

(1)施工前压井情况要记录好。

(2)地面刮蜡后还要用内径规检查油管。

(3)起下泵过程中要时时注意电缆，特别是下泵过程中，电缆不能缠绕，更不能少打卡子。

九、检查电动潜油泵井过欠载保护值

(一)人员要求

本项目所需人数为1人。

(二)准备工作

(1)工具、用具、材料准备：150mm电工螺丝刀1把，绝缘手套1副，记录纸，记录笔。

(2)劳保用品准备齐全，穿戴整齐。

(三)操作步骤

(1)先熟悉控制屏屏面各指示及过载或欠载时的状态(以天津控制屏为例)。

(2)记录运行工作电流(电流卡片上的数据)及小仪表上的值，通常两数据值基本是一致的，如图4-10和图4-11所示。

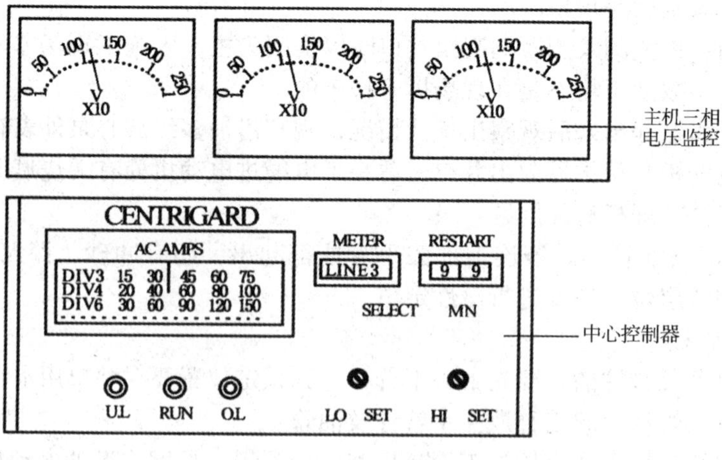

图4-11 天津控制屏控制中心整流调试示意图

(3)停机检查操作。

①在控制屏上把选择控制开关拨到停位置(off)停机，此时正常是欠载灯(黄色指示

灯)亮，电流卡片记录笔及小仪表上指针均落零，即机组已停止运行。

②缓慢打开控制部分的小门，就会在控制屏内看到如图 4-11 所示的调试中心控制器。

③检查电流保护设定值：在调试中心控制器上找到电流设定选择挡“SELECT”由上向下拨动换挡轮会依次看到“LINE3，LINE4，LINE6，LOSET，HISET”的指示，每拨 1 次挡位，在左侧的“ACAMPS”指示仪表上就会指示相应的数值，其中“LOSET”对应的值就是机组欠载保护设定值，此时记录下数值大小；“ HISET”对应的值就是机组过载保护设定值，记录下数值大小。

④检查记录完后把“SELECT”拨到“LINE3，LINE4，LINE6”中的某一挡上，确认无误后，小心关好门。

(4)分析对比过载、欠载保护值设定与现在机组运行工作电流是否处在合理规定的范围内：即按现在机组实际运行工作电流值的 ±20% 计算，对比检查设定的值是否接近，若过大、过小都要重新进行调试。

(5)确认、记录好检查录取的数据后，把控制屏选择挡由停位(off)拨到手动(hand)挡位，确认黄色指示灯亮，按启动按钮启泵，见绿色指示灯“RUN”立即亮，电流卡片记录笔及小仪表指示正常，操作完毕。

(四)技术要求

(1)在检查时小心触电。

(2)在停泵运行检查过程中不能拉下电源总闸刀。

(3)如在检查后，拨到手动(hand)挡位时红灯亮，是控制屏假故障，可由手动(hand)挡位重新拨到停(off)挡位后，再重新拨到手动(hand)挡位。一般会黄色灯亮，否则就要等检查处理后，再启泵运行。

(五)安全要求

在检查时，要安全操作小心触电；在停泵运行检查过程中不能拉下主机电源总闸。

十、调整电动潜油泵井过载、欠载值

(一)人员要求

本项目所需人数为 1 人。

(二)准备工作

(1)工具、用具、材料准备：150mm 电工螺丝刀 1 把，近期运行电流卡片 1 张，绝缘手套 1 副，记录纸，记录笔。

(2)劳保用品准备齐全，穿戴整齐。

(三)操作步骤

(1)先熟悉控制屏，并仔细记录下正在运行的电流卡片指示的电流值，结合近期运行电流值确定本次要调整过、欠载值的大小。

(2)确认机组电流值后，即可停机准备调整操作。

①首先把选择控制开关拨到标有“停”位置停机，如图 4-12 所示。

②转动控制屏中下部“PCC”显示仪，电流显示选择开关至过载或欠载位置，并分别记

录好各自的数值(电子数字显示屏)，与步骤(1)中初步计算要调整的过、欠载值对比，确定最后各自实际应调整的数值。

③小心缓慢打开控制屏门，就会看到如图4-13所示的机组电流保护调整设定中控器(箱)，在箱面上找到“过载设定”调整螺旋电位器，用电工螺丝刀直接缓慢地边旋转边看门外侧“PCC”电子数字显示屏的数字，直到显示要调的过载保护值为止；同样找到“欠载设定”调整螺旋电位器，用电工螺丝刀一边旋转调整，一边看“PCC”显示屏，直到显示要调整欠载保护值为止；即可关好控制屏门，记好刚重新调整的过载与欠载保护值，准备启泵试运行。

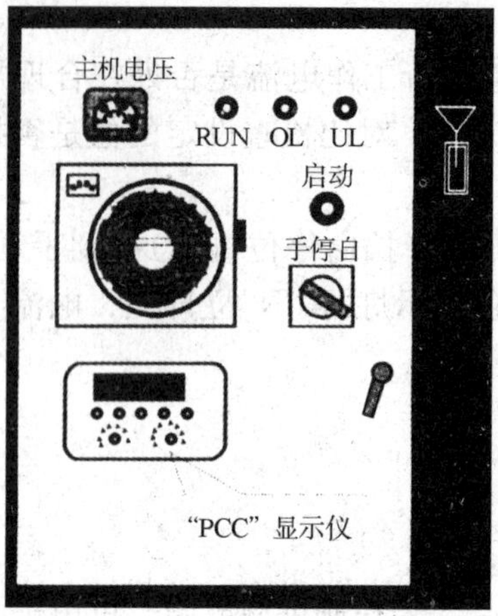

图4-12 天津控制屏示意图

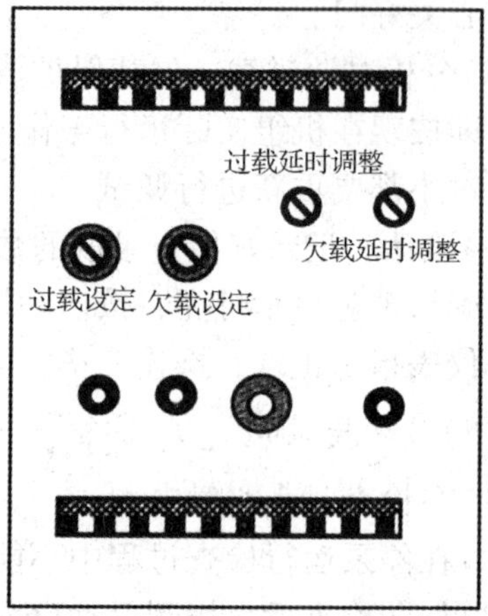

图4-13 天津控制屏保护调整设定中控器示意图

(3)确认调整无误后，启泵试运。把控制屏面上选择开关由“停”转换为“手”位置，通常是黄色欠载指示灯立即亮，即可按启动按钮启泵，在听到“砰”的声音时，黄色灯立即转换为绿色灯，电流卡片记录笔立即打起来，并稳定在某一值上；观察片刻后，就可在“PCC”上转动选择开关，记录A，B，C三相电流值，并与卡片上电流显示的值对照。

(4)等机组运行一会儿，再计算一下刚调整的数值与现在实际运行的电流值是否处在±20%的保护值以内。

(5)把调整结果和时间记录好，并应填在电流卡片适当位置。

(四)技术要求

(1)测试前一定要检查控制屏外壳接地线是否接好。

(2)打开控制屏门时，注意主机电源总闸，不要碰或随意拉下、合上。

(3)在屏内控制中心整流调试时，不要碰后面的电气元件。

(五)安全要求

在测试前，一定要检查好控制屏外壳接地线是否接好；测试时，不要碰或随意拉下、合上主机电源总闸。

十一、处理电动潜油泵井过载停机故障

(一)人员要求

本项目所需人数为1人。

（二）准备工作

（1）工具、用具、材料准备：电工专用工具1套，MF500型万用表和500MΩ兆欧表各1块，600mm管钳、300mm活动扳手、油嘴专用扳手、阀门扳手各1把，近期运行电流卡片1张，绝缘手套1副，记录纸，记录笔。

（2）劳保用品准备齐全，穿戴整齐。

（三）操作步骤

（1）检查核实停机状况。注意此时不要拉下控制屏电源闸刀，不要更换选择开关，即保持"红色指示灯"亮的过载停机状况，做以下检查。

①仔细查看控制屏上的机组运行状态指示灯，即过载红色指示灯是否亮着。

②分析电流卡片记录的运行状况。机组运行电流是多少，停机时刻的峰值是多少，停机时刻电流趋势情况。若电流是逐渐升起来的，即可初步判断井下机组抽汲状况出了故障（变化）；若电流曲线显示的是突升状态（相对短时间而言），也可初步判断可能是电源或电路故障引起的，或是生产流程（突然堵塞）不通。

（2）检查核实过载保护值设定情况。

①小心打开控制屏中心门，检查、记录过载保护值，设定是否合理。

②对比卡片上运行电流值：停机时电流为最高值，判断停机是否确实是过载保护值起作用了，如某井机组运行时反映在卡片上的电流值是45 A，停机时电流接近50A，而保护值设定的是48A，说明保护值设定偏低。

③根据机组额定电流值计算是否能再调整过载保护值，要调整多少，如按该井机组额定电流值的120%计算是54A，那么机组过载保护值可重新调整到53A为宜，但还要等到对机组进行绝缘测试检查后，确定无其他问题，方可进行。

（3）检查核实井口地面流程情况。

①检查井口地面流程是否正确，油套压表压力情况。

②检查油嘴是否堵，倒流程、放空、卸丝堵等，卸掉并检查油嘴情况。

③检查进计量间流程有无问题。

（4）检测井下机组电性（参数）状况。

①把控制屏上的转换开关拨至"off"位置后，再把电源闸刀拉下，断电动作要迅速，再查看控制屏主机电压表指针是否归零，若归零说明电确实断开。

②打开井口接线盒：如图4-14中的（a）所示，用专用工具拆下控制屏侧的三相电源线。

③先用MF500型万用表［按如图4-14中的（b）所示］，测量机组相间直流电阻的大小及平衡情况：把表左侧功能开关换到"n"，右侧拨至"1k"后，用"红"、"黑"两表笔分别测A与B或B与C及A与C相间直流电阻；通常电阻在22.8～4.0Ω间为正常，

三相直流电阻不平衡度不超过2%为合格，否则就有问题。

④用500 MΩ兆欧表（按如图4-14中（b）所示），测量机组对地绝缘度。在测试前要注意检查接线盒地线与井口地线是否均匀接好，如有松动或生锈的要处理后再测试。在测试时，分别把"E"线夹于地线，"L"线分别夹在A、B、C（实际任一个就可以）相上，确认夹好后，用手快速均匀顺时针摇动摇把（120r/min），观看表针稳定在多少值上，一般绝缘电阻在500MΩ以上为合格，否则绝缘度不够，若过低说明机组已烧毁，检查后再原样接上。

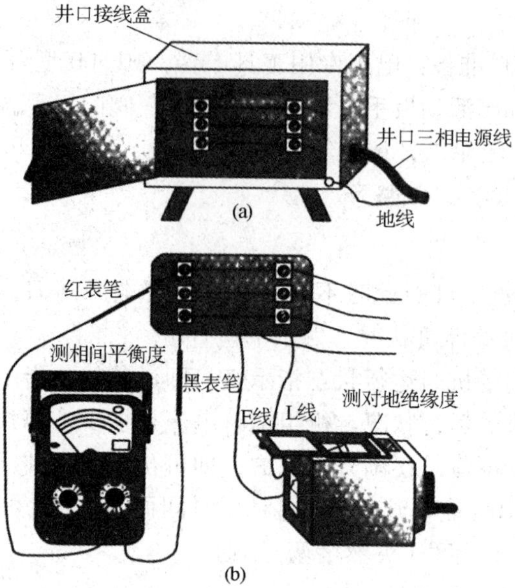

图 4-14　电动潜油泵井井下机组电性测试示意图

(5)检查电源线路。

电源线路通常由专业技术人员检查操作。

①检查电源熔断器。打开控制门，分别拔下三个管状(或方形瓷填料)熔断器，打开熔断器检查有无虚接、烧断的。

②检查三相电压平衡。此步骤在检查过载保护值时就可在三相电压(主机)表上看到，若有一相明显与其他二相差值大，即不平衡度大于 5% 时，就是过载停机的故障原因了，及时上报有关业务部门处理。

③检看电路其他元器件。

(6)故障及时处理或上报。

针对以上检查出的故障，能处理的要及时处理或上报处理，并做好整个分析检查及处理过程的记录。

(四)技术要求

(1)三相电压不平衡度不大于 5%、三相直流电阻不平衡度不大于 2%、三相对地冷态绝缘电阻不小于 500 MΩ。

(2)过载保护电流为额定电流的 120%。

(3)机组故障原因未查到，没有排除时不能再启动。

(五)安全要求

井下机组故障原因未查到、没有排除时不能再启动，防止启泵时烧毁井下机组。

十二、电动潜油泵井作业质量验收

(一)人员要求

本项目所需人数为 1 人。

（二）准备工作

（1）工具、用具、材料准备：作业施工设计书 1 份，原电动潜油泵井生产数据，电流卡片（日卡）1 张，15m 钢卷尺 1 个，压力表 1 块，计算器 1 个，记录纸，记录笔 1 支。

（2）劳保用品准备齐全，穿戴整齐。

（三）操作步骤

（该课题的操作，以 ××油田 ××电动潜油泵井检泵作业为例，如表 4－1 所示。

表 4－1　×××队×××　电泵井检泵施工设计书

设计日期：2001.07.19

施工目的及原因：检电泵，机组故障							
基本数据	套管	规范	140.0mm	完钻日期	1973.08.21	套补距	2.31m
		深度	1262.6m	完钻井深	1262.3m	四通高	32cm
		壁厚	7.72mm	人工井底	1226.60m	采油树型号	Ⅱ电泵
	射孔情况	日　期		层　位		井　段	
		1973.08.05				912.32～1110.54m	

设计管柱示意图

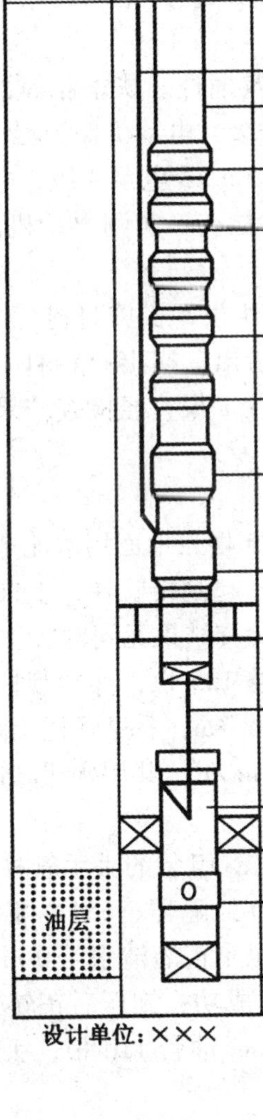

层　位	管　柱	工具名称	型号规范	深度，m
		电缆		
		油管	ϕ62mm	
		测压阀		928.23
		单流阀		937.92
		电泵 电泵	425m^3/d	947.36 956.22
		分离器		956.98
		保护器		958.68
		电动机		968.48
		扶正器		977.89
		插杆		988.16
		活门		986.15
		封隔器	Y441－114/4	986.65
		配产器	635－Ⅲ	988.05
油层		丝堵	ϕ62mm	1084.36

施工工序

1. 接井
2. 施工准备：做好开工准备
3. 洗井
4. 拆电泵井口
5. 提活门：试提活门，观察井口溢流情况
6. 起电泵井管柱：起油管、电缆及电泵机组，检查
7. 下打捞管柱：捞落物
8. 起打捞管柱：捞落物记录全
9. 下刮蜡管柱：下ϕ118mm 刮蜡器
10. 替蜡：刮蜡后必须替蜡
11. 起刮蜡管柱：起刮蜡管柱及刮蜡器
12. 下冲砂管柱：冲砂、探砂面冲砂至人工井底；起冲砂管柱
13. 下丢手
14. 释放：正灌清水，憋压释放
15. 丢丢手
16. 起投送管柱：起出丢手管柱
17. 地面清蜡：蒸汽清洗管，并用内径规通过
18. 量配管柱：做到三丈量三对扣
19. 下电泵管柱：下电泵机组、油管及电缆
20. 插活门
21. 坐电泵井口：装电泵井口，部件齐全，不滋不漏
22. 收尾：完工料净

设计单位：×××　　施工单位：×××　　设计人：×××　　审核人：×××

(1)核实井号及检泵原因和目的，并及时按通知要求洗井。由于电泵井要求较高，所以洗井时，温度、压力要重点控制好。本井例子实际洗井时，温度80℃，洗井液为沉降污水，压力4.0MPa，时间近2h，正常洗通。

(2)准备好与作业队交井。井口设备，特别是控制屏、接线盒等要交接好，电源断开，井口流程(地处寒区时，逢冬季还要保护好地面管线)倒好。

(3)向作业施工队要施工设计书，并仔细阅读，掌握以下内容：

①检泵施工目的：本井主要是正常检查电泵，并有机组故障检测内容。

②施工工序及要求：本井有另外的打捞落物工序，即打捞上次作业施工时留下的1节电动机上接头与机体连接处螺栓断的落物。

③看管柱图：有无变更调节或更换的机组及管柱工具等，做到心中有数，便于重点跟踪好。

(4)待交井后，作业施工队开始吊井口房，校正作业架子，导轮挂好，管桥按标准摆放好后，从套管(阀门外的油管头处)接排污管线至井场外的污油池内，开始拆井口。本井是电泵Ⅱ型采油树，保证井口仪表、配件完好。

(5)上提活门。上提油管0.5 m，实际是上提活门，此时观察套管溢流量，标准是有很小溢流量，本井有一定的溢流量，证实活门不严，需压井；用准备好的水泥车打泥浆压井至压住。

(6)起电泵管柱。起油管、电缆及油管下部带起来的机组及捅杆、扶正器等，该井起出的管柱为：ϕ62mm油管109根及电缆，圣垂425m^3/d电泵4级，电动机保护器。

①该井起出的结果是：ϕ62mm油管109根及电缆，圣垂425m^3/d电泵4级，电动机保护器2级，测压阀、单流阀、分离器、防旋器各1个；各部件检查：实测电动机已烧坏，其他无问题。

②下打捞管柱：该井下Y441打捞器1件，ϕ62mm油管114根，实施打捞(采油管井工，只需注意打捞结果，而不用管打捞过程)，最后原落物被捞出。捞出：Y441－114/41级，拉簧活门，ϕ90mm筛管，ϕ62mm丝堵各1件，ϕ62mm管柱1根；经检查结果是丢手部分全部捞出，起出打捞管柱。

(7)刮蜡冲砂。

①全管刮蜡：该井下ϕ118mm刮蜡器1个，ϕ62mm油管125根，地面用水泥车清水正替蜡至出口见清水；泥浆浸泡27h(防止下步工序发生井喷)后，起刮蜡管柱，上来后仔细检查刮蜡器有无机械损伤和变形，以此来检查套管情况，该井检查结果无问题。

②冲砂：该井下ϕ50mm×100mm冲砂器1件，ϕ62mm油管125根，冲砂管柱，先下放探砂面，该井初探(连续三次下放，数据一致)井底深为1216.3m，上提管柱1.0m，水泥车正打清水冲砂，该井压力、排量分别控制在4.0MPa和21 m^3/d，共用水量36m^3，最后实探(三次)人工井底为1218.38m，起冲砂管柱。

(8)下丢手管柱。下前对采油管井工来说一定要仔细查好，看组装的丢手管柱与设计是否相符；该井丢手管柱是：下ϕ62mm死堵、Y441－114(4)封隔器、654－Ⅲ开关各1件，ϕ62mm油管120根，待下到确定位置，开始释放，用水泥车正灌清水4.0 m^3打压，该井释放压力是18.0MPa，稳压30min，套管无溢流，说明释放成功；卸压后正转管柱30圈后上提负荷下降，证明丢手释放成功；起丢手管柱：起ϕ62mm油管110根，丢手接头

1 个，检查无问题。

(9)地面油管清蜡。该井用锅炉车蒸汽清洗，洗净后，再用 ϕ57mm × 80mm 内径规通油管，通油管时仔细检查每根油管头螺纹情况，有损伤的及时提出更换，丈量下配的机组管柱，并对照施工设计及要求检查好(此时对即将下井机组的检查还需专业技术人员对其进行电性测定，确保无问题)，开始准备下井。

(10)下电泵管柱。将电缆卡子、吊钩、滚筒在地面摆好适合的位置，开始下泵管及电缆，并按标准及时卡好电缆卡子，该井下的是 ϕ62mm 油管 106 根及电缆，圣垂牌 425m^3/d × 1000m 的电泵 4 级，ϕ116mm 电动机 2 级，测压阀、单流阀、分离器、保护器、扶正器、ϕ62mm ~ ϕ50mm 大小头、捅杆各 1 件，电缆卡子 230 个，电缆护罩 8 个。

(11)捅活门，坐井口。在泵管下到接近预定位置时，缓慢下放并观察井口套管返出溢流量，此时该井有明显上返液流证明活门被捅开，要迅速坐好井口，此时井口大法兰内的电缆位置及密封一定要符合要求，装好井口后，配件齐全，达到不渗不漏。

(12)机组电性测试。接线准备启抽投产，先在接线盒处把机组三相电源线及井口与接线盒间的地线接好，用仪表测试井一下机组三相绝缘度及线间直流电阻平衡情况，确认无问题接电源，在控制屏上先调整好试投的欠载、过载整流值，井口倒好生产流程，就可准备投产试运了。

(13)合闸通电，启动试运、验泵。

①观察电流卡片指针及电流表显示情况。

②在井口看油压表变化，听井口动静(一般井深 900 ~ 1200m，30s 就会有液流声冲上来)证实泵正转还是反转，若反转停机调相序。

③验泵：待正常(液流声上来)后，关生产阀门(回压阀门)憋压，观察压力表压力上升情况，证实泵是否正转，有无渗漏、油、套窜现象，切正常后，开生产阀门(回压阀门)正式生产。

(14)在作业施工队清理好井场，坐好井口房后，等量油核实后再与作业施工队进行接井，并及时整理作业施工跟踪记录，报队地质和技术员。

(四)技术要求

(1)压井时注意压井液一定要符合标准，且不能污染地下油层。

(2)投产时的井口憋压压力不能超过 5.0MPa。

(3)在启泵前，装好电流卡片，先把时钟快慢挡拨到“日卡”位置。

(4)坐井口时电缆密封一定要严，否则过后无法处理。

(5)每根油管卡 2 ~ 3 个卡子，绝不能出现电缆缠绕油管的现象。

(五)安全要求

投产憋压时，井口憋压压力不能超过 5.0MPa，防止憋压压力过高憋漏井口。

第五章　螺杆泵基础知识及操作规程

第一节　螺杆泵井地面装置的组成及作用

螺杆泵井地面系统由电控部分和地面驱动部分及配套工具组成，如图5-1所示。

图5-1　螺杆泵地面驱动部分装置

一、电控部分

包括电控箱、电缆等。电控箱是螺杆泵井的控制部分，控制电动机的起、停。该装置能自动显示、记录螺杆泵井正常生产中的电流、累积运行时间等，有过载、欠载自动保护功能，确保油井正常生产。

二、地面驱动部分

地面驱动设备是螺杆泵采油系统的主要地面设备，是把动力传递给井下转子，是转子运转、实现抽汲原油的机械装置。包括减速箱、皮带传动、电动机、密封盒、支架、方卡子，如图5-1所示。

(一)减速箱

减速箱的主要作用是传递动力并实现一级减速。它将电动机的动力由输入轴通过齿轮传递到输出轴，输出轴连接光杆，由光杆通过抽油杆将动力传递到井下螺杆泵转子。

（二）电动机

电动机是螺杆泵井的动力源，将电能转化为机械能。一般用防爆型三相异步电动机。

（三）密封盒

密封盒的主要作用是防止井液流出，起密封光杆的作用。其结构与抽油机井口密封盒相近。

（四）方卡子

方卡子有承重卡子和扭矩卡子两种。主要作用是将减速箱输出轴与光杆连接起来，起悬挂油杆的作用。

三、配套工具部分

（一）专用井口

结构与抽油机井的井口装置基本相同，但是增加了井口强度，减小了地面驱动装置的震动，起到保护光杆和换密封盒时密封井口的作用。

（二）特殊光杆

特点是强度大，防断裂，光洁度高，有利于井口密封。

（三）抽油杆防倒转装置

起防止抽油杆倒扣的作用，如图 5-2 所示。

图 5-2　棘轮、棘爪式防反转装

第二节　螺杆泵采油地面安全操作规程

一、螺杆泵启动安全操作规程

（一）人员要求

本项目所需人数为 1 人。

（二）准备工作

(1) 工具、用具、材料准备：管钳 1 把、电笔 1 只、扳手 1 把、螺丝刀 1 把；选择螺杆泵采油井 1 口，并具备正常运转的条件。

(2) 劳保用品准备齐全，穿戴整齐。

（三）操作步骤

(1) 检查三角皮带松紧度是否合适。皮带紧固后，在皮带中间施加 30N 压力，皮带变形量小于 6.0mm，此时的张紧力为合适。

(2) 检查防反转装置是否灵活可靠。可用管钳逆时针旋转光杆（俯视），如转不动则表明工作可靠。

(3)检查减速箱中的齿轮油是否到位。从箱体油标处可以看清齿轮油的多少，油位在1/2～2/3处为宜。

(4)检查专用井口的清蜡闸门(阻杆封井器)。应处于开启状态，且两边手轮的开启圈数应基本一致。

(5)检查密封是否完好无泄漏。

(6)检查井口流程是否正确导通。

(7)检查电压是否正常，三相电压是否平衡。

(8)检查配电柜空气开关、继电器等关键部件是否动作灵活、电控箱接地是否可靠。

(9)检查光杆方卡子及法兰盘螺栓等部件的紧固情况。

(10)按启动按钮启动螺杆泵。

(四)安全要求(启动后试运行)

(1)检查螺杆泵启动后转动方向，保证正转。

(2)检查驱动装置是否有异常响声及渗漏。

(3)观测运转电流是否正常，是否平稳。

(4)若电流或地面设备振动过大，要马上停机查明原因，整改之后方可再启动。

(5)正常运转5min后，螺杆泵机组运转正常方可离开。

二、螺杆泵停机安全操作规程

(一)人员要求

本项目所需人数为1人。

(二)准备工作

(1)工具、用具、材料准备：
选择螺杆泵采油井一口，并具备正常运转的条件。
(2)穿戴好劳保用品。

(三)操作步骤

(1)检查油井周围是否有障碍物。

(2)按下电控箱停机按钮，即可实现停机。

(四)技术要求

(1)如果防反转装置失效，抽油杆柱高速反转，应立即关闭生产闸门，以延缓杆柱的反转速度。

(2)如果是井下管柱出问题，待修停机要关闭生产闸门，冬季要保证井口保温正常工作。

(3)如果是故障停机，若问题没有处理完要挂停机警示牌，防止其他人误操作。

(五)安全要求

(1)现场停机后处理问题要将配电箱总闸刀拉下。

(2)按下电控箱上的停机按钮，待光杆完全停止转动时，方可到井口进行各项作业，否则严禁到井口进行作业。

三、螺杆泵井更换皮带安全操作规程

（一）人员要求

本项目所需人数为 1 人。

（二）准备工作

(1) 工具、用具、材料准备：扳手 1 把、螺丝刀 1 把、尖头撬杠各 1 把、合适新皮带 1 副、手锤 1 把。

(2) 穿戴好劳保用品。

（三）操作步骤

(1) 准备好一套常规通用工具及新皮带，然后停机。

(2) 卸下皮带安全防护罩，用扳手松开电机支架的紧固螺栓和丝杠。

(3) 调整两皮带轮间中心距，用一组新皮带换下旧皮带（应整组更换）。调整身姿，然后观察“四点一线”情况，可通过用撬杠撬电动机底座槽钢来调整，使两皮带轮达到“四点一线”。

(4) 拧紧丝杠，直至皮带的松紧度合适为止。

(5) 用扳手拧紧电动机支架的紧固螺栓，将电动机固定好，然后启机。

（四）安全要求

(1) 上、卸皮带时，严禁戴手套抓皮带。

(2) 检查两皮带轮平面度，拉线须过两轴中心（实际工作中大多目测）。

(3) 如用顶丝达不到“四点一线”时，可调整滑轨（无滑轨底座的需用手锤敲击电动机底座槽钢来调整）。

(4) 用大锤子时，不要戴手套。

四、更换光杆密封盒动密封安全操作规程

光杆密封盒动密封系统具体结构如图 5-3 所示。

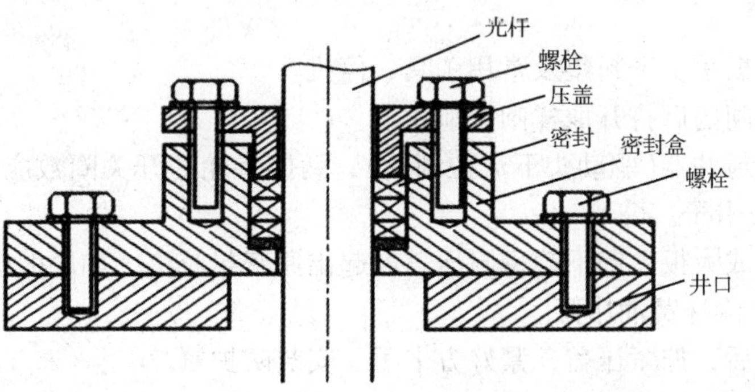

图 5-3　填料密封机理示意图

（一）人员要求

本项目所需人数为 2 人。

（二）准备工作

(1)工具、用具、材料准备：管钳1把、活动扳手1把、螺丝刀1把、同号填料密封垫4~5个，黄油少许。

(2)穿戴好劳保用品。

（三）操作步骤

(1)准备好填料密封垫及常用工具，停机。

(2)关闭生产闸门后泄压。

(3)松开密封盒上压盖。

(4)取出旧填料密封垫，看损害程度和上下垫片是否有损坏。检查密封盒处光杆的磨损情况，如光杆磨损严重要适当调整一下防冲距，改变密封位置。

(5)加入新填料密封垫，要压紧并涂上少许黄油。

(6)加完填料密封垫后，拧紧压盖，但不要过紧。

(7)启动运转。

（四）安全要求

观察密封情况，如有轻微渗漏再紧一下密封盒压盖，但不要过紧。运转24h后要调整一下密封盒的松紧程度。

五、更换光杆密封盒静密封

（一）人员要求

本项目所需人数为2人。

（二）准备工作

(1)工具、用具、材料准备。

管钳1把、活动扳手1把、螺丝刀1把、钩扳手1把，同号密封胶垫，黄油少许。

(2)穿戴好劳保用品。

（三）操作步骤

(1)准备好钩扳手、密封垫及常用工具，停机。

(2)关闭生产闸门后打开取样闸门泄压。

(3)关闭阻杆封井器(驱动头下流控制阀)，两侧手轮的开关圈数应保持一致。打开方卡子护罩，卸下方卡子。

(4)用钩扳手或大扳手卸下静密封压盖，起出原密封胶垫，如原旧密封垫缺失、损坏，则更换新胶垫，并涂抹黄油压紧。

(5)加完胶垫后，拧紧压盖，紧好方卡子，安装防护罩。

(6)缓慢开启阻杆封井器(驱动头下流控制阀)，启机。

（四）安全要求

停泵、关生产闸门，关驱动头下流控制阀，开取样闸门泄压，加密封填料。密封填料加完后关取样闸门，开驱动头下流控制阀，开生产闸门，开泵。

六、更换光杆密封盒机械密封

机械密封一般寿命1~2年，承压2.5MPa。螺杆泵机械密封有上置式和下置式，如图5-4，图5-5所示。

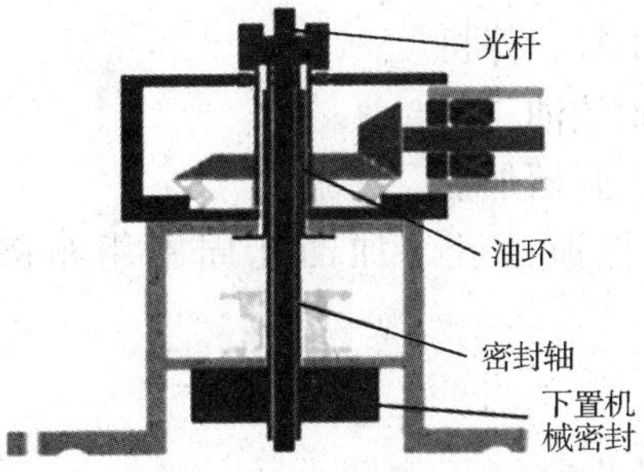

图5-4　机械密封下置密封轴密封系统

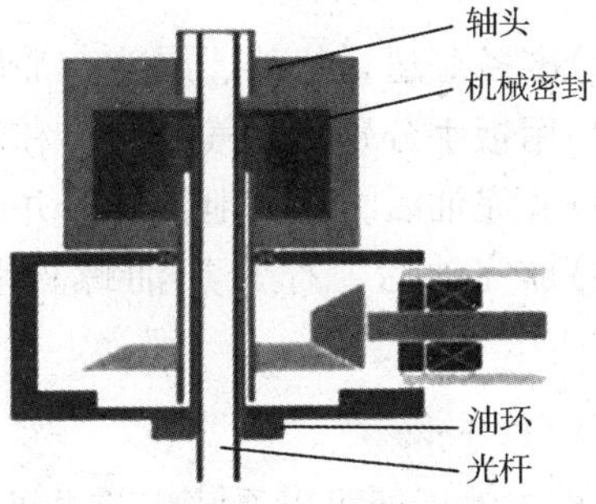

图5-5　机械密封上置密封轴密封系统

下置式机械密封现场无法更换，需将驱动头从井上卸下后回厂更换。下面是上置式机械密封的更换要求。

（一）人员要求

本项目所需人数为2人。

（二）准备工作

（1）工具、用具、材料准备：撬杠、螺丝刀子、常用扳手、内六角扳手、大手锤、卡尺等工具，机械密封装置1套，机油适量。

（2）穿戴好劳保用品。

（三）操作步骤

（1）停机、关闭生产闸门，开取样闸门泄压、关闭阻杆封井器。

（2）关闭阻杆封井器两侧手轮的开关圈数应保持一致。打开方卡子护罩，卸下方卡子。

（3）松开静密封。

（4）松开密封盒顶丝后，用撬杠将密封盒卸下。

（5）卸下机械密封上压盖，用大手锤将机械密封卸下，用布擦拭干净密封盒内套。

（6）装入新机械密封，调整机封安装尺寸，一般为50mm。

（7）安装完后在机封腔内加入机油，油面高于机封运动部分。

（8）装上密封盒，紧好固定顶丝。

（四）安全要求

（1）停泵、关生产闸门，关驱动头下流控制阀，开取样闸门泄压，加密封。密封加完后关取样闸门，开驱动头下流控制阀，开生产闸门，开泵。

（2）操作过程中要注意不能损坏任何一个胶圈，调整机械密封尺寸要合适。

七、螺杆泵减速箱更换齿轮油安全操作规程

（一）人员要求

本项目所需人数为2人。

（二）准备工作

（1）工具、用具、材料准备：常用扳手、机油适量、漏斗、油桶、擦油布。

（2）穿戴好劳保用品。

（三）操作步骤

（1）准备好适量机油、漏斗、油桶及其他常用工具，停机。

（2）用扳手分别卸下气孔螺栓和泄油螺栓，开始放油。

（3）放完油后，拧紧泄油螺栓并卸下加油螺栓，开始加油。

（4）加完油后，拧紧加油螺栓和气孔螺栓，把泄油孔、加油孔周围用布擦于净，启机。

（四）技术要求

从箱体油标处可以看清齿轮油油位1/2～2/3处为宜。

八、螺杆泵调整参数安全操作规程

（一）人员要求

本项目所需人数为2人。

（二）准备工作

（1）工具、用具、材料准备：螺丝刀子、常用扳手、内六角扳手及通用工具，擦油布、皮带轮、黄油适量。

（2）穿戴好劳保用品。

（三）操作步骤

（1）准备好需要的皮带轮、内六角扳手和其他通用工具，并仔细检查皮带轮、轴套和电机轴的配合尺寸是否相符。

（2）停机，待光杆完全停止转动时，方可到井口进行各项作业，卸下皮带护罩，再用扳手松开电机支架的紧固螺栓，前移电机，卸下皮带。

（3）用活动扳手和内六方扳手，分别将皮带轮压紧挡板及锁紧螺栓卸下。

（4）将皮带轮卸下。

（5）将新换的皮带轮、轴套和电机轴的配合面清洗干净，并涂抹黄油。

（6）安装皮带轮。安装过程中用力应缓慢均匀。

（7）上好皮带轮压紧挡板和锁紧螺栓，安装皮带。

（8）拧紧电机支架的紧固螺栓和丝杠，安装皮带轮护罩，启机。

（四）安全要求

（1）应用变频控制的螺杆泵可以通过改变频率来调整转速，但最高频率不能超过70 HZ。

（2）螺杆泵转速调到设备最大允许转速时要通过作业更换更大排量的井下泵来满足生产需要。

（3）该操作由两人配合完成。

九、螺杆泵憋泵安全操作规程

（一）人员要求

本项目所需人数为 2 人。

（二）准备工作

（1）工具、用具、材料准备：管钳、电流表和量程合适的压力表、生料带少许及常用工具。

（2）穿戴好劳保用品。

（三）操作步骤

（1）准备好管钳、电流表和量程合适的压力表。

（2）两人配合，一人观察机组运转电流的变化，另一人观测井口油压的变化。

（3）压力表装在取样闸门上，并卡好电流表，开始憋泵。

（4）缓慢关闭生产闸门，同时严密监视电流及油压的变化速度和幅度。

（5）测完毕后，快速打开生产闸门，并收好电流表和其他工具。

（四）安全要求

在憋泵过程中，应严格控制憋泵时间，严禁憋泵时间过长。憋泵压力不许超过 2MPa。

十、螺杆泵井洗井安全操作规程

螺杆泵分为空心转子螺杆泵和实心转子螺杆泵。对于空心转子螺杆泵井洗井操作同抽油机井；下面是实心转子螺杆泵井洗井操作规程。

（一）洗井原则

正常情况下螺杆泵洗井应按洗井周期进行洗井。一般情况洗井周期为三个月。特殊情况按以下要求进行：

（1）螺杆泵不出油，经现场诊断非管柱原因时，需要洗井。

（2）泵运转电流较正常时增大 30% 的油井，并判断为结蜡井。

（3）卡泵井。

（4）进油通道不畅的井。

（5）在井况条件较差的出砂、出泥浆、结蜡较严重的井。

（6）使用玻璃衬里油管的井原则上不进行洗井，特殊情况下如需要洗井，洗井液温度不能超过 60℃。

（二）常规螺杆泵采油井洗井操作步骤

（1）停机。

（2）用吊车上提光杆，将转子全部上提出工作筒。判断标准为当光杆不转后再提 1m 左右。

（3）上提光杆的吊车大钩必须与井口对中，在上提过程中上提速度要慢，并随着高度的增加不断伸杆，保证大钩垂直井口。上提光杆绳套要打好，保证光杆垂直受力，不弯曲。

(4)关闭阻杆封井器，从套管进行泵车打压，泵车操作要平稳，防止油杆脱扣。油管返液要达到10min以上为合格。

(5)上提光杆时要观察光杆是否旋转，如不旋转要查明原因。洗井中要观察泵车压力情况，如洗不通或起压超过4MPa要停泵查明原因。

(6)洗井后打开阻杆封井器，缓慢下放光杆，重新校对防冲距，打好光杆卡子。

(7)安装方卡子护罩后按启泵操作要求开抽。

(三)技术要求

(1)如清蜡热洗，热洗介质温度不能超过90℃，出口温度不低于60℃。并稳定40min以上。

(2)普通循环洗井，热洗介质(一般指的是循环热水)温度应超过60℃以上，出口温度不低于50℃，并稳定40min以上。

十一、测电流、测电压操作要求

一般有变频器螺杆泵井，配电柜上有电流表和电压表可直接读取数据。无变频器螺杆泵井，电流、电压测试方法同抽油机井。

十二、测扭矩、轴向力操作要求

(一)人员要求

本项目所需人数为2人。

(二)准备工作

(1)工具、用具、材料准备：准备好常用工具，检查设备、仪器正常完好。

(2)穿戴好劳保用品。

(三)操作步骤

(1)停泵。

(2)有阻杆器驱动头要关闭阻杆封井器，两侧手轮的开关圈数应保持一致。无阻杆器驱动头要在驱动头三角罩内、光杆密封盒之上的位置，有一段光杆裸露段，在此位置安装一个光杆卡箍。

(3)卸掉方卡子护罩及方卡子。

(4)将传感器套在光杆上，并使传感器下端的凹键与驱动头上的凸键相啮合，如果缝隙较大，应填充由钢锯条制作的钢片。

(5)装测速磁座，磁座的大磁钢吸附在驱动头减速箱上，小磁钢在传感器上测速感应点运动轨迹的外圆附近，间距小于10mm。

(6)在传感器上重新装上驱动头上的光杆卡子；松开阻杆器或卸下密封盒上的光杆卡箍。

(7)将无线信号发射器用螺栓固定在光杆上。

(8)将无线信号发射器的信号线与传感器连接起来，多余的线应缠绕在光杆上。

(9)打开无线信号发射器电源开关，红色信号灯闪亮一次，表示发射器可以正常工作。

(10)打开测试仪主机，执行同步测试。

(11)启动油井，采集在静止、启动、正常运行、停机和静止过程中的动态、静态载荷、扭矩和转速。保存数据。

(四)安全要求

去井场路上要注意安全。

十三、安全管理要求及日常管理与维护

(1)认真做好巡回检查，发现问题及时处理，做好记录，并上报有关部门。

(2)在施工过程中，操作人员要互相配合，并穿戴好劳保用品，保证生产安全。

(3)严格保证用电安全，停机后一定要将空气开关断开。

(4)螺杆泵驱动头的护罩和电动机传动轮的护罩一定要保持完好。如有损坏在未得到维修完善后严禁开机。以防旋转部位伤人。

(5)冷输管线回压在井口端不许超过 1.5MPa，如回压过高会对螺杆泵静密封造成伤害，严重时造成驱动头的损坏。因此，回压超过规定要求应停机，待回压降低到规定要求时在开机。

(6)冷输井管线回压高用泵车通管线时，必须停泵关闭阻杆器或关闭螺杆泵出口第一道生产闸门，确保螺杆泵密封系统不受泵车压力影响。

(7)在进行有关松卸螺杆泵方卡子的所有操作必须先释放光杆扭矩，防止油杆返弹力造成光杆高速旋转伤人或导致油杆脱扣。

(8)螺杆泵调整防冲距后光杆露出方卡子不允许超过 1m，防止螺杆泵高速运转将光杆甩弯或伤人。

(9)螺杆泵运转初期(投产后 5 天)，每天测量并记录动液面和产液量一次，同时记录井口油压、套压、电流、电压等数据。并根据动液面深度调整井下泵的工作转速，保持螺杆泵井合理沉没度。

(10)螺杆泵稳定运转时，要经常进行巡回检查，发现问题，立即整改，主要内容包括：

①皮带的松紧情况。

②密封盒的渗漏情况。

③减速箱的振动情况及是否有异常声响，箱体温度(≤50℃为正常)及是否有渗漏，并随时检查减速箱油面的高度，以确定是否需要补充齿轮油。

④电动机声音及温度是否正常。

⑤防反转装置是否灵活可靠。

⑥电控箱的接触情况，开关是否灵活可靠，电压、电流是否正常。

⑦关键部件的紧固情况，如光杆方卡螺栓是否松动，配重是否稳固可靠等。

(11)减速箱正常运转一个月后，应停机放掉减速箱体内齿轮油并清洗箱体，加入新的齿轮油后每三个月更换一次(所使用的齿轮油与抽油机减速箱所用润滑油相同)。

十四、螺杆泵井的资料录取要求

螺杆泵井录取资料要达到全准，系指油压、套压、动液面、静液面、产量、电流、电压、原油含水化验资料全准。

(1)油压、套压全准：正常情况下，油压、套压每天录取一次，特殊情况要加密观察。

(2)产量全准：螺杆泵投产和调参后5天内每天量油，对于措施井要求措施前5天，措施后5天内每天量油，以后每5天量油一次；对于产液量变化比较大的井，要加密量油次数。

(3)原油含水资料全准：正常油井每5天取样一次(与量油同日进行)进行含水化验分析。

(4)动液面全准：螺杆泵稳定工作后，每旬(10天)测一次液面，并在同日内测产量，记录转速、电流、油压、套压等数据，液面资料由测试单位计算。

(5)电流电压全准：正常情况下，电流、电压每天录取一次。

(6)静液面全准：每半年到一年测一次静液面。

(7)安装变频控制柜的油井，当意外停机时必须及时记录控制面板上显示的错误信息，根据说明书查出事故类型，问题未处理或未弄清原因不允许开机。

(8)将每天的巡检情况、开、停机情况、故障情况以及处理情况记录在当日的采油班报上。

说明：测动液面、取样、计量、测气、化验与机械抽油井相同。

第六章　注水井生产管理

第一节　注水生产的工作内容与职责

通过本节学习，熟悉注水生产岗位的工作内容，熟悉注水生产岗位的工作职责。

一、注水生产岗位的工作内容

注水生产岗位以搞好注水井生产管理为中心，应做好以下各方面的工作。

（一）注水井的日常管理

（1）录取注水压力、注水量、油压、套压、配注量、注水方式等基础数据，并记录到台账上。按时填写注水井单井日报表，取准数据。

（2）注水井实行“三定、三率、一平衡、三个及时、四个提高”管理。

“三定”是定性、定压、定量。定性是定注水井是平衡井还是加强井，定压是定注水压力，定量是定注水量。按配注量平稳注水，注水井达到配注压力时，不允许出现超注、欠注的现象。“三率”是指分层注水井的测试率、测试合格率、分层注水合格率。“一平衡”是指以阶段注水为基础的年度地下注采平衡。所谓注采平衡即注入油藏水量与采出液量的地下体积相等—注采比为1。“三个及时”即及时取全取准资料、及时进行分析、及时调整。“四个提高”是指提高测试质量、提高注水合格率、提高封隔器的使用寿命、提高施工作业水平。做到注够水、注好水，实现高效平稳地开发油田的目的。

（3）注水量低于或等于150m^3/d时，注水允许波动范围为±5m^3/d；注水量超过150m^3/d时，注水允许波动范围为±10m^3/d。

（4）注水井停注时，要把停注原因、时间记录到台账上。

（5）新转注水井、复注井注水前要洗井，洗井排量为25～30m^3/h，洗井合格后方可注水，并记录到台账上。正常注水井根据压力每季度洗井一次。

注水井洗井必须通知注水站，经注水站同意后方可洗井；停洗前30min要通知注水站。洗井时要做到压力平稳，洗井过程中要按时化验进出口水质情况，待进出口水质基本达到一致时，方可完成洗井操作，恢复正常的注水工作。

（6）分注井洗井后要按配注方案进行分层配注，配注合格后开始注水。

（7）注水井调剖后，一般一周内注水控制在50m^3/d，特殊情况按地质工程设计执行。采油作业区地质组要掌握注水井的作业情况，跟踪作业质量。

（8）注水干压波动不允许超过±0.5MPa。

（9）注水井每4h巡井一次，并做好记录。

(10)井口无脏、松、漏、缺等现象。

(二)注水设备与流程的维修保养

(1)管理好配水间设备与流程。注水井投转注前，要按要求完成排液、洗井、试注等工作，并按地质所给定的配注量实施注水工作。

(2)管理好井口设备与流程。注水井的井口单流阀要灵活好用；精细过滤器要按时检查并充分利用，要建立注水井井口过滤器的反冲洗制度和操作规程，确保井口过滤器畅通好用；及时维修注水设备与流程的松、渗、锈、缺等现象；及时更换注水设备与流程上损坏的阀门、钢圈等。

(三)注水仪表的管理

按规定定期校对仪表，保证压力表、水表与流量计的准确；生产中平稳操作，防止流量的剧烈增加使仪表失灵。

(四)安全生产

注水井井口要保证不渗不漏，注水井现场和井台要做到整洁规范；做好防冻、防人身事故、防止井下落物工作，确保安全、文明生产；原则上注水井不允许放溢流，如确需放溢流时，要经批准后方可实施。

二、注水生产岗位职责

(1)严格遵守各项安全技术操作规程，保证安全生产；熟悉注水工艺流程和设备的结构与性能；正确倒注水生产的各项流程，做好注水设备的维修保养工作。

(2)努力完成本班生产任务及上级下达的各项工作；完成班注水量指标，提高注水合格率；把好注水水质、井下清洁关，把好平稳操作、平稳注水关，把好准确计量关；按时取全取准基础资料，按规定录取吸水剖面的各项资料，做到齐、全、准确，清楚井下情况。

(3)巡回检查中发现问题及时处理、汇报，保证注水管无刺漏发生，保持注水压力平稳，流量符合要求；检查各种设备的工作状况，并按要求对设备进行必要的维护保养。

(4)保持注水仪表工作正常，记录准确，按规定进行仪表的检查与校对；对本岗生产中出现的问题及时处理，对重大问题及时汇报并采取相应的补救措施。

(5)按时交接班，及时研究解决疑难、遗留问题，并在现场逐项交接。

(6)严格执行以岗位责任制为主要内容的各项规章制度，工作中做到不串岗、不睡岗、不脱岗、不违章操作。

(7)及时分析注水井生产状况，及时进行单井或井组动态分析，提出合理化建议。

(8)努力钻研业务，搞好岗位练兵，掌握新工艺、新技术，不断提高油田注水管理水平。

第二节 注水装置与生产流程

通过本节学习，熟悉注水站流程；熟悉配水间与注水井口装置及流程；正确进行注水井开、关操作。

来自地面水源和地下水源的水，首先要送到注水处理站(净化站)进行处理，经过处理达到油田注水水质标准后，再送到注水站，通过注水泵加压，使其达到注水所需要的压力后，输送到配水间，配水间将水分配到各注水井口，通过井口流程控制，将水注入油层。注水系统地面流程如图6-1所示。

图6-1　注水系统地面流程图

一、注水站及流程

注水站是将处理后的水升压，以满足注水压力要求。注水站的设计压力是根据油层压力来确定的，在确定注水站的实际压力时应注意两点：一是当多油层混注时，应以各油层均能完成配注量的最高压力为依据，但井底注水压力应小于地层的破裂压力；二是在地层起伏较大的地区，应考虑注水站与注水井之间地面高差的影响。

(一)注水站的组成

注水站主要是由储水罐、汇水管路、高压离心泵、输水管路等组成的。另外，注水站还装有水量计量及压力计量的仪表，如流量计、水表及压力表等，如图6-2所示。

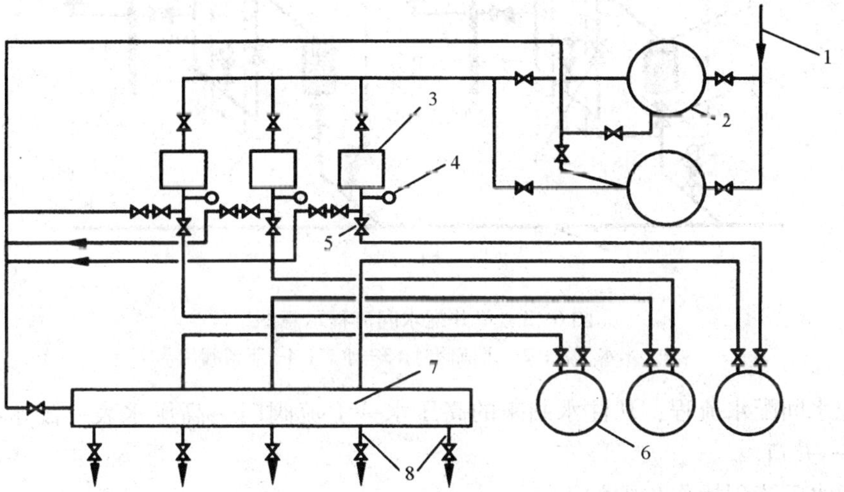

图6-2　注水站设备流程示意图

1—来水管线；2—储水罐；3—高压离心泵；4—压力表；
5—挡板法兰；6—流量计；7—汇管；8—外输管汇

(二)注水站各设备的作用

储水罐：储存水源或水处理站调来的合格水。

高压离心泵：给注水增压，以克服沿程阻力及油层阻力。

管汇：连通储水罐与泵的管汇叫汇水管汇，为倒罐、倒泵提供方便；连通注水泵与配水间的管汇叫分水管汇，分水管汇的作用是将高压水分输到各配水间。

流量计计量装置：主要有流量计或高压水表，用于计量注水站输往各配水间的水量。

（三）注水站的流程

来自水源的水先经过净化处理使其杂质含量及含铁量等指标达到注水水质标准，经泵提升至储水罐内储存。然后，汇水管汇将罐内的水输给高压注水泵，高压注水泵使水增压，达到规定的压力要求后高压水从泵出口进入分水管汇，分水管汇将高压水打入各输水管路，并送到各配水间及井口。

二、配水间与井口

配水间是调节、控制注水井注水量的操作间。将注水站来的高压水按油田注水方案的要求在配水间进行控制和计量。配水间一般分为单井配水间和多井配水间两种。

（一）单井配水间流程与操作

单井配水间是用来调节、控制注水井注水的，其流程与装置比较简单，如图6-3所示。

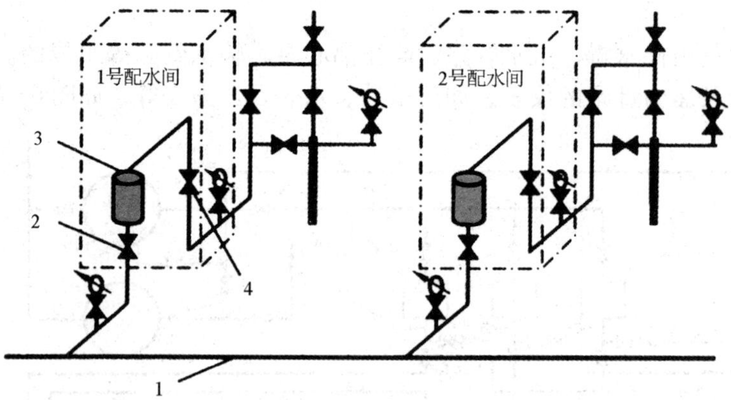

图6-3　单井配水间流程示意图

1—来水汇管；2—上流阀门；3—水表；4—下流阀门

单井配水间配水流程：从注水站来的高压水→上流阀门→高压水表→配水阀门（水表下流阀门）→井口。

单井配水间流程操作步骤如下：

（1）先倒好井口流程，然后微开配水阀门使水表内充满水。

（2）缓缓打开水表上流的配水阀门至最大，然后调节水表下流的配水阀门，控制注水井的注入量。

注意：开配水间上流阀门及高压水表下流的配水阀门时，操作一定要缓慢、平稳。同时要侧身，防止高压水刺出伤人。

（二）多井配水间流程与操作

多井配水间一般可以控制调节2～5口以上注水井的注水。流量计计量的多井配水间流程如图6-4所示。

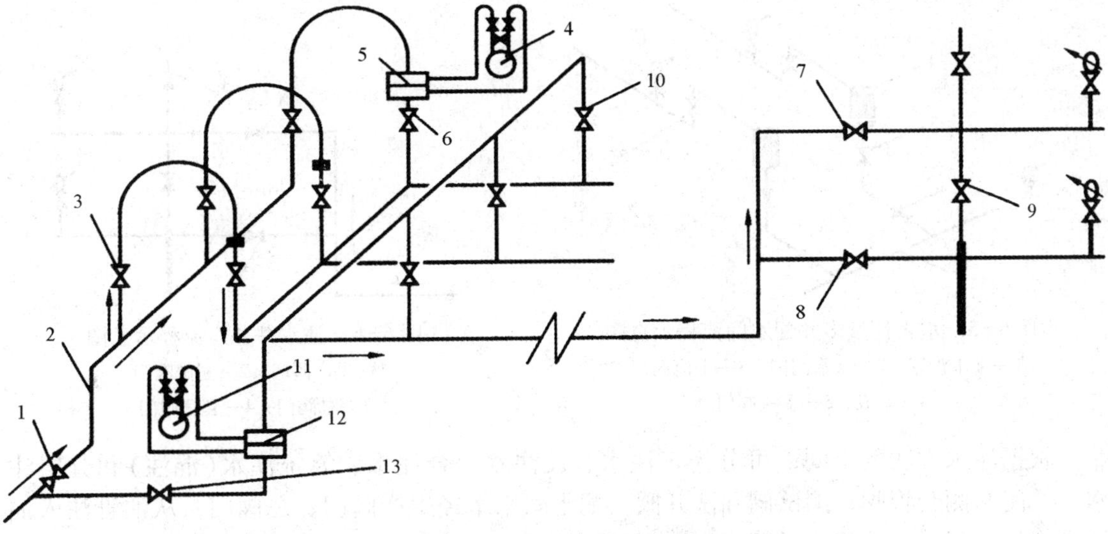

图6-4　流量计计量多井配水间流程示意图

1—来水阀门；2—来水管线；3—上流阀门；4—流量计；5—挡板；6—下流阀门；7—生产阀门；8—套管阀门；9—总阀门；10—洗井旁通阀 11—洗井流量计；12—洗井挡板；13—洗井阀门

流量计计量的多井配水间流程，包括正注水流程和洗井流程两部分。其中，正常注水时流程为：来水管线→来水阀门→流量计上流阀门→流量计→流量计下流阀门→井口。

流量计计量的多井配水间的洗井流程又称旁通流程。其流程为：来水管线→洗井阀门→流量计→洗井旁通阀→井口。正常注水时，配水间的洗井流程是关闭的。在注水井洗井时，水经洗井流程进入井筒内。

水表计量的多井配水间流程：来水汇管→水表上流阀门→水表→水表下流阀门→井口。如图6-5所示。

注意：多井配水间同时对多口注水井注水时，应先开低压井，后开高压井。

1. 流量计计量多井配水间流程操作

(1)关闭各注水井流量计的放空阀，然后开流量计连通阀。

(2)开配水间来水总阀门，然后开流量计上、下流阀门，缓慢关闭流量计连通阀。

(3)调节注水挡板上流阀门，使注水量符合配注要求。然后，再开下一口井。

2. 水表计量多井配水间流程操作

(1)倒好单井井口注水流程后，打开配水间水表的上流阀门，使水表内充满水。

(2)开水表下流阀门，调节下流阀门使单井注水量达到配注要求。然后，再开下一口井。

(三)注水井井口流程

在注水井井口上，采油树的生产阀门、套管阀门与配水间来的管线相连接。整个井口流程如图6-6所示。

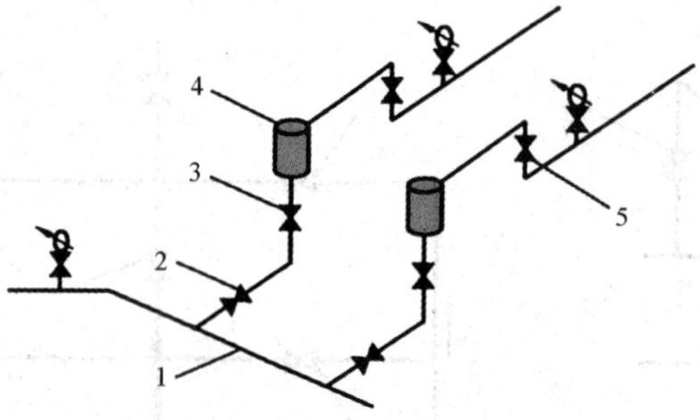

图6-5 水表计量多井配水间流程示意图
1—来水汇管；2—来水阀门；3—上流阀门；
4—水表；5—下流阀门

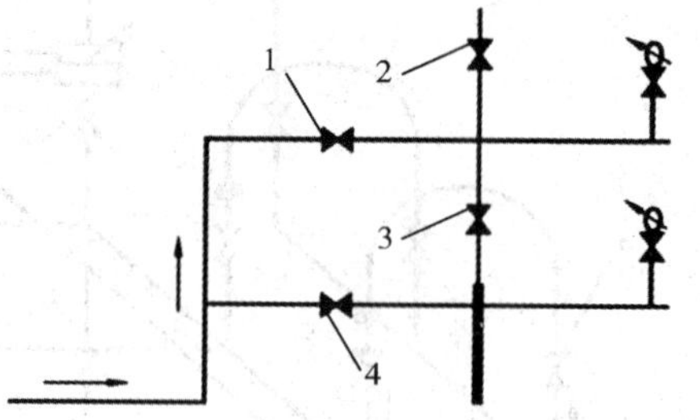

图6-6 注水井井口流程示意图
1—生产阀门；2—测试阀门；
3—总阀门；4—套管阀门

根据注水方法的不同，可分为正注水、反注水、合注水、笼统注水(混注)和分层注水。关闭两侧套管阀、测试阀和洗井阀，配水间来水经生产阀门、总阀门，从油管注入油层中去称为正注；关闭连通阀、生产阀门、总阀、测试阀、洗井阀和测套压阀，使配水间来水从套管阀门进入油套环形空间，并注入油层中称反注；同时开生产阀门与套管阀门注水称为合注；笼统注水(混注)是在注水井上不分层段，在相同的井底压力下进行注水的方法；分层注水是在注水井上对不同性质的油层区别对待，应用分层配水管柱，采用不同井底压力进行定量注水的注水方法。

第三节 注水生产的日常管理

通过本节学习，熟悉注水生产管理的内容及生产规程；准确录取注水生产的资料；熟练进行注水生产操作。

保持注水井有长期稳定的良好吸水能力，保持良好的井况，均衡完成配注任务，是注水生产管理的主要任务。因此，要认真做好注水生产的各项日常管理工作，保证注够水、注好水。

一、注水生产的巡回检查与交接班

(一)配水间与井口巡回检查

每班必须检查一次配水间与井口(交接班检查除外)。检查项目如下所述。

1. 配水间检查

(1)检查来水总阀门有无渗漏，备用流程阀门是否处于正常状态。

(2)检查分水管汇有无渗漏，阀门开关是否符合要求，孔板有无渗漏。

(3)检查水量计量仪表，调节班注水量，记录注水量、泵压和油压。

2. 井口检查

(1)检查生产阀门、套管阀门是否按要求开、关，井口设备及流程有无渗、刺、冻等现象。

(2)检查井口压力，控制好合注井的油压、套压差，记录套压。

（二）注水生产的交接班

在注水生产中，要按要求进行各班次交接班。交接班时，要沿巡回检查线路逐点逐项交接，交接内容有：

（1）本班注水任务完成情况，安全生产情况。

（2）注水设备与流程工作情况。

（3）资料收集及填写情况，仪器、仪表工作情况。

（4）交接工具、用具。

交接生产注意事项，做到六个不交接：井、站生产情况不明不交接；资料不全、不准、填写不清楚不交接；井、站设备及其他地面设施不符合要求不交接；仪表、工具、用具缺损不交接；生产措施及规格化执行不好不交接；生产中存在的问题未处理完不交接。

二、冲洗输水管线

遇下列情况之一者，必须冲洗输水干线：

（1）新投入使用的输水管线，或管线停用超过24h。

（2）注水井井口取样化验，化验结果不符合规定标准。

（3）注水站误将不合格的水打入输水管线中，或注水干线因长期运行，管壁内附有大量固相杂质、细菌繁殖产物等已经影响注水水质。

（4）注水井长期关井，重新开井注水须冲干线，冲洗输水管线操作步骤如下：

①关闭正常注水流程。正注井关闭总阀门；反注井关闭套管阀门；合注井先关套管阀门，后关总阀门。关闭配水间该井的注水孔板上、下流阀门。

②开冲洗流程。开井口生产阀门与测试阀门，接好放水管线，缓慢打开配水间该井的洗井旁通阀、再开洗井来水阀，打开洗井流量计阀门计量冲洗水量；冲洗输水管线的排量要大于洗井排量，采用大—小—大的排量进行冲洗（小排量为30 ~50m^3/h，大排量为大于注水时通过的最大排量）。冲洗输水管线时，当出口水质经化验符合规定要求后，应继续冲洗2h方可转注。

注水干线的冲洗应逐条分段进行，防止注水压力产生较大波动，保护注水机泵设备的安全。冲洗前可预先向干线内加入化学药剂，分解清除管壁内的杂物。冲洗时可以采用跟踪弹性清管球塞刮除管壁杂物。

三、注水井日常生产操作

（一）注水井开井操作

1. 准备工作

（1）工具、用具、材料准备："F"型扳手1把，200mm、375mm、450mm活动扳手各1把，黄油、棉纱少许，记录笔、纸。

（2）穿戴好劳保用品。

2. 操作步骤

（1）井口检查项目。注水井开井前认真检查井口、配水间的设备与流程，安装好注水仪表；新投注的井及输水干线，要试压、扫线。按洗井要求对注水井洗井，达到水质合格。

检查管路、阀门、法兰等连接部位是否渗、漏，仪表是否完好、准确，冬季要检查管线以及井口有无冻结处。

(2)检查配水间流量计或水表是否完好。

(3)按注水方式正确倒流程。用“F”扳手先开井口阀门，后开配水间阀门；若正注井，开井时先打开生产阀门和总阀门；若反注井，开井时先打开套管阀门，后关闭生产阀门。

(4)打开配水间来水阀门。

(5)使用流量计计量的配水间操作：

①先侧身打开投注井流量计挡板的下流阀门，然后侧身缓慢打开分水器上流阀门，听到过水声时停止操作，注意观察压力表及流量计指针的变化，当压力慢慢上升，达到平衡时再逐渐开大上流阀门一直到注水压力正常。

②开大流量计上、下流阀门，关闭连通阀门，侧身稍开(或稍关)分水器上流阀门调整水量。

③观察流量计指针，如有下降，应及时调整水量到合格为止。

(6)使用高压水表的配水间操作：

①先侧身缓慢打开分水器上流阀门，然后侧身缓慢打开水表的下流阀门，听到过水声时，停止操作，注意观察压力变化，让水表内充满水，再慢开水表上流阀门，当压力慢慢上升达到平衡时再逐渐开大上流阀门，调节水表下流阀门一直到注水压力正常。

②侧身稍开(或稍关)分水器下流阀门调整水量。

③观察水表计数变化情况，读数稳定后，如注水量下降，及时调整水量到合格为止。

(7)记录开井时间、水表底数、注水压力等有关资料。

(8)收拾工具，清理现场。

3. 技术要求

(1)多井或成排注水井开井时，遵循先开低压井，后开高压井的原则。

(2)对有封隔器的合注井，先开总阀门，使封隔器坐封后，根据前后注水量检查是否密封，先按注水井正注步骤开井，使注水井正注，控制好正注量。无渗漏时再缓慢打开套管阀门，控制好套注量，保持油压、套压差在0.5~0.7MPa之间。如果套管采用定压注水，则调整套管阀门使套压稳定在规定范围。记录开井时间、注水压力、水表底数等。

(3)用流量计计量水量的配水间应全部打开分水器下流阀门，控制上流阀门；用水表计量水量的配水间控制分水器下流阀，上流阀全打开。

(4)对于新井或停注超过24h的井，开井前要先洗井。

4. 安全要求

(1)操作时注意安全，防止刺漏，开关阀门时应侧身，防止阀门丝杠飞出伤人。

(2)在操作时避开卡箍接口处，防止高压水刺出伤人。

(二)注水井关井操作

1. 准备工作

(1)工具、用具、材料准备：“F”型扳手1把，200mm、375mm、450mm活动扳手各1把，记录笔、纸。

(2)穿戴好劳保用品。

2. 操作步骤

(1)用“F”型扳手先关配水间分水器的上流阀，切断注水站来水，后关井口总阀门。

(2)合注井在井口关井时，先关配水间流量计上流阀门，再关套管阀，后关总阀门或生产阀；正注水井在井口关井时，关闭生产阀；反注水井在井口关井时，关闭套管阀。

(3)记录关井原因、时间和压力，填写资料，收拾工具，清理现场。

3. 技术要求

(1)多井或成排注水井关井，应先关高压井，后关低压井。

(2)注水井酸化、压裂前关井，要紧固井口螺钉，确保施工时不渗不漏。

(3)冬季注水井长期关井，要放溢流或需用压风机扫地面管线，总阀门以下用保温材料包好；短期关井，地面管线及井口要放空，以防管线冻坏。

4. 安全要求

安全要求与注水井开井操作相同。

(三)注水井巡回检查

注水井巡回检查主要是检查注水井管线、各连接部位是否有漏失现象，压力及注水量资料是否准确，以保证注水井能够定压、定量完成配注任务。

1. 准备工作

(1)工具、用具、材料准备：“F”扳手1把，300mm、375mm活动扳手各1把，棉纱少许，记录 笔、纸。

(2)穿戴好劳保用品。

2. 操作步骤

(1)检查该注水井的井口管线是否有穿孔漏水现象。

(2)检查注水井各连接部位有无松动、渗漏现象，检查各阀门开关情况。

(3)录取并记录油管、套管压力值。

(4)检查配水间各闸门有无渗漏现象

(5)录取注水量，并填写报表。

(6)检查配注的完成情况，根据泵压的变化调整好注水量。用棉纱擦拭井口，收拾工具，清理现场。

3. 技术要求

(1)注水井井口、配水间各阀门零部件无缺损、无渗漏，清洁无腐蚀。

(2)按时校验压力表，注水量按配注及层段性质的要求进行。

(3)按时录取各项资料，并要求齐全准确。

(4)根据生产情况提出该井合理措施和建议。

4. 安全要求

检查、擦拭井口时要避开卡箍接口处，防止高压水刺伤人。

(四)倒注水井正注流程

正注是注水开发油田最常用的注水方式，倒注水井正注流程是管理好注水井的基本操作技能。

1. 准备工作

(1)工具、用具、材料准备：“F”型扳手1把，200mm、375mm、450mm活动扳手各

1 把，黄油、棉纱少许，记录笔、纸。

(2)穿戴好劳保用品。

2. 操作步骤

(1)检查放空(洗井)阀门、套管出口阀门、油管出口阀门、套管进口阀门、测试阀门等是否关闭，检查油管进口阀门及注水总阀门是否灵活可靠。

(2)检查各部件连接箍是否牢固可靠。

(3)检查油井油套管压力表是否在压力允许范围内。

(4)用“F”型扳手开注水井井口注水总阀门。

(5)开油管进口(注水)阀门。

(6)通知配注站依次打开配水间的上流阀门、下流阀门，并控制水量。

(7)打开套管出口阀门，打开注水井井口油管、套管压力表阀门，并记录压力值。

(8)检查注水管线及井口有无渗漏。

(9)记录水表底数、开井时间、泵压、油套压。

(10)收拾工具，清理现场。

3. 技术要求

(1)按配注方案定压、定量注水，实际注水量与配注量应相等。

(2)井口若装有洗井所用的放空管线，一定要在开油管进口阀门前卸掉。

(3)注水井停注若超过 24h，要先洗井，再开井。

(4)刚洗完井，注水量一定要控制适当，测完套压后必须关闭套压阀门，进行放空。

4. 安全要求

(1)工具使用时，要轻拿轻放，避免敲击和碰撞；操作要平稳，规格型号要配套，防止打滑伤人。

(2)开关阀门要平稳，同时人应侧身站在阀门旁边，避免丝杠飞出伤人。

(3)在操作时避开卡箍接口处，防止高压水刺伤人。

(4)操作结束后，必须确认流程是否正确，观察压力正常后方可进行或离开。

(五)注水井正注改反洗井

注水井反洗井主要是为了清除注水井井底附近由于结垢而产生的堵塞现象，它也是采油工注好水、管理好注水井的一项比较简单的操作技能。

1. 准备工作

(1)工具、用具、材料准备：“F”型扳手 1 把，250mm、375mm 活动扳手各 1 把，600mm、900mm 管钳各 1 把，$1m^3$ 或 $1.5\ m^3$ 量水池 1 个，洗井管线 1 根，秒表 1 块，水质化验仪器 1 套，药品适量，棉纱少许，记录笔、纸。

(2)穿戴好劳保用品。

2. 操作步骤

(1)检查配水间、井口各阀门、管线及各部件连接箍有无渗漏。

(2)检查套管出口阀门、套管进口阀门、油管出口阀门及试井阀门是否关闭，检查油管进口阀门及注水总阀门开关是否灵活可靠。

(3)检查油管、套管压力表是否在压力允许范围内。

(4)在井口将洗井管线与量水池连接好，并用管钳上紧。

(5)与注水站和配水间联系，站内改为旁通洗井流程，准备洗井。

(6)用"F"型扳手打开油管出口(洗井)阀门、洗井放空阀门，关闭注水总阀门，冲洗管线，当冲洗管线初期和末期管线水质一样时即可结束冲洗管线操作。

(7)打开注水总阀门、套管进口阀门，关油管进口阀门，开始洗井。

(8)在井口通过注水总阀门或套管进日阀门控制洗井排量：

①微喷不漏阶段用排量 15～$20m^3/h$ 洗 1～2h。如果出口的水还是黑臭的，要延长到水清洁为止，当排量为 $15m^3/h$ 要稍喷，喷量一般不大于 $3m^3/h$。

②平衡洗井阶段排量 25 m^3/h，进出口排量一致，达到进出口水质相同；

③稳定洗井阶段排量 $30m^3/h$，进出口排量一致，稳定 2h。

(9)洗井开始、结束时，分别取水样，化验总铁、机械杂质含量。

(10)进出口水质一致，方可结束洗井。

(11)打开油管进口阀门，关闭油管出口阀门、套管进口阀门和洗井放空阀门。

(12)与站上联系倒回正常注水流程。

(13)将有关数据通知注水站，收拾工具，清理现场。

3. 技术要求

(1)新井投注前的洗井，必须冲洗地面管线。

(2)量水池一定要放平。

(3)洗井不能中断，以保证洗井质量。洗井时进出口水量要基本相同，要求微喷不漏，喷量控制在 $2m^3/h$ 左右，若发现漏失应立即停止洗井，以防油层受到污染。

(4)洗井中排量最高不能大于 $30m^3/h$，进出口水质分析一致，方可转注。

(5)对安装井下配水器的井洗井时，先关井，拔出芯子，洗井合格后先关井再重新投芯子后恢复注水。

(6)对于井下有封隔器的注水井只能反洗，不能正洗。

(7)无进出口计量设备时不准进行洗井。

(8)开阀门时听到阀门过水声一定要停下，待水声消失(压力升起)后再逐渐开大。

4. 安全要求

(1)工具使用时，要轻拿轻放，避免敲击和碰撞；操作要平稳，规格型号要配套，防止打滑伤人。

(2)开关阀门要平稳，人应站在阀门侧边，避免丝杠飞出伤人。

(3)操作时避开卡箍接口处，防止高压水刺伤人。

(4)洗井时井口必须有人值班，发现井口有气体返出后要注意防火。

(5)操作结束后，必须确认流程是否正确，观察压力正常后方可进行注水或离开。

(六)测注水指示曲线操作

把不同注水压力下相应的注水量绘制成压力－注水量关系曲线，即为注水指示曲线。在注水井生产岗位应测取注水井全井指示曲线，为注水井分层测试提供基础资料。

1. 准备工作

(1)工具、用具、材料准备："F"型扳手 1 把，校对合格的流量计(或水表)，合适的注水孔板，记录笔、纸。

(2)穿戴好劳保用品。

2. 操作步骤

测指示曲线前要校对好流量计(或水表)、压力表，选择并更换合适的注水孔板。测指示曲线的方法有两种，一种是降压法，另一种是升压法。操作分别如下：

（1）降压法测指示曲线操作：

①以该井正常注水时的压力、注水量为第一点，记录注水压力与日注水量。

②测第二点。使用流量计的井，关小注水孔板上流阀门；使用水表的井，关小水表下流阀门。使注水压力下降0.5MPa并稳定15～30min后，记录第二点注水压力及日注水量。

③按②所述方法，依次降压0.5MPa，共测5个点的注水压力及相应压力下的注水量。测完后，使注水井恢复正常注水。

（2）升压法测指示曲线操作：

①测第一点：记录该井正常注水压力下的日注水量。

②调整注水压力，使注水压力上升0.5MPa并稳定15～30min后，记录此时注水压力与日注水量。

③按②所述方法，依次升压0.5MPa，测取其余各点注水压力与日注水量，共测5个点。测完后，恢复注水井正常注水。

3. 技术要求

（1）在测试时，油井油套管压力表应在压力允许范围内。

（2）降压法测指示曲线时，注意水井是使用何种类型的计量仪表，选择调节不同的阀门来调整注入量。

（3）测试结束后，注水井恢复正常注水。

（4）所用资料要真实，并对比分析。

4. 安全要求

（1）整个操作过程特别是开阀门时一定要平稳、缓慢，身体要侧躲开手轮走向。

（2）降压法测试时使用流量计的井，关小注水孔板上流阀门；使用水表的井，关小水表下流阀门。

（3）使用“F”型扳手时，开口要背向阀体。

（七）调整注水井注水量操作

调整注水井注水量是采油工管理注水井、注好水的一项比较简单的操作技能。通过操作训练，使操作者能够正确进行调整注水井注水量操作，加深对定压定量概念的理解。

1. 准备工作

（1）工具、用具、材料准备：选择单井配水间注水井1口，注水指示牌内容齐全、准确，井口仪表齐全、符合要求，“F”型扳手1把，计算器1个，秒表1块，笔、纸。

（2）穿戴好劳保用品。

2. 操作步骤

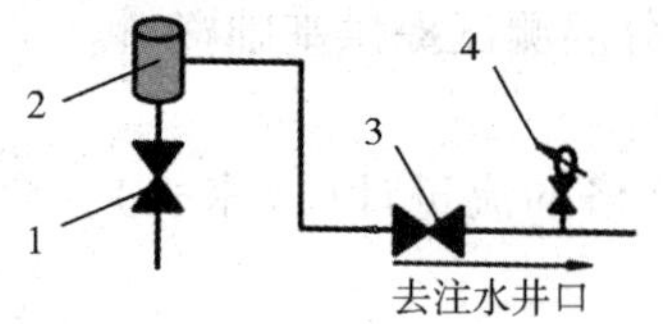

图6-7 注水井调控注水量流程示意图
1—注水上流阀门；2—水表；
3—注水下流阀门；4—油压表

（1）携带好工具、笔、计算器、秒表到井口现场，检查注水装置、定压定量注水指示牌及测试日期，注水井调控注水量流程示意图如图6-7所示。

（2）核实注水井油压值与指示牌上的定压范围控制情况，并将目前注水油压、卡水表瞬时水量与指示牌上的对应压力、水量进行对比，根据情况确定是否需要调整水量及注水泵压是多少。

(3)调整注水量：

①如果上述核实压力、卡瞬时水量后认为是欠注的，则需要上调整注水量。用“F”型扳手缓慢开注水下流阀门——注水调控阀门使压力上升0.2～0.4MPa，等几分钟(5min 左右)稳定后，用秒表卡水表瞬时水量，如还达不到定量范围，可再继续开注水调控阀门，提高注水压力，但不能超过指示牌上的最高压力值 p_{max}；若注水压力已到最高值时，水量还注不到定量范围，需做其他核实检查工作。

②如果用秒表卡水表瞬时水量，水量超过定量范围，则要控制降低压力来调整控制注水量，即缓慢关注水调控阀门，也同上面一样不要一次调整过大，等稳定后，用秒表卡水表瞬时水量，是否在定量范围内，如还超范围，继续关注水阀门，再下调注水量，至达到合格为止；若压力调到定压下限值 p_{min}时，瞬时水量还超，需做其他核实检查工作。

(4)在调控合适后，记录注水油压及瞬时水量和水表底数并上交。

3. 技术要求

(1)操作阀门时一定要平稳，防止损坏计量仪表；调控水量一定要用下流阀门调控。

(2)卡水表瞬时水量折算方法：即卡1min 水表水量，再折算成小时和日的水量。

(3)上调水量即开大下流阀门后，泵压与控制注水油压相同就不必再上调了。

(4)调大注水量时应先将水量调过配注量，再慢关回阀门使配注量达到配注要求。

4. 安全要求

(1)检查流程是否正确，确认没有泄漏，防止流程倒错引起高压水刺漏事故。

(2)开关阀门时一定要侧身，避免丝杠飞出伤人。

(3)在操作时避开卡箍接口，防止高压水刺伤人。

(八)注水井生产状况分析

在注水井的日常管理中，注水压力、注水量等都不断变化，主要原因有管理因素、设备因素及地层因素等的影响。通过对注水井吸水量变化状况等生产数据的综合分析、评估分析，找出存在问题，并最终提出解决问题的建议。

1. 准备工作

(1)工具、用具、材料准备：“F”型扳手1把，记录笔纸。

(2)穿戴好劳保用品。

2. 操作步骤

(1)注水井油压、套压变化分析，正注井的油压随泵压变化；正注井的套压表示油套环形空间的压力，下有封隔器的井，套压只表示第一级封隔器以上油套环形空间的压力。注水井油压、套压变化的原因有：

①注水站泵压变化；注水管线有渗漏或穿孔、堵塞；井口阀门损坏；压力表失灵。

②井下管柱故障，如封隔器失效、管外窜槽、管柱底部阀不密封、节流器失效、油管柱穿孔及井下水嘴堵或脱落等。

(2)注水量变化分析，注水井的注水量变化，主要原因有：

①注水仪表失灵，注水孔板孔径刺大。

②注水站泵压波动或井口流程倒错，阀门闸板脱落。

③井下故障，如封隔器失效，井下水嘴堵塞或脱落、刺大，节流器失效，管柱漏，管外窜槽等。

④油层采取增注措施后，注水量增加，油层孔隙堵塞，吸水能力变小。

(3)封隔器失效分析，注水井井下封隔器失效的主要原因：

①注水井开关井次数过多，或在开关井过程中倒错流程。

②注水站突然启泵或停泵，使注水压力剧烈波动，造成胶筒破裂。

③注水井油套压差小于0.5～0.7MPa，或配水嘴过大，使封隔器胶筒未胀开；管柱下部阀不严；配水器失灵。

④套管变形或封隔器卡在射孔炮眼上，导致封隔器不密封。

3. 技术要求

(1)所用的资料要真实，对比分析要清楚。

(2)用于对比分析的仪器、仪表必须准确无误。

4. 安全要求

严格按照各种操作规程的要求进行。

第四节　换装注水井流量计挡板

通过本节学习，使操作者能够掌握如何正确更换挡板，加深对挡板压差测注水水量原理的认识。

流量计按工作原理主要分为差压式和速度式两种。差压式流量计由节流装置、导压管和显示累计仪表组成；速度式流量计有螺翼式、涡轮式和电磁式等几种形式。

差压式流量计的节流装置是设置在管道中使流体产生局部收缩的节流元件、取压装置及前后一段管道(测量管)的总称。换装注水井流量计挡板就是换装节流元件的标准孔板。标准孔板上具有圆形开孔，并与管道同心。直径不同的标准孔板，结构形式是几何相似的。

一、准备工作

(1)工具、用具、材料准备：选择使用双波纹管流量计的配水间1座，根据配注水量的要求准备好指定被换的挡板一副(主、副挡板)，22～24mm梅花扳手1套，200mm活动扳手1把，150mm普通游标卡尺1把，250mm螺丝刀1把，350mm小撬棒1个，软金属棒1个，垫圈2个，黄油及棉纱少许。

(2)穿戴好劳动保护用品。

二、操作步骤

(1)携带好工具、用具及被换挡板来到配水间。检查注水流程及测量挡板装置，如图6-8(a)、图6-8(b)所示。注水井不停注更换注水挡板时，倒好配水间旁通流程，能满足更换条件就可操作。

(2)倒流程。关闭流量计上、下流阀门，开流量计平衡阀，卸流量计上的卸压孔压帽，放空泄压。

(3)确认无误后，用活动扳手卸松挡板节流装置上的4个法兰螺栓，卸松后取下2个

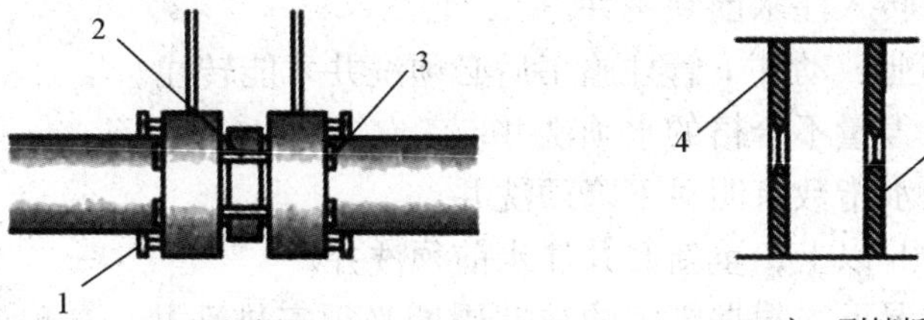

图6-8　流量计挡板及装置示意图

1—顶丝；2—挡板架；3—法兰螺栓；4—副挡板；5—主挡板

螺栓(即靠近操作者一面的)。

(4)用顶丝均匀顶开两片法兰，用螺丝刀取出挡板架，用软金属棒冲出原挡板，取出主、副挡板，用棉纱擦干净，用游标卡尺检测两挡板孔径尺寸大小，如与新的数据相符，即可进行更换。

(5)换新的主、副挡板。将新的挡板涂抹上少许黄油后放入挡板架内，注意主、副挡板位置不要装反；再将挡板架放入两法兰之间并使之对中进入槽内，使挡板锥度朝下流方向；调整挡板中心挡使之对正管线中心，缓慢均匀松开顶丝到位。

(6)对角均匀上紧4个法兰固定螺栓，再用棉纱把法兰缝隙擦干净。

(7)倒回流程，把注水流程倒过来试压，微开流量计上流阀门试压，上紧卸压孔压帽。

(8)试压合格并确认不渗不漏无误后，倒正常注水流程。收拾工具，交工。

三、技术要求

(1)安装挡板时喇叭口方向一定要朝向下流方向。

(2)在安装主、副挡板时，应注意副挡板在前，主挡板在后。

四、安全要求

(1)操作时人要选择好操作位置。

(2)倒流程操作阀门时一定要平稳，防止损坏计量仪表。

(3)必须在压力平衡后且不渗不漏时才能转入正常注水。

第五节　注水井洗井

通过本节学习，了解洗井的目的及洗井条件；掌握洗井方式，并学会洗井操作；知道洗井注意事项。

注水井洗井是注水井管理的一项重要工作，目的是清除井下腐蚀物和杂质，保持井底清洁，防止污物进入地层，堵塞油层孔隙，影响注水效果。

一、注水井洗井方法与要求

(一)注水井洗井条件

注水井有下列情况之一者，必须进行洗井：

(1)排液井和油井转入注水前须洗井。

(2)注水井井下作业，动井下管柱施工后必须洗井才能转注。

(3)注水井内注入大量不合格的水须洗井。

(4)正常注水井吸水指数有明显下降须洗井。

(5)注水井停注24h以上，重新开井注水前须洗井。

(6)在正常注水情况下，根据规定的洗井周期必须安排洗井，一般每月或每季度洗井一次。

(二)对注水井洗井的要求

注水井洗井时，必须坚持“一大、二平衡、二点一致、四不准”的原则。

一大：洗井排量要大，保持15～30m^3/h。

二平衡：洗井时进、出口排量平衡，或出口排量略高于进口排量1～2m^3/h。

二点一致：洗井时进口、出口水质一致。

四不准：水量不足、水质不合格不准洗井；井口设备与流程有问题，污水无回收设施不准洗井；仪表不灵、不全不准洗井；洗井措施不全、不清不准洗井。

(三)注水井洗井方法

对于不同注水方式的注水井应采取不同的洗井方法。洗井方法一般有正洗井、反洗井两种。

1. 正洗井

洗井液从油管进入井筒，从油套环形空间返出井口，此种洗井方式为正洗井。由于油管的截面积一般小于油套环形空间的截面积，所以洗井液在油管中的流速大于在油套环形空间的流速。因此，正洗井时对井底的冲力较大，有利于冲净井内管柱中的污物。但是，下有封隔器的注水井，一般只能反洗井。

2. 反洗井

洗井液从油套环形空间进入井筒，从油管中返出井口，此种洗井方式称为反洗井。反洗井时，洗井液携带污物能力较强。

对正注井采取正洗－反洗－正洗的方法；对于反注井采取反洗－正洗－反洗的方法，下有封隔器的井只能用反洗的方法。

二、注水井洗井操作

(一)准备工作

(1)工具、用具、材料准备：600mm、900mm管钳各2把，备用阀门、洗井胶皮管(或管线)，350mm、375mm活动扳手各1把，量水池及药品。

(2)穿戴好劳保用品。

(二)操作步骤

1. 洗井前准备

(1)检查配水间、井口各阀门、管线及连接部位有无渗漏。

(2)选择合适的挡板，按操作步骤更换挡板(如原挡板合适则不必更换)。

(3)检查校对流量计或水表计量误差，要求用三种不同的排量校对，流量计误差不大于1%，水表误差不大于5%。

(4)准备出口量水池以及化验水质所用的仪器、药品。

2. 洗井操作步骤

(1)根据注水井注水方式选择洗井方式，选择合适的挡板，接好管线。

(2)倒好井口流程。正注井应先正洗然后反洗再正洗；反注井应先反洗然后正洗再反洗。正注井洗井时，先开井口总阀门，再开井口生产阀门；反注井洗井时，先开套管阀门，然后关闭井口生产阀门。

(3)打开配水间洗井分水器上流阀门并控制进口水量，用井口总阀门或套管阀门控制出口水量。

(4)操作平稳，调整洗井排量，排量由小到大缓慢提高，洗井时一般开始以$15m^3/h$排量洗井1~2h，然后提高水量到20~$25m^3/h$洗井1~2h，再提高水量到$30m^3/h$洗井4~6h，然后保持$25m^3/h$排量洗井至合格，并保持配水间压力波动不超过0.2MPa。

(5)定时量出口水量，定时化验水质，按规定排量洗井。

(6)洗井至出口水质分析化验合格后再稳定2h，即可转入正常注水。

(三)技术要求

(1)洗井不许中断，以保证洗井质量。

(2)洗井时进出口水量要基本相同，最大洗井排量不能超过$30m^3/h$。对长时间洗井仍达不到合格标准的分层注水井，可用$40m^3/h$的大排量洗井。洗井时不许发生井漏，要求微喷不漏，喷量要在$2m^3/h$左右，绝对不允许漏失，若发现漏失(即井口进水量大于出口水量)应立即停止洗井，以防油层受污染。洗井过程中，每1~7h量一次出口水中含砂量，记录一次压力及排量，出口含砂量不超过2%。

(3)当洗井不通时，只准正注正憋，井正喷只能反憋，反喷只能正憋。洗井不通的原因有地面管线堵塞或冻结；倒错流程，闸阀的闸板脱落；油管底部循环阀关闭；封隔器胶筒未收缩；井底砂面上升，砂堵进液挡等。

(4)安装井下配水器的井洗井前按关井要求关井，拔出芯子，洗井合格后先关井投芯子再改注水。

(5)开阀门时，听到阀门过水声一定要停下，待水声消失(压力升起)后再逐渐开大阀门。

(6)对下有封隔器的注水井只能用反洗的方法。

(四)安全要求

(1)无进出口计量设备不准洗井，洗井时井口不准离人，返出口有气时注意防火。

(2)工具使用时，要轻拿轻放，避免敲击和碰撞；操作要平稳，规格型号要配套，防止打滑伤人。

(3)操作时避开卡箍接口处，防止高压水刺伤人。

(4)操作结束后，必须确认流程是否正确，观察压力正常后方可进行注水或离开。

第七章 油水井资料管理

第一节 工作内容与职责

通过本节学习，熟悉油水井资料岗的工作内容，做好油水井资料的录取、整理、上报与应用工作。

一、油水井资料岗的工作内容

油水井资料岗的主要工作是录取、上报油水井原始资料，进行油水井资料的整理与计算。

（一）油井原始资料的录取与收集

油井必须录取、收集的原始资料有：

(1)产量资料，包括日产液量、日产油量、日产气量等。

(2)压力资料，包括油压、套压、回压等。

(3)原油分析资料，包括原油含水率、黏度、含砂量及其他原油物理性质分析资料。

(4)油井测试资料，包括油井找水、测压、液面测试、示功图测试等资料的收集、整理。

(5)油井井下作业资料，包括油井压裂、转抽、检泵、堵水、大修等施工资料及油井措施效果对比资料等。

（二）注水井原始资料录取与收集

注水井必须录取与收集的原始资料有：

(1)注水量资料，包括单井的全井日注水量及分层日注水量资料。

(2)注水压力资料，包括注水井油压、套压、泵压等资料。

(3)注水井测试资料，包括注水井分层测试资料与压力资料。

(4)水质资料，包括注入水的含铁、含油、含机械杂质等分析资料。

(5)洗井资料，包括注水井的洗井日期、排量、出口水质化验等资料。

(6)注水井井下作业资料，包括注水井压裂、酸化、调整资料。

（三）资料整理上报

资料岗负责油水井资料的整理上报，包括油水井日常生产动态资料的上报，如将单井班报表整理汇总，编制成油水井综合日报表上报给上一级地质部门。另外，还包括对油水井的测压、液面测试、示功图测试、注水井分层测试等原始测试资料的整理上报。

（四）资料管理工作

资料管理工作主要包括：审查班报表，对油水井综合日报表及测试资料进行登记、保管，根据生产需要，进行资料数据的汇总与分析。

（五）组织油水井地下分析活动

油水井地下分析是资料岗的重要工作。资料岗的人员要掌握本队油水井的生产动态变化，及时组织井组进行单井及井组的地下分析，不断挖掘油水井生产潜力，保证原油稳产。

二、油水井资料岗的职责

（一）采油地质技术员的职责

(1)掌握油水井日常生产动态，及时发现油水井的生产变化，采取必要的生产措施，保证原油稳产。

(2)搞好采油队地下管理，制定油水井井下施工方案或措施，提出油水井增产、增注调整方案。

(3)组织安排全队测压、测试计划，组织对油水井仪表的校对及对计量装置的标定工作。

(4)审查采油队的上报资料，确保资料全准；办好采油队地宫。

(5)严格执行油水井工作制度与配产、配注方案，完成上级地质部门下达的任务。

(6)组织油水井地下分析活动，每月向全队职工汇报一次地下形势。

（二）资料员职责

(1)在地质技术员指导下，负责全队地质资料的收集、整理、汇总与上报工作，保证油水井资料的全准。

(2)严格审查全队班报表，深入油水井组核查资料的全准情况，督促油水井岗位人员自觉从严，取全取准第一性资料。

(3)掌握全队的油水井生产动态变化，对出现较大波动的油水井，要深入生产现场查明原因并向技术员及队长汇报。

(4)完成技术员分配的工作，管理好地宫及各项资料。

(5)深入井组，协助井组开展油水井地下分析活动。

（三）化验员职责

(1)按时完成油井及油站的原油分析工作，按规定完成注水水质分析，安排好油、气、水样的采集工作。

(2)保管好油、水化验分析所用的仪器、器皿、量具，确保天平灵敏。

(3)及时整理、登记油、水化验分析资料，对化验结果出现异常的油水井，要查明原因，重新取样化验。

(4)做好化验室安全工作，防火、防触电，杜绝事故的发生；保管好化验药品。

(5)掌握油水井地下分析技能，协助资料员及井组搞好动态分析。

（四）仪表检定员职责

(1)按规定完成全队压力表的校验任务，做好温度计、测气仪、水表等的检定及送检工作。

(2)正确使用和保管仪表检定所用的仪器、仪表及工具等物品，做好仪器的保养工作。

(3)积极钻研技术，做到检定准确，操作熟练；对仪表的使用提出合理建议。

(4)及时登记仪表校验结果。

(5)搞好安全防火，文明操作。

第二节　原油含水率测定

通过本节学习，能够正确使用化验分析仪器及玻璃器皿；进一步熟悉蒸馏法与离心法测定原油含水率的操作，正确整理计算化验结果。

原油含水率测定的方法有两种，一种是蒸馏法，另一种是离心法。蒸馏法测定原油含水率可用于高、中、低含水率的原油分析，分析结果准确；离心法测定原油含水率操作简便，分析结果准确，适于高、中含水率的原油分析。

一、化验室知识

(一)天平的使用

在原油含水率测定中，一般使用托盘天平称量试样，托盘天平能称准至 0.1 g。常见托盘天平如图 7-1 所示。

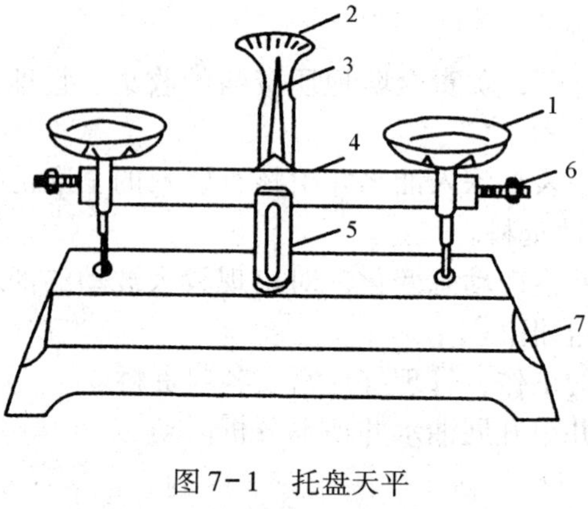

图 7-1　托盘天平

1—托盘；2—标尺；3—指针；4—横梁；
5—支柱；6—调节螺钉；7—底座

天平用的砝码采用非磁性耐腐蚀材料制作，砝码上有提钮。在砝码的上部表面上压印有砝码质量标记。使用砝码时需用镊子夹持，用后送回砝码盒内。

使用天平前必须检查天平两托盘空载处于静止平衡时，指针是否对准标尺中间零位。如大平指针不在标尺中间零位，可调解横梁两端的调节螺钉位置，使天平两托盘空载时达到平衡。

放试样时，试样不能直接放在天平托盘上，应在两托盘上各放一张规格相同的纸，然后将试样连同容器置于天平左盘。如称量非液体药品，可将药品置于托盘纸上称量，但潮湿或有腐蚀性的药品须用器皿称量。

放置砝码时，用镊子夹取砝码置于天平右托盘，先加质量大的砝码，再加质量小的砝码至指针静止于标尺中间。有游码的天平，可移动游码至两托盘平衡。

当天平托盘平衡后，取下试样，夹出砝码置入砝码盒，每夹一只砝码都要读清其质量标记。

最后，将各砝码质量连同游码所在位置的质量加在一起，计算出砝码总质量。

使用天平时，要注意以下几点：

(1)天平不得随意移动，安放后要求底座平稳、牢固。如天平移动，应重新校正其空载平衡。天平应远离暖气、电炉等热源。

(2)天平托盘保持洁净，砝码齐全，不准用手直接拿砝码。

(3)不准向在天平托盘上的器皿中直接倒试剂，防止滴在外面，影响测量准确度。

(二)玻璃量具与器皿使用

化验室常用的玻璃量具与器皿如图 7-2 所示。

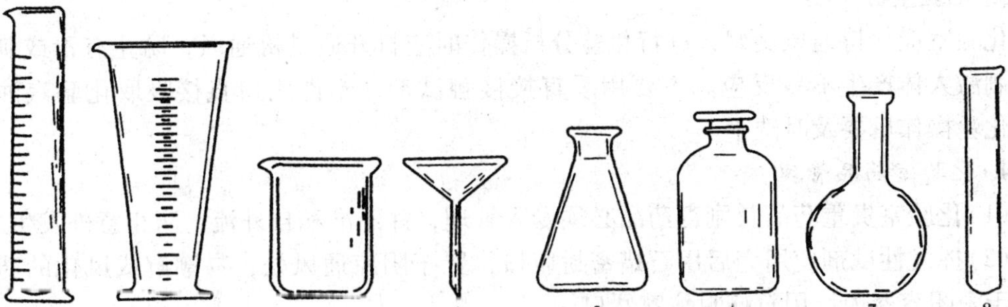

1　2　3　4　5　6　7　8

图 7-2　玻璃器皿与量具

1—量筒；2—量杯；3—烧杯；4—漏斗；

5—锥形瓶；6—样瓶；7—平底烧瓶；8—试管

量杯与量筒用于计量液体的体积，其上有刻度，单位为 mL 读取玻璃量具内液体体积时，先将其放平，待液面稳定后，使眼睛与液体的弯月面底部呈一水平线，读取此时玻璃量具的刻度值即可。

玻璃器皿光滑、透明，便于从外部观察液面高度及液体颜色变化，其本身一般不与酸、碱、盐发生化学反应。有些玻璃器皿如试管、烧杯、烧瓶等还可以直接放在高温火焰中对液体加热。因此，玻璃器皿成为化验室常用器皿。

使用玻璃器皿时，要小心轻放，并用蒸馏水冲洗干净后使用。使用样瓶采集液体样品后，要盖好瓶盖。使用玻璃棒搅匀容器内液体时，要用力适当，防止打破容器或使玻璃棒折断。在同一操作项目中，要做到玻璃棒专用，不能用一支玻璃棒搅拌化学成分不同或浓度差异较大的溶液。

(三)化验室管理

化验室是易发生火灾、中毒、触电的地方，应加强安全管理工作。

1. 化验室防火

化验室防火应从易燃品管理及化验操作等方面着手。

(1)对可燃性物质，如汽油、酒精及其他含有机溶剂的试剂应做好保管工作。可燃性物质应置于远离电炉、散热片等热源，盖好容器的密封盖，低温贮存。

(2)当加热油品或有机溶剂时，必须在水浴锅内进行，禁止用火焰或电炉直接加热。

(3)在加热、蒸馏油样品时，工作人员要坚守岗位，严密监视加热或蒸馏过程，不得擅自离开。加热、蒸馏油样品要慢慢升温，防止因温度突然升高使玻璃容器破裂起火。

(4)电炉、酒精灯等不准直接接触木质器具，应在其下加垫石棉板、瓷砖等隔热材料，防止火灾。

(5)严禁在化验室吸烟；化验室电气设施应符合安全规定，无短路、电打火产生。

(6)当加热试样发生火险时，应立即拉开电源闸刀断电，搬开化学溶剂及汽油等易燃品，使用 CO_2、干粉、1211 灭火器等灭火补救。

2. 化验室防触电

不准在化验室乱接电器装置，电闸刀、插头、插座应做到完好无损，无漏电危险。电炉、电浴锅等用电装置要有良好的保护接地。

3. 化验室防中毒

化验室应保持通风良好，进行化验分析操作时应打开通风机通风，防止有毒或刺激性气体刺激人体产生不良反应。不要用手直接接触试剂，不许用口直接吸取化验汽油等液体，化验操作后要及时洗手。

4. 化验室药品管理

(1)化验室贵重药品及剧毒药品必须专人管理，并不准私自外流，防止意外发生。

(2)挥发性试剂使用完后用石蜡密封瓶口，置于阴凉通风处；易潮解或风化的药品应存放于密闭容器内，用石蜡封住容器口。

(3)制备试剂须由专门人员进行，以保证试剂纯度和浓度的准确性。

(4)超过使用期限的药品及试剂应停止使用，并妥善处理，不准乱丢弃。

5. 化验室仪器管理

化验室仪器要落实给专人负责、专人保管，他人不得乱动或用于其他场合。

(1)使用仪器前，必须掌握仪器的性能和正确的使用方法。对需连接电源的仪器，如离心分析机、光电比色计等，要求电源电压与仪器铭牌要求的电压相符。

(2)仪器要保持清洁，安置稳固、防震、防热，贵重仪器应有防尘罩。

(3)玻璃仪器及器皿使用后要洗净，置于指定位置，防止损坏。

二、原油含水率测定

(一)油样采集

测定油井生产的原油含水率，要从井口取样；测定油站的外输油含水率，要从外输泵出口放空采集油样。采集的油样品盛装在样桶内，送化验室测定。盛装油样的样桶要求内外清洁，桶内无残油、无水、无砂尘，样桶无渗漏、有盖。

取油样的时间对含水率测定的结果有较大影响。一般要求是自喷井与电泵井在清蜡 1h 后可取样；抽油井在热洗 24h 后取样；但产液量小于 15t/d 的井，热洗 48h 后取样。

取油样的操作，随油井流程的不同而稍有差异。

（二）蒸馏法测定原油含水率

1. 仪器组装

蒸馏法测定原油含水率的仪器如图7-3所示。仪器应清洁、干燥。组装仪器时应轻拿轻放，用力适度，仪器各部必须按原配套组装，不能互相串用，防止各部连接不良。组装仪器操作如下：

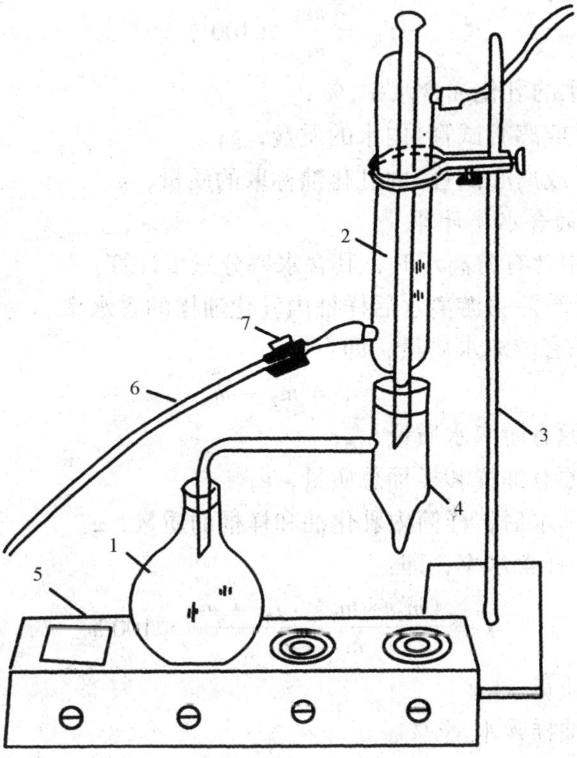

图7-3　蒸馏法原油含水率测定仪

1—平底烧瓶；2—冷凝管；3—支架；4—接收器；

5—调温电炉；6—胶管；7—夹子

（1）安放支架，将冷凝管安装于支架的管夹上，使磨砂口向下并涂凡士林油。

（2）安放烧瓶，将烧瓶坐于电炉上，瓶口涂凡士林油，安装好接收器弯管。

（3）调整冷凝管高度，对接好接收器与冷凝管；连接好冷却水。

2. 操作步骤

蒸馏法测定原油含水率操作基本步骤如下：

（1）和样桶一起称量油样质量。

（2）除去样桶内游离水，再次称量油样连同样桶质量。

（3）根据原油含水率的多少，按规定称取桶内乳化油样，置于烧杯内。

（4）将无水化验汽油200mL倒入盛有油样的烧杯内，搅匀后倒入烧瓶内。

（5）将烧瓶连接到接收器上，用脱脂棉塞住冷凝管上端开口，安放冷却水桶。

（6）接通电源，放开冷却水夹，逐渐升温蒸馏油样。

（7）蒸馏完毕，用鸭毛刷扫净冷凝管壁水珠，读接收器内水的体积，称空样桶质量。

（三）原油含水率计算

无论采用离心法还是蒸馏法测定原油含水率，进行分析数据整理、计算原油含水率的方法是一样的。其主要步骤如下。

1. 乳化油样含水率计算

当油样中不含游离水或去除游离水后，油样含水率按下式计算：

$$f_{乳} = \frac{m_{水}}{m_{油}} \times 100\% \tag{7-1}$$

式中 $f_{乳}$——无游离水的乳化油含水率，%；

$m_{水}$——接收管（或离心试管）内水的质量，g；

$m_{油}$——接收管（或离心试管）内乳化油称取的质量，g。

2. 含游离水油样的含水率计算

当原油分析样品中含有游离水时，其含水率分三步计算：

（1）按式（7-1）计算除去游离水后样桶内乳化油样的含水率。

（2）计算样筒内原有游离水质量，即：

$$m_1 = m_2 - m_3 \tag{7-2}$$

式中 m_1——样桶内原有游离水质量，g；

m_2——样桶内原有油样和样桶总质量，g；

m_3——去除游离水后，样筒内乳化油和样桶的质量，g。

（3）计算游离水油样含水率，即：

$$f = \frac{(m_3 - m_0) \cdot f_{乳} + m_1}{m_2 - m_0} \times 100\% \tag{7-3}$$

式中 m_0——空样桶质量，g；

f——游离水油样含水率，%。

（四）原油含水率测定要求

（1）未见水油井，每月化验一次含水率，见水井每5d化验一次。

（2）一般情况下，同一口井在相邻日期内的原油含水率分析结果应相近。原油含水率在40%以上的油井，相邻两次含水率波动不超过±5%；原油含水率在40%以下的油井，含水率波动在±3%以内。如波动超过规定，要找出原因，重新取样化验。

（3）油井在堵水、分层配产、压裂、酸化、转抽等井下措施后，要加密取样，直至含水率稳定为止。

（4）在原油含水率测定操作中，要称量准，读值准，分析仪器要定期标定。

第三节 水质分析

通过本节学习，熟悉注水水质标准；熟悉水质分析仪器、试剂；进一步熟练进行水质分析的操作。

油田开发中，油田注水的水质对油层性质有很大影响，直接关系到油层吸水能力的稳定，关系到油田开发的效果。因此，必须按规定把住注水水质关。

一、注水水质标准

（一）注水水质对油层性质的影响

注水水质对油层性质的影响主要表现在油层吸水能力的变化上。其中，注水中的机械杂质、含铁量、细菌等对油层吸水能力的影响最大。

1. 水中机械杂质

注水中的机械杂质，一般以一定的流速浮于水中，直径小于4～5μm，呈颗粒状。机械杂质在地面水与回注污水中含量较高，它对地层渗透性能的影响很大。

2. 铁沉淀

油田注水中的铁主要来源于水对注水管网及设备的腐蚀形成的铁化合物。其中，氢氧化铁和硫化亚铁对地层的渗透性能影响最大。因此，要减少铁沉淀的产生，减轻注水对铁金属的腐蚀。

3. 碳酸盐沉淀

当注水中溶有重碳酸钙、重碳酸镁等盐类时，在地层温度下这些盐类被析出，堵塞油层孔隙，降低油层吸水能力。

4. 细菌

注水中的细菌繁殖后，菌体本身会堵塞油层。细菌活动的代谢物与水中的其它化合物发生反应生成沉淀，堵塞油层孔隙。

（二）油田注水水质标准

油田注水的水质标准是根据各油田的具体情况制定的，一般对水质有如下要求：

（1）机械杂质含量不超过2mg/L，最多不超过5mg/L。

（2）总铁含量不超过0.5 mg/L。

（3）含油量不超过30 mg/L。

（4）溶解氧含量：总矿化度在5000mg/L以下时，含氧量应小于0.5mg/L；总矿化度在5000 mg/L以上时，含氧量应小于0.05 mg/L。

（5）结垢率不超过0.5mm/a。

（6）酸碱度pH＝7～8。

（7）硫化物含量小于10mg/L。

（8）总菌含量不大于10000个/L。

为了保证注水水质符合要求，在油田开发中要对水源行监测分析。发现水质不合格，要采取妥善措施、输水管网、注水井口等处的水质进，避免注入不合格的水。

为了把住油田注水的水质关，要定期冲洗输水干线，冲净管网中的锈及其他附着物。另外，还要定期洗井，冲洗净井下管柱及套管上附着的污染水质的杂质。

二、水中机械杂质与含铁量测定

（一）水样采集操作

取一个洁净的500mL广口瓶或烧瓶采集水样，要求瓶内清洁，有瓶盖。严禁使用样桶、无盖玻璃容器或其他容器采集水样品。

注水井洗井时分析出口水质，应在洗井放空管线的出口处接取水样。接取水样时，要保持正常洗井，不要控制流量，也不要从出口量水池中取水样。正常注水井进行水质监测，可从配水间放空出口接取水样，但要先打开放空阀，放净短节及阀内的存水，以保证分析准确。

接取水样品时，先将样瓶用水样冲洗三遍，再接满水样。取样至样瓶的2/3高度处，使样瓶上部留有一定空间，盖上瓶盖。然后，用纸条标明井号、取样时间、取样位置，贴在瓶上。

（二）水中机械杂质的测定

1. 标准液的制取与使用

机械杂质（悬浮物）的标准液是在实验室配制的。它是将研细的硅藻土烘干后，称量0.1 g置于1L的容量瓶中，用蒸馏水稀释至1L，即制得含硅藻土100mg/L的母液。分别取上述母液10mL、5mL、3mL、2mL和1mL置于100mL比色管中，用蒸馏水稀释至100mL，即制得10mg/L、5 mg/L、3 mg/L、2 mg/L、1 mg/L的标准系列液。

使用机械杂质标准系列液时应注意：

（1）标准系列液瓶口要用磨砂玻璃塞塞紧，并用石蜡封口防止蒸发。

（2）标准液比色管上，要用标签注明其中悬浮物含量和制备日期。

（3）标准液及母液需30d更换一次，保存和使用期限不宜过长。

2. 水中机械杂质测定操作

在生产现场一般采用比浊法测定水中机械杂质。将从井口采集的水样装入比色管后，与装标准液的比色管一起摇匀，比较水样内悬浮物颗粒数量与哪种标准液的悬浮物含量一致。与水样悬浮物含量一致的标准液悬浮物含量即所测定的水中机械杂质含量。

测定水中机械杂质含量时，应注意以下事项：

（1）比浊时，盛装水样品的比色管与标准系列液比色管的规格应一致，壁厚一致，以减少误差。

（2）盛装水样品的比色管，在使用前应用蒸馏水洗净并干燥。一般不要用同一只比色管接取不同水样比浊。

（3）从样瓶向比色管倒入水样时，应先将样瓶内水样摇匀，然后再向比色管内倒入。

（4）比浊时，应同时摇匀标准液管与水样管，气泡消失时马上对比两管内悬浮物含量。

（三）水中含铁量的测定

由于铁离子与硫氰化钾反应生成红色络合物，颜色随水中铁离子含量多少而有深浅差异，因此很多油田采用硫氰化钾法测定水样品中的含铁量。测定时，取盛有水样品与蒸馏水的两只比色管，各向其中加入等量硫氰化钾溶液与盐酸溶液。然后，向蒸馏水比色管缓慢滴入标准铁液，比色，当两比色管内液体颜色一致时停止加标准铁液，根据标准铁液用量即可计算出水样品中含铁量。

水中含铁总量的测定，主要步骤如下：

（1）取干净25mL比色管1支，加入10mL水样，然后向水样比色管中加1∶1盐酸10

滴，再加入 0.5% 高锰酸钾溶液至摇匀不褪色，再向水样比色管中加 20% 硫氰化钾溶液 5 滴，摇匀。

(2) 另取干净 25mL 比色管 1 支，加入 10mL 蒸馏水，再按水样比色管所加试剂数量，依次向管内加入盐酸、高锰酸钾、硫氰化钾溶液。

(3) 用微量移液管抽取标准铁液并将其逐滴滴入蒸馏水比色管内，每加一滴均摇匀，且与水样比色管溶液比色，当加至水样比色管与蒸馏水比色管溶液颜色一致时，记下标准铁液用量。

(4) 计算水样总含铁量，其公式为：

$$\rho_{总} = \frac{\rho_{铁} \cdot V_{铁}}{V_{水}} \times 10^3 \tag{7-4}$$

式中　$\rho_{总}$——水样总铁含量，mg/L；

$\rho_{铁}$——标准铁液浓度，mg/L；

$V_{铁}$——标准铁液用量，mL；

$V_{水}$——水样比色管所取水样体积，mL。

(四) 注意事项

(1) 测定水样含铁量所需试剂在中心化验室制备。试剂要置于棕色磨口玻璃瓶内，使用后要注意及时将瓶盖盖好。试剂应保持无色透明，如发现混浊应停止使用。

(2) 向溶液中滴加试剂时要逐滴加入，并边加边摇匀。

(3) 测定含铁量操作时，要求向两比色管内所加试剂量相同，严禁将试剂滴在比色管口或管外。

(4) 测定操作中，使用的比色管直径、壁厚要一致。比色时，应将两比色管背面衬以白纸。

第四节　压力表的使用与校验

通过本节学习，进一步熟悉弹簧管式压力表结构与性能，正确使用压力表；熟悉压力表的校验技能。

弹簧管式压力表广泛应用在工业生产中，它的结构简单，使用方便，易于校对与维护。

一、压力表的使用

弹簧管式压力表结构如图 7-4 所示，它由扁曲弹簧管与传动指示系统构成。选用压力表，一要确定其量程大小，二要确定所用压力表的量程与精度等级。

(一) 压力表的量程与精度等级选择

每只压力表的表盘上所标的最大压力值即为该表的量程。按压力表的量程分，2.5MPa 以下为低压表；4.0～6.0MPa 为中压表；10MPa 以上为高压表。根据压力表工作性质，油井多用中压表与低压表，注水井使用高压表。

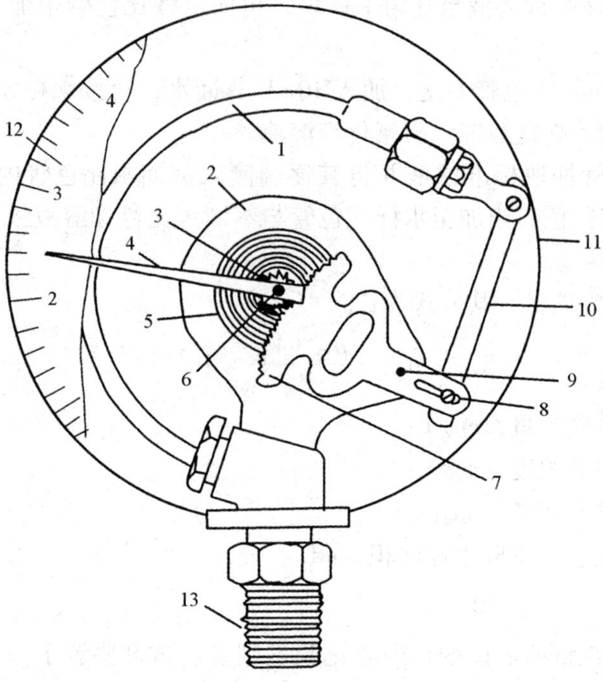

图 7-4　弹簧管式压力表

1—扁曲弹簧管；2—固定底盘；3—中心轴齿轮；4—指针；5—游丝；6—中心轴；7—扇形齿轮
8—调节螺钉；9—扇形齿轮轴；10—连杆；11—表壳；12—表盘；13—进压接头

确定所用压力表的量程，应考虑压力表工作时所计量压力值的范围，使压力表工作时指针指在压力表量程的 1/3 ~2/3 间。此时，压力表计量的误差最小。

在不了解所测压力范围的情况下，应先选用量程较大的压力表，然后根据实际工作压力范围确定压力表的合适量程。禁止在高压流程与设备上使用低量程压力表，也不能用高压表测低压值，防止扩大计量误差。

在确定压力表量程时，还应考虑其工作环境，如振动、腐蚀、温度等因素。如果被测压力变化剧烈，波动较大，则应使压力表量程为其最大工作压力的 1 倍。

当压力表测量有腐蚀性或过热蒸气等流体时，应选择有特种接头的压力表；北方冬季压力表易受冻损坏，必要时应选择有防冻接头的压力表。

在压力表表盘下方的正中位置，标有该压力表的精度等级。常用的压力表精度等级有 0. 5 级、1. 5 级、2. 5 级等。压力表的精度是表示压力表量程的误差百分数，压力表精度越高，则其在测量中的误差越小。如两只量程均为 25MPa 的压力表，精度等级为 0. 5 级的压力表最大误差为 ±0. 125MPa；精度等级为 2. 5 级的压力表最大误差为 ±0. 625MPa。

一般油水井采用 1. 5 级或 2. 5 级精度的压力表。但为减少计量误差，低量程的压力表精度等级应高一些，一般在 1. 5 级以内。在油水井测试时，应选用 0. 5 级精度的压力表。

(二)压力表的使用操作

1. 压力表的装卸

压力表的进压接头由黄铜制成，质软，螺纹极易损坏。同时，压力表的进压接头的螺纹为公制螺纹，而与之连接的阀门则是管螺纹，两种螺纹扣型不一样，不能连接在一起。

为此，现场使用的压力表进压接头上都要连接一只钢制表接头。压力表接头实际是螺纹转换装置，它与压力表进压接头相连接的内螺纹是公制螺纹，与阀门连接的外螺纹是管螺纹。表接头中心有导压孔，连通两端传导压力，如图7-5所示。

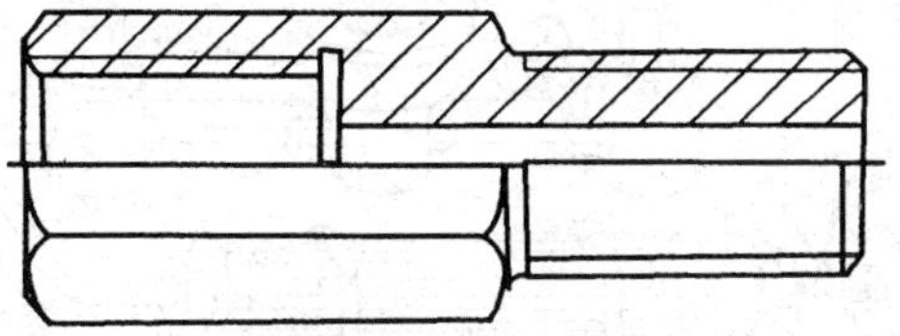

图7-5 压力表接头

一般情况下，油井的油压表安装于采油树与油嘴相对的另一翼上，不能安装于油嘴后；油水井的套压表安装在套管四通短节上；正注井的油压表安装在水表下流阀门之后。

安装压力表前应洗净压力表进压接头、表接头螺纹以及压力表的传压孔，并除净压力表控制阀门出口内的脏物。然后，在表接头与进压接头的外扣螺纹上缠好麻丝或密封胶带，再将压力表接头拧紧在阀门出口螺纹上。压力表安装好后，慢慢打开压力表的控制阀门，观察螺纹连接处有无渗漏，压力表的压力值是否正常。

卸压力表时，先关闭压力表控制阀门，人的头部偏开阀门出口方向，用小扳手卸松表接头，然后取下压力表。

注意：卸压力表时要连同表接头一起卸掉，不能直接卸压力表的进压接头。在旋下压力表时要边旋边抖动，放掉表内余压。压力表卸下后，置于干净可靠处。

2. 读取压力值

从压力表上读取压力值时，要使眼-指针-刻度成一线，身体依压力表位置高低而适当调整。

当指针正好指在刻度线上时，读取刻度线的数值；当指针不在刻度线上时，先读出整数值，再按指针在刻度线间的比例读出小数值。

在不稳定压力条件下，压力表指针来回摆动，可取指针摆动的中间值；对于周期变化的压力，可记取其最高压力值与最低压力值。

二、压力表的校验

在实验室用仪器标定压力表俗称校表。标定方法有两种，一种是标准表标定法，另一种是活塞式压力计标定法。

（一）标准表标定法

压力表的标准表标定法适用于校对精度较低的压力表。它是将待校压力表安装到压力表校验仪的对表阀上，通过加压，观察并调整所校压力表与标准压力表的示值误差，完成标定过程。

压力表校验仪由压力校验泵与两个对表阀门及油杯组成，如图7-6所示。当校验泵的手轮旋入时，仪器的两个对表阀门产生相同液压。

使用压力表校验仪校对压力表时，要将标准压力表安装到一个对表阀门上。标准压力表的精度为0.5级，在使用前应该用精度等级更高的活塞式压力计校对。

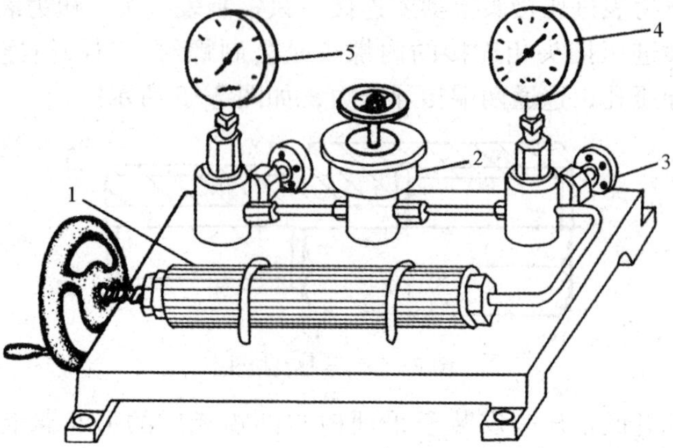

图 7-6　压力表校验仪

1—校验泵；2—油杯；3—对表阀门；4—标准压力表；5—待校压力表

校验操作如下：

(1)把标准压力表安装到校验仪的对表阀门上，再将待校压力表安装到另一对表阀门上。

(2)打开油杯阀门，向油杯内倒入变压器油，然后向外旋出校验仪手轮，关闭油杯阀。

(3)打开校验仪的两个对表阀门，内旋校验泵手轮增压，观察并调整两压力表指针示值误差。

(二)活塞式压力计标定法

活塞式压力计由两部分组成，即手摇压力校验泵、活塞部分。手摇压力校验泵是活塞式压力计的增压装置，包括手摇泵、油杯、进油阀、对表阀。活塞部分由活塞、活塞缸、活塞式砝码盘组成，如图 7-7 所示。

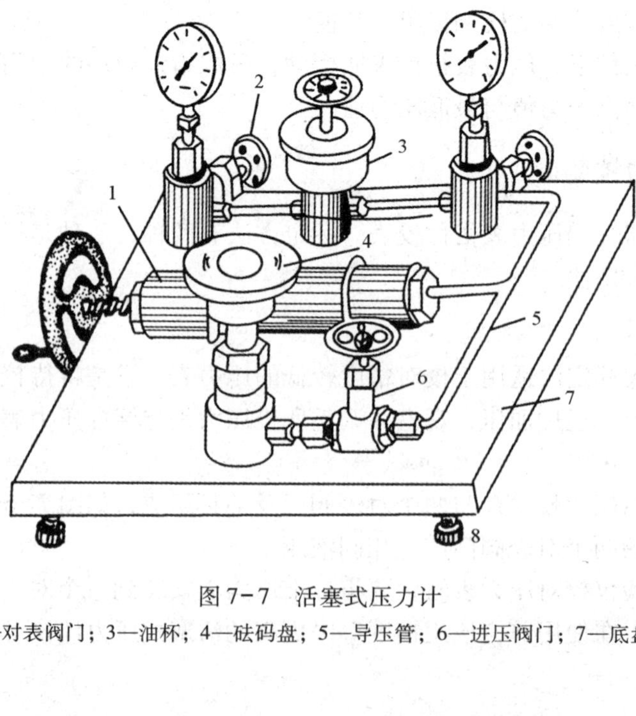

图 7-7　活塞式压力计

1—校验泵；2—对表阀门；3—油杯；4—砝码盘；5—导压管；6—进压阀门；7—底盘；8—调节螺钉

活塞式压力计的校验泵与活塞安装在同一底盘上，由导压管连接。在底盘 4 个角有 4 只调节螺钉并有气泡水准器校正水平。

活塞式压力计可用于校验精度在 0.25 级或 0.5 级以下的弹簧管式压力表，其压力标定范围依其型号而不同。

活塞式压力计的工作环境要求环境温度为(20 ± 10)℃，相对湿度 80% 以下，周围空气不含腐蚀性气体。

活塞式压力计工作前，要将工作台底盘调整水平。工作中使用的变压器油要经过过滤清洁，不堵塞油路。

压力表标定操作如下：

(1)向油杯内加变压器油，加完油后外旋校验泵手轮，关闭油杯阀，盖上油杯盖。安装待校压力表，保证压力表接头螺纹无渗漏。

(2)升压校对。打开进压阀与对表阀，内旋手轮，使砝码盘上升至规定刻度，校对压力表的示值误差。然后，逐校验点向砝码盘加砝码，校对压力表各校验点误差。每加一次砝码都需内旋手轮，以保证砝码盘在规定刻度；转动砝码盘使之旋转，以克服摩擦力。

(3)减压校对。当达到最大校验压力后，逐校验点减少砝码进行减压校验，每个减压点都要校对压力表的示值误差。

(三)压力表校验操作指导

校验压力表时，要根据其量程分成若干校验点校验，一般校验点不少于 5 个。当增压时，自压力表零刻度起每隔量程的 10% 为一校验点，直校量程的 80%。增压校验完毕后，逐点降压校正至零刻度。在压力表最大量程的 1/3 ~ 2/3 范围内，要求校验点适当密一些。

在校表过程中，如发现压力表与实际压力有误差，应对压力表进行调校，操作如下：

(1)卸下压力表壳铅封，取下表蒙，用拔针器拔下压力表指针，卸下刻度盘露出表芯。

(2)调节压力表连杆末端的调节螺钉位置，若压力表指针指示值偏高，则外移调节螺钉；指针指示的压力值偏低，则内移调节螺钉。调整后，拧紧调节螺钉，重新校对压力表。

(3)压力表由于内部原因而出现故障时，请按表 7 1 处理。

表 7-1　压力表常见故障处理

故　障	原　因	处　理
指针不转动	(1)进压接头堵塞 (2)弹簧管与连杆、或连杆与扇形齿轮间螺钉脱落 (3)指针卡住	(1)清洗堵塞 (2)紧固螺钉 (3)调整指针
指针不平稳	(1)弹簧管与连杆、或连杆与扇形齿轮间螺钉松动 (2)中心轴齿轮与扇形齿轮啮合差 (3)游丝失效	(1)紧固螺钉 (2)调整 (3)调游丝
指针不落零	(1)扁曲弹簧管坏 (2)游丝松 (3)指针位置误差	(1)压力表报废 (2)调游丝 (3)调整指针

第五节　资料室管理

通过本节学习，熟悉油水井资料的填报及管理技能，保证油水井资料的全准。

油水井资料是油田管理和动态分析的重要依据。油水井资料岗的主要工作就是进行第一手资料的收集、整理，确保资料全准。

一、油水井资料全准率

（一）自喷井资料全准要求

自喷井资料，要求油压、套压、流压、静压、产量、气油比、原油含水率 7 项资料全准。

1. 油压与套压全准

正常情况下，油压、套压每天录取 1 次，特殊情况加密观察，每月 25d 以上有资料，其中不连续 3d 缺油压或套压资料为全。压力波动在允许范围内，压力表工作在其量程的 1/3 ~2/3 之间，压力表每季校对 1 次为准。

2. 流压与静压全准

流压每月测 1 次，静压每半年测 1 次为全。在正常生产情况下，同一生产制度流压每月波动不超过 ±0.4MPa，静压半年波动不超过 ±0.4MPa。压力计测压前按规定校对为准。

3. 产量全准

正常生产的油井 5d 量油 1 次，每月有 6 次量油资料为全；对措施油井要求措施前 2d、措施后 5d 内量油 1 次为全。油井产液量在 30t/d 以上，量油波动不超过 ±5% 为准；油井产液量在 30t/d 以下，量油波动不超过 12t/d 为准。

4. 气油比全准

每月测气 2 次（与量油同时进行），每间隔 10s 记一压差值，共记录 10 个压差值为全。按规定校对测气仪表，测气仪表工作在允许误差范围内为准。

5. 原油含水率全准

正常见水井 5d 取油样进行原油含水率分析化验 1 次为全；未见水井每月取样化验 1 次含水率为全；措施后油井 5d 内每天取样化验含水率为全。正常生产井每次原油含水率分析化验，含水率在 10% 以上、含水率波动不超过 15% 为准；含水率在 40% 以下的井，波动不超过 ±3% 为准。

（二）抽油机井资料全准

为了加强和规范抽油机井资料录取管理，为油田开发提供依据应确保取全取准抽油机开第一性资料。

抽油机井资料全准系指油压、套压、电流、产量、原油含水化验、示功图、动液面（流压）、静液面（静压）全准。抽油机井月度正常开井连续生产达 24h 必须参加当月全准率检查。

1. 抽油机井产量全准

（1）玻璃管量油井，分离器直径为 ϕ600mm，玻璃管量油高度为 40cm；分离器直径为 ϕ800mm，玻璃管量油高度为 50cm；分离器直径为 ϕ1000mm、ϕ1200mm，玻璃管量油高度为 30cm。单井日产液量 20t 以下的井，每月量油 2 次为全，2 次量油间隔不少于 10d，每次量油 1 遍为准。单井日产液量 20t 以上的井，每 10d 量油 1 次，每月必须有 3 次量油为全，每次量油至少 3 遍，取平均值，否则为不全不准。

（2）措施井开井后应加密量油，日产液量低于 20t 一周内量油不少于 3 次为全，日产液量大于 20t 一周内量油不少于 5 次为全。

（3）日产液量计量的正常波动范围：日产液量达到或超过 100t 的油井为 ±5%；日产液量 50～99t 的油井为 ±10%；日产液量 5～49t 的油井为 ±20%；日产液量低于 5t 的油井为 ±30%，否则必须复量验证为准。

（4）关井扣产：日产液量在 5t 以上的油井，关井影响日产液量不够 1t 的井不扣产。不管是否扣产，关井时间必须从当日生产时间中扣除。

（5）对于不具备玻璃管计量条件的井以及冬季低产井，可采用软件法量油或翻斗量油、计量车量油等计量方式量油。日产液量大于 10t 的井，每月量油 2 次；日产液量低于 10t 的井，每月量油 1 次。液面恢复法量油要求每月量油 1 次，每次量油不得少于 3 个点。两次量油间隔在 20～40d 之间。测试仪器必须达到规范要求，否则资料为不准。

（6）抽油机井停机以扣除停机时间和产量为准。

（7）抽油机井热洗扣产：采用三管或双管流程热洗井，单井日产液量在 5t 以下热洗扣产 4d；单井日产液量在 5～10t 之间热洗扣产 3d；单井日产液量在 10～15t 之间热洗扣产 2d；单井日产液量在 15～30t 之间热洗扣产 1d；单井日产液量 30t 以上热洗扣 12h 的产液量。单管流程或环状流程且采用高压热洗车洗井，含水低于 75% 的井仍执行原规定；单井含水在 75% 以上，日产液量在 5t 以下的井，热洗扣产 2d；日产液量在 6～15t 之间的井，热洗扣产 1d；日产液量在 16～30t 之间的井，热洗扣产 16h；日产液量 30t 以上的井，热洗扣产 5h；热洗井均不扣生产时间。达到以上要求为准。

2. 油压与套压全准

（1）油压全准：正常情况下油压每月录取 1 次，特殊情况如环状流程首端井、栈桥井等要加密录取观察为全。

（2）套压全准：正常情况下套压每 10d 录取 1 次，特殊情况要加密录取观察，每月有 3 次以上具有代表性压力资料为全。

（3）压力表校对：正常情况下压力表每季度校对 1 次，快速式取压表每月校对 1 次，发现问题及时校对。压力值应在使用压力表量程的 1/3～2/3 范围内，采用其他取压装置，必须符合规范要求方可允许使用，否则资料为不准。

3. 电流全准

每天测 1 次上下冲程电流，正常生产井每月 25 d 以上有资料为全；电流波动范围超过 ±5% 要查明原因，否则资料为不准。

4. 原油含水化验资料全准

（1）见水油井每 10d 取样 1 次（每月至少与量油同步进行 1 次），措施后取样与量油同步进行含水量化验分析为全。含水达到或超过 80%，化验含水波动不超过 ±5%；含水在

60% ~80% 之间，化验含水波动不超过 ±8%；含水在 40% ~60% 之间，化验含水波动不超过 ±10%；含水小于等于 40%，化验含水波动不超过 ±8% 为准。若化验含水值超过波动范围必须至少重新取样 3 个，取接近上次化验含水值计算产量，若含水化验值变化大，只要原因清楚，亦可采用为准。

(2) 未见水油井每月取样一次，发现油井有含水痕迹后，每 10d 取样一次进行含水化验分析为全。

(3) 取样一律在井口取，先放空，见到新鲜原油后采用定压方法取样。一桶样分 3 次取完，每桶样量必须取够总桶的 1/2 ~2/3，否则为不全不准。

(4) 双管掺水流程井，井口停掺 5min 后取样；井口掺水阀门关不严必须关闭计量间掺水阀门 30min 后方可取样，否则为不全不准。

5. 示功图与动液面(流压)全准

(1) 正常生产井示功图、动液面每月测试 1 次，两次测试间隔不少于 20d。示功图与动液面(流压)测试要同步进行，并同步测得电流、油压、套压资料为全。发现异常情况，必须及时加密测试，动液面波动范围超过 1200m 必须查明原因或复测验证，否则为不全不准。

(2) 措施井开井后 3 ~5d 内必须测试示功图、动液面，并同步录取产量、电流、油压、套压资料，否则为不全不准。

(3) 动力仪、回声仪每月校对 1 次为准。

6. 静压全准

动态监测定点井每半年测 1 次静压为全，两次测试间隔时间不少于 4 个月。压力计和时钟必须达到质量标准。在正常生产情况下，测液面恢复压力波动不超过 ±1.0MPa，实测流压每年波动不超过 ±0.5MPa，超过必须查明原因，无变化原因必须复测，否则为不准。

(三) 电泵井资料全准

为了加强和规范电泵井资料录取管理，为油田开发提供依据，应确保取全取准电泵井第一性资料。

电泵井资料全准系指油压、套压、电流、产量、原油含水化验、流压、静压、动液面全准。电泵井月度正常开井连续生产达 24h 必须参加当月全准率检查。

1. 电泵井产量全准

(1) 玻璃管量油井：分离器直径为 ϕ600mm，玻璃管量油高度为 40cm；分离器直径为 ϕ800mm，玻璃管量油高度为 50cm；分离器直径为 ϕ1000mm、ϕ1200mm，玻璃管量油高度为 30cm；单井日产液量 20t 以上的井，每 10d 量油 1 次，每月必须有 3 次量油为全；每次量油至少 3 遍，取平均值，否则为不全不准。

(2) 措施井开井后应加密量油：日产液量低于 20t 一周内量油不少于 3 次为全，日产液量大于 20t 一周内量油不少于 5 次为全。

(3) 日产液量计量的正常波动范围：日产液量达到或超过 100t 的油井为 15%；日产液量在 50 ~99t 之间的油井为 ±10%；日产液量低于 50t 的油井为 ±20%，否则必须复测验证为准。

2. 油压与套压全准

(1)油套压全准：正常情况下油压、套压每5d录取1次，特殊情况要加密观察，每月有6d以上具有代表性压力资料为全。

(2)压力表校对：正常情况下压力表每季校对1次，快速式取压表每月校对1次，发现问题及时校对。压力值应在使用压力表量程的1/3～2/3范围内为准，采用其他取压装置，必须符合规范要求方可允许使用，否则资料为不准。

3. 电流全准

每天录取1次，正常井每周一张卡片，措施井、异常井每天一张卡片，措施井开井后每天一张卡片，连续7d，每月28d以上有资料为全。测量记录及采用新型计量仪表达到技术规范要求，记录读数准确为准。

4. 原油含水化验资料全准

(1)见水油井每10d取样1次(每月至少与量油同步进行1次)，措施后取样与量油同步进行含水化验分析为全。含水达到或超过80%，化验含水波动不超过±5%；含水在60%～80%之间，化验含水波动不超过±8%；含水在40%～60%之间，化验含水波动不超过±10%；含水小于等于40%，化验含水波动不超过±8%为准。若化验含水值超过波动范围必须至少重新取样3个，取接近上次化验含水值计算产量，若含水化验值变化大，只要原因清楚，亦可采用为准。

(2)未见水油井每月取样1次，发现油井有含水痕迹后，每10d取样1次进行含水化验分析为全，否则为不全不准。

(3)取样一律在井口取，先放空，见到新鲜原油后采用定压方法取样。一桶样分3次取完，每桶样量必须取够1/2～2/3，否则不准。

(4)双管掺水流程井，井口停掺5min后取样；井口掺水阀门关不严必须关闭计量间掺水阀门30min后方可取样，否则为不全不准。

5. 动液面全准

(1)动液面每月测1次，两次测试间隔不少于20d；生产不正常井必须及时测试，以质量达到标准要求、超过波动范围查明原因或复测验证为准。

(2)措施井开井后5～10d必须测试动液面，并同步录取产量、电流、油压、套压资料，否则为不全不准。

(3)回声仪每月校对1次为准。

6. 静压全准

动态监测定点井每半年测1次为全，两次测试间隔时间不少于4个月。压力计和时钟必须达到质量标准要求。在正常生产情况下，同一生产制度，静压每年波动不超过±1.0MPa，超过必须查明原因，无变化原因必须复测，否则为不准。

(四)注水井资料全准

为了加强和规范注水井资料的管理，为油田开发提供依据，应确保取全取准注水井第一性资料。

注水井资料全准系指日注水量、油压、套压、泵压、静压、测试、洗井、水质化验8项资料全准。注水井开井当日要求录取注水量、油压资料。正常开井注水达24h必须参加当月全准率检查。

1. 注水井注水量全准

(1)正常注水井每天有仪表记录注水压力、注水量为全。水表发生故障必须记录水表底数，估注水量时间不得超过48h，但油压和水量不能同时估取。全井日注水量不得超过波动范围：日注量达到或超过20m³，波动为±20%；日注量低于20m³，波动为±30%，否则为不全不准。在相同压力下，分层注水井日注水量与测试资料对比，笼统井与测试指示曲线对比。

(2)注水井发生溢流量，必须采用便携式水表或容积法计量，其溢流量必须从该井日注水量或月度累计注水量中扣除为准。

(3)注水井计量水表选型必须经油田公司组织鉴定认可后才允许使用，符合注水实际计量要求。干式计量水表每半年校对1次，使用其他新式仪表，也必须按技术要求定期标定，否则为不全不准。

2. 油压与套压全准

(1)注水井油压每天录取1次。下套管保护封隔器井和分层注水井套压每月录取1次，两次录取时间相隔不少于15d；外围油田注水井冬季(11月1日至次年的4月1日)可不录取套压；异常井每天录取套压，连续一周；措施井开井一周内录取套压3次。

(2)注水井压力表：固定式取压表每季校对1次，快速式取压及柱塞式(增压注水电泵)压力表每月校对1次，发现问题及时校验。压力值应在使用压力表量程的1/3～2/3范围。采用新型装置取压，必须经油田公司组织鉴定后方可允许使用，否则资料为不准。

3. 静压资料全准

动态监测定点井，每年测静压1次为全；测试卡片合格，年压差不超过±1MPa，超过波动范围，必须查明原因，否则为不准。

4. 测试资料全准

(1)正常分层注水井每半年测试1次，每天计算分层水量。发现注水超过允许误差，两周内应及时监测。

(2)分层注水井测试前洗井，必须提前3d进行，洗井后注水量稳定了方可开始测试。

(3)分层测试资料质量按相关标准要求验收合格为准。

(4)注水井分层测试前，测试队使用的压力表与现场使用的油压表要互换对比，误差要求小于0.05MPa。井下流量计与地面水表计量的注水量对比，要求误差小于±5%，方可进行测试，否则要查明原因(集中配水间除外)。

(5)注水井封隔器不密封和分层测试期间不得计算分层水量，待新测试资料报出后，从测试成功之日起计算分层水量。分层测试资料连续使用时间不得超过7个月，否则为不准。

(6)作业施工井和特殊要求井，必须待措施后注水压力、注水量稳定方可进行测试，但1个月内必须测出合格资料，否则为不全不准。

(7)笼统注水井要求每年测指示曲线1次，特殊井经采油厂地质部门认定后方可不测，否则为不全不准。

5. 洗井资料全准

(1)注水井洗井资料执行“注水井洗井管理规定”，正常注水井在相同压力下，日注水量比测试水量下降超过15%时，已下可洗井封隔器的井，应及时进行洗井。下入不可洗井封隔器的井，则应放溢流、吐水。作业井施工后，必须进行洗井。下入不可洗井封隔器的井，必须在封隔器释放前洗井。

(2)为防止套管受压突变，洗井前应关井降压30min以上，然后再吐水洗井。洗井排量控制必须按要求进行，水质达到进出口一致为准。

6. 注水泵压与水质化验资料全准

注水井泵压录取，监测井点每天录取1次。注水水质监测，监测井点每月取水样1次，按照有关标准进行化验，记录数据准确为准。

二、油水井原始资料的填报

油水井常见原始资料有4项：采油、注水班报表；采油、注水综合日报表；油水井测压原始资料；油水井测试原始资料。

1. 采油班报表填报

采油班报表是由油井岗位值班人员亲手填写的第一手资料。依井别不同，采油班报表有一些差异，一般有以下栏目：井号、生产时间、油嘴、油压、套压、产量、含水率、工作电流、清蜡与防蜡情况。在班报表的下方，有量油、测气记录栏；在量油栏，有量油高度、量油时间、流量计读数值；在测气栏，有测气压差记录及挡板、分离器压力等。

采油班报表填报方法如下：

(1)填写年月日及井号、井别。

(2)填写生产时间：连续生产的油井，以h为单位，按24h填写，但要扣除停机维修或各种原因的关井时间；如果油井停抽后仍能自喷，则应按自喷量油结果计算停机后油井产量。

(3)填写油嘴尺寸：填写油井实际油嘴尺寸，单位为mm；无油嘴不填写。

(4)填写油压、套压数值：在填写油井的油压、套压时，要选择各次录取的压力值中较稳定的数值作为本班油压或套压值。

(5)填写产量：先根据量油情况，计算出油井生产24h的产液量；如油井生产时间不够24h，则按下式计算油井日产液量：

$$m_{液} = \frac{t}{1440} \cdot m_{量} \tag{7-5}$$

式中　$m_{液}$——油井实际日产液量，t；

t——油井实际生产时间，min；

$m_{量}$——油井量油时，所计量的24h产液量，t。

计算油井日产油量，计算公式如下：

$$m_{油} = m_{液} \cdot (1 - f_{水}) \tag{7-6}$$

式中　$m_{油}$——油井日产油量，t；

$m_{液}$——油井实际日产液量，t；

$f_{水}$——原油含水率，%。

(6)备注栏填写：采油报表中的备注栏填写油井测试、维修、措施及开关井等事项。

2. 注水井班报表填写

在注水井班报表上，主要有井号、注水时间、注水方式、注水压力、水表读数(或流量计挡板读数)、日注水量等项。

注水井班报表填写方法如下：

(1)填写井号、年月日、本班次注水时间、注水方式以及本井配注量。

(2)填写注水压力：凡正常注水录取的压力，填写在开井栏；关井录取的压力填在关井栏。各压力值要选取本班稳定值。

(3)水表读数填写：填写巡回检查时录取的水表读数，取整数。

(4)填写注水量：注水井各班次注水量等于本班末次的水表读数减去前一班的水表底数；全日注水量为三班注水量之和。

(5)分层吸水量填写：根据注水井分层测试资料，计算出不同注水压力下的分层吸水百分数；然后，用全井实际日注水量与分层吸水百分数相乘，即得相应注水压力下的分层吸水量。

3. 采油、注水综合日报表填报

采油综合日报表栏目与采油班报表相似，主要包括井号、生产时间、油嘴、套压、油压、日产液量、日产油量、日产气量、含水率、电流、防蜡等项。

注水井综合日报表栏目包括有井号、注水时间、注水方式、泵压、套压、油压、日注水量、溢流量、分层注水量等项。

综合日报要求逐日按时填报。在各栏目填报时，要从班报表上摘取准确数据。对于三班录取的压力等数据，要选有代表性的稳定数值填入综合日报表。

4. 油水井综合资料的管理

油水井综合资料是在原始资料的基础上建立的。油水井综合资料主要有：油水井综合记录、井史、注水井分层测试成果、油井找水成果、油水井施工总结、油层图表等。

(1)油井综合记录：按日期从综合日报上的相应栏目抄写，每口井 1 个月 1 张。

油井综合记录包括日期、生产时间、套压、油压、产(液、油、水)量、气油比、含水率、电流及油井防蜡等项。油井综合记录主要用于分析油井当月的生产变化，便于查找油井管理措施执行情况，掌握油井生产参数等数据。

(2)注水井综合记录：与油井综合记录一样，注水井综合记录 1 个月 1 张，数据逐日从注水井综合日报表上抄写。

注水井综合记录包括日期、注水时间、注水方式、注水压力、日注水量、分层注水量、溢流量等。在注水井综合一记录表格的下部，有注水井的累积注水数据。

(3)井史是油水井从钻井一直到注水或采油的历史记录档案。每口井都有自己的井史，井史包括完井数据表、地层数据表及油水井生产综合数据表等。

完井数据表：记载油井的井深、井斜、泥浆浸泡等钻井数据。

地层数据表：记载油井的地层分层情况，各小层渗透性、厚度等。

射孔数据表：记载油层射孔层段、深度等数据。

油水井综合生产数据表：记载油水井自投入注采后，每个月的生产时间、开采方式、产量、压力等数据。

油水井的综合资料应长期保存，按规定逐日或逐月登记各种数据，记录油水井大事。

5. 采油队资料填报要求

(1)字体与字迹：原始资料报表填报，一律用蓝墨水钢笔填写。原始资料报表填写，要求字迹清晰工整，填写综合资料报表，要求行列整齐、字迹工整、清楚、不潦草，备注填写齐全准确。汉字字体尽可能写成仿宋体字，采用国家正式公布的简化字。

(2)数字与单位报表中的数字要采用阿拉伯数字，不准使用汉字或罗马数字。数字后如有单位，一般在报表中不另标注；有必要标注时，应按规定标注清楚。报表中的数字书写，应做到清楚、规范。报表中的计量单位，一律采用法定计量单位。填入报表中的数据，如产量、注水量、气油比等取整数；油水井的压力资料，取小数点后两位数字。相同数据不许用点点代替，要正规书写，不得缺项和漏项。

(3)填写班报表除按规定内容填写有关数据外，还要在备注栏内填写当天油水井所进行的主要工作，如测试、测压、维修、仪表校对、洗井、检查油嘴、取样及油水井井下施工等。在注水井的班报表上，要留有前日水表底数。

综合记录按规定填写各栏目，填入综合记录的数据必须与原始数据相符，备注栏简明扼要，填写油水井主要事项。

油水井井史资料，除按规定填写外，还要将转抽、转注、作业施工等重大措施记入备注栏内。

6. 综合资料整理外报

(1)外报资料出现错误时，必须及时呈报更正申请单，经上级业务主管确认后，以下发更正通知单为准，及时逐级更正，并要把出现错误的原因、更正的数据写在备注栏内。

(2)油水井井号、油层层号要正规书写，不准用符号代替，如井号要写明区、排、井号，如北1－丁1－256井；油层号要写明油层组、小层号，如萨Ⅱ2，葡Ⅰ3等。

(3)集中在矿化验室进行原油含水化验，必须当日把取的油样送到化验室，化验室第二天必须报出资料，若需要重复取样的应注明。

(4)原油含水测定原始记录统一要求在化验室保存；化验室每天报出的含水分析日报，由采油队资料室保存。

(5)注水井措施关井，必须扣生产时间。注水井洗井时，要把换排量时间、洗井排量，洗井总水量等详细填在备注栏内；注水井吐水放溢流必须把吐水量、溢流量记入备注栏内，当月从累积量中扣除。

(6)综合资料报表的数据必须与原始资料数据对比，备注内容填写简明扼要，记录清楚准确。

(7)油水井各项综合资料必须及时整理，要求用计算机管理保存。

(8)油水井单井井史，除按规定内容填写外，还要记载老井转抽、转注、作业施工及发生井下事故、井下落物、地面流程改造、井下调查的结论及依据等重大事件。

(9)新井投产必须在投产前两个月内，把完井、投产应取的资料全部记入井史。

第八章　井站设备管理与操作

第一节　计量站和转油站基础知识

计量站和转油站是采油井集汇油气计量、掺水、热洗的处理中心，并对各井进行油气单独计量。通过站内的各种阀门、管线、设备、仪表等控制、疏导各井原油的流量。因此，掌握计量、转油站的组成及各部分的作用，对计量、转油站进行正常生产管理和维护是采油工最基本的技能之一。

一、计量站和转油站流程

在计量站内，把设备、管件、阀门等联接起来的输油管路系统称为计量站工艺流程（简称工艺流程）。计量站和转油站所承担的任务不同，所具有的工艺流程也不同。计量站和转油站的总体工艺流程，如图 8-1 所示。

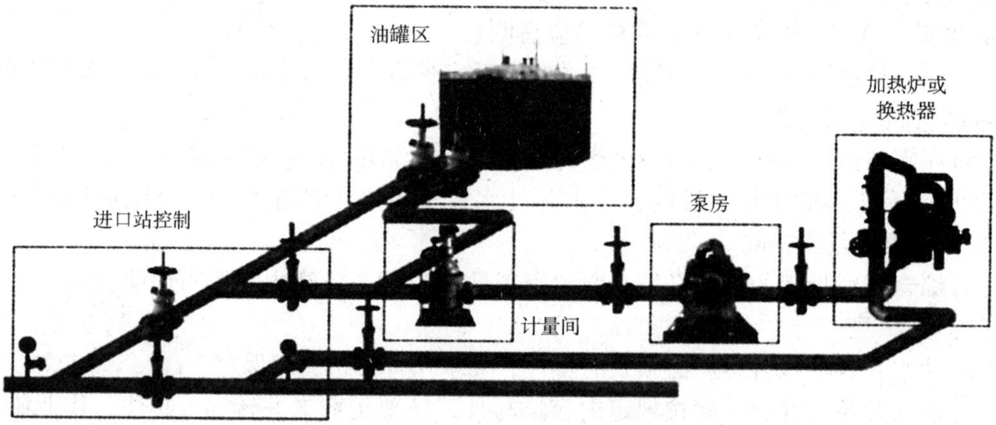

图 8-1　转油站流程概况

二、计量站主要设备

（一）离心泵

1. 多级离心泵组成

多级离心泵由六部分组成，如图 8-2 所示。

（1）传动部分：电动机、联轴器；

（2）转动部分：泵轴、叶轮、轴套；

图 8-2　多级离心泵结构示意图

(3)轴承部分：滚动轴承；

(4)泵壳部分：吸入段、中段、排出段；

(5)平衡部分：平衡盘、平衡管；

(6)密封部分：密封环、压盖。

2. 多级离心泵的工作原理

多级离心泵是利用电动机的高速运转动力将泵吸入口液体通过叶轮由叶壳带动旋转，在离心力作用下沿叶片形成的液流通道甩入出液口，进入下一级叶轮，重复上述运动，再次进行升压，这样可以逐级升压，达到所需压力；在泵吸入管和叶轮中心部分形成真空，在大气压力下使液体流人泵室和叶轮，形成均匀平稳的液流。

(二)往复泵

1. 往复泵的组成

往复泵的结构一般由两大部分组成。

(1)实现机械能转换为压力能并直接输送液体的叫液缸部分；

(2)把原动机的动力传给往复泵活塞的传动部分。

2. 往复泵的工作原理

如图 8-3 所示，当活塞在外力作用下由泵缸一端向另端移动时，泵缸工作室的容积逐渐增大，压力降低(产生真空)，排出阀门在自重、压差等因素作用下关闭，泵吸入储液罐中液体，在压差作用下，克服吸入管内的摩擦阻力损失及吸液阀门的阻力而进入吸入管，沿管路上升顶开吸入阀进入工作室(泵缸)。当曲柄转过半周，活塞移至右端时，工作室容积为最大，所吸入的液体也达到极限(活塞到达右死点)后，便开始向左运动，这时泵工作室容积减少，液体受到挤压，缸内压力很快升高至排出压力，吸入阀门被压力封住而排出阀门被顶开，液体从排出管流出泵缸。活塞到达左死点时，泵缸内液体排尽，完成了一个往复过程。随曲轴的旋转，活塞周而复始地运动，不断地抽汲液体。

(三)加热炉

1. 加热炉的结构

如图 8-4 所示，加热炉主要由水套、炉膛、火嘴、盘管、火管、烟囱及附件(压力

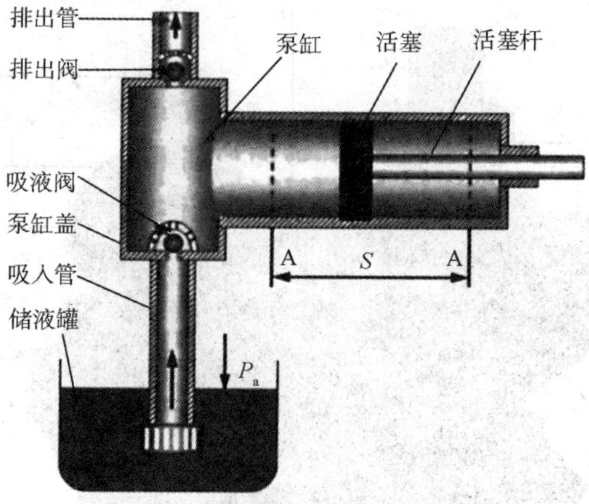

图 8-3　往复泵工作原理简图

表、水位计、安全阀）等组成。

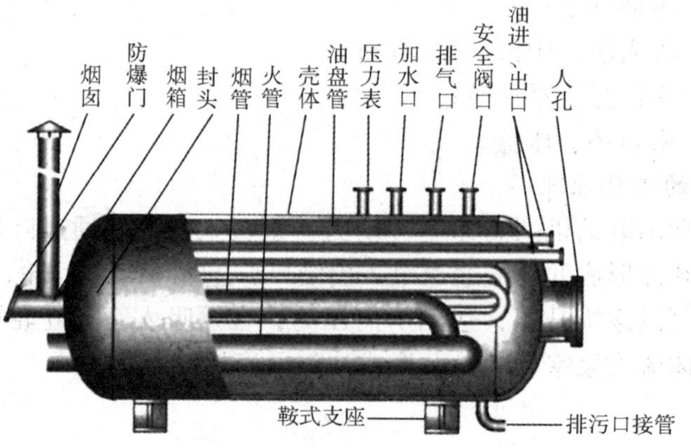

图 8-4　水套炉结构示意图

2. 加热炉的工作原理

加热炉是油气集输过程中，使原油升高温度、降低黏度，便于输送的设备。加热炉通过火嘴燃烧的火焰加热水套内的水使之沸腾，将热量传递给走油盘管和水循环盘管，走油盘管的油吸收热量，从而降低黏度，便于净化处理，而水循环盘管中的水吸收热量，经水泵增压循环，为站内设备保温和房屋采暖提供热量。

（四）油气分离器

1. 油气分离器结构

按结构可分为伞状结构和伞箱式结构两类。立式切向进口伞式结构分离器，如图 8-5 所示，它主要由主体容器、分离部分、液面控制部分、压力控制部分和加热器等部分组成。主体容器是分离器的基本部件，它包括壳体、油气进口管、出气管、出油管、排污管和人孔等。

2. 工作原理

油气混合物由侧面沿切线方向进入分离器，被迫沿分离器壁旋转散开，油的密度大，在离心力的作用下被甩到器壁上而向下流，气体受离心力的作用小则集中向上流向气体出口，

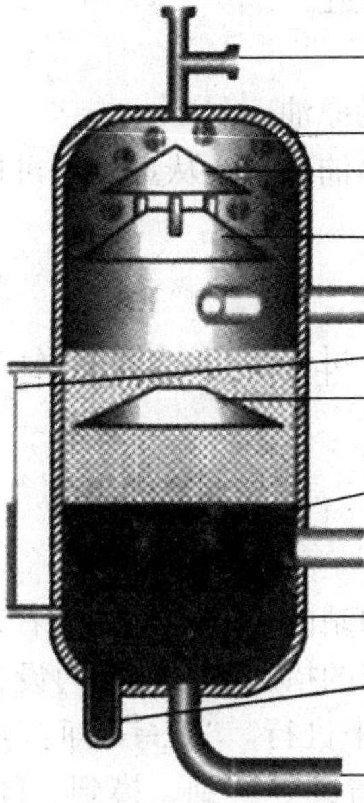

图 8-5 油气分离器结构示意图

气体中所携带的油滴在重力作用下降落在散油帽上被分散开，油、气进一步分离，油沿散油帽下滑，气体上升。上升的气体在下层分离伞被集中，从顶部开口处进入上层分离伞，沿上层分离伞壁运动。经几次改变流动方向，气体所携带的小油滴被吸附在分离伞表面，聚集成大油滴下落到分离器底部，气体流经除雾器时进一步脱除所携带的油滴后流出分离器。

（五）立式储油罐

1. 储油罐的结构

如图 8-6 所示，立式储油罐是由角钢制成的骨架和钢板焊制而成，内外都经防腐处理，外部有保温层；

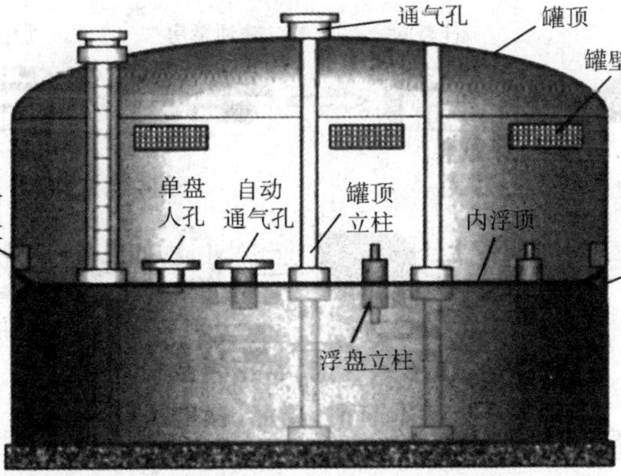

图 8-6 储油罐示意图

罐顶安装有：呼吸阀、液压安全阀、避雷针、透光孔；

罐内安装有：量油管、进油管、出油管、加热盘管；

罐壁安装有：罐温表、液位计、清罐人孔。

2. 储油罐的作用

储油罐用于存储原油或净化原油并计量原油。

储油罐内的量油管是用于进油计量和出油计量，从量油孔可以进行探明水、测温、测密、取样作业。

第二节　计量、转油站设备操作与管理

一、转油站管理

转油站管理主要项目是巡回检查。转油站的巡回检查通过看、听、摸、闻来进行，以便及时发现站内设备存在的问题，采取相应的措施，保证站内设备的正常运行，交接班的过程中要严格按照“三一、四到、五报号”来进行。“三一”即：对重要生产数据、生产工具、重要生产部位一一交清；“四到”即：看到、听到、摸到、闻到；“五报号”即：报设备名称、报设备规范、报检查部位、报生产状况、报整改措施。

1. 人员要求

本项目所需人数为2人，一人操作一人监护。

2. 准备工作

(1)工具、用具、材料准备：250mm 活动扳手1把，150mm 平口螺丝刀1把，“F”扳手1把，经检验合格、读数清晰的量油尺1把，污油桶1个，0.5~2.5 m 安全带2副，防毒面罩2个，笔1支，棉纱少许，纸。

(2)劳保用品准备齐全，穿戴整齐。

3. 操作程序

(1)值班员工在规定时间带上工具按巡回检查路线(如图8-7所示)进行检查。

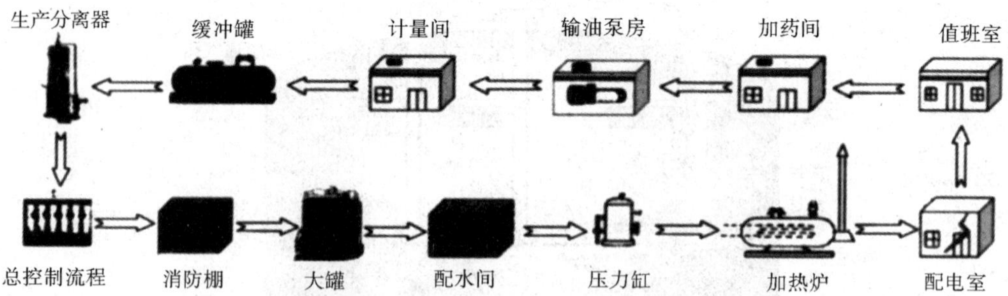

图8-7　转油站巡回检查流程图

(2)检查加药间通风是否良好，检查电气开关及在用设备的出口压力、加药流程、电动机温度和设备接地情况，检查加药泵的流量、润滑及密封情况，检查加药罐液位高低，加药泵运转是否正常。

(3)检查输油泵房通风是否良好，输油泵电流、压力、出口温度、平衡管温度、泵体温度等，检查输油泵高压端与低压端密封部位有无漏失，泵的震动情况等是否正常(用活

动扳手紧地脚螺栓）。

(4)检查流量计是否运转正常，进口压力、流量计读数及出口压力等，检查流量计有无卡表现象（流量计不走说明流量计卡死），流程是否畅通，管线有无刺漏；检查消防设备压力是否正常。

(5)检查计量间通风是否良好，收球筒运转是否正常，计量系统运转是否正常，各流程是否正确，各容器安全装置是否完好，检查换热器流程是否正常，进出口压力及温度是否正常。

(6)检查缓冲罐流程、压力、温度、液位计、传感器固定螺栓、安全阀等是否正常。

(7)检查油气生产分离器出口、进口流程，循环水流程、分离器压力、接地情况、排污放空流程及阻火器等。

(8)检查总控制流程是否正确，法兰有无渗漏，观察单量管线压力并做好记录。

(9)检查消防器材是否齐全，喷枪头开关是否灵活，并定期检查保养。

(10)上储油罐前，人体放静电，戴防毒面罩，看风向标，根据风向站在上风口，系好安全带，利用检尺检查液位是否在安全尺寸以内；罐顶卫生是否清洁，无杂物；量油口量油完毕后是否盖好；检查液压安全阀和呼吸阀是否工作正常，摘下安全带及防毒面罩，下大罐。

检查大罐接地是否良好，储液罐液位是否正常；检查排污口是否关死，人孔有无渗漏现象，储油罐流程是否正常；检查、清理排水池出口，水封井阀门是否关死。

(11)检查配水间有无渗漏现象，流程是否正确，读取压力表读数和水表读数，并进行记录。

(12)检查压力缸压力是否正常，流程是否正确，缸体内有无液体（若有液体需进行放空操作），安全阀是否正常。

(13)检查加热炉水箱水位是否正常，循环泵压力、电动机温度值，流程是否畅通，检查加热炉走油盘管流程有无渗漏，油温、循环水温度（外侧），进口压力和出口压力等；检查供气压力值的大小，炉体压力、加热炉水位是否符合要求；检查气压表压力（达到0.02MPa为宜），检查气管线有无漏气现象；检查水位是否在工作范围内，温度值的大小，加热炉炉膛火焰颜色，烟道有无堵塞现象。

(14)配电室电流电压是否正常，绝缘胶皮是否齐全，有电缆沟的配电室需检查有无杂物；检查二氧化碳灭火器是否完好。

(15)收拾工具。

(16)填写巡回检查记录。

4. 技术要求

(1)检查各部位紧固螺栓，记全、记准各部位压力、温度、流量等数据。

(2)检查各种设备的温度计、压力表和安全阀等安全附件。

5. 安全要求

(1)检查、操作电器设施时戴好高压绝缘手套，正确使用电气设备，确定是否接地完好、绝缘防护良好，防止电气设备漏电造成的触电伤害或电器打火造成的电弧灼伤。

(2)检查室内通风是否良好、油气区天然气自动报警装置是否完好，防止油气聚集造成人员中毒伤害和火灾事故。

(3)检查加热炉安全附件是否正常，防止加热炉超压造成爆炸事故，引起伤害。

(4)检查机泵的防护装置是否到位，防止传动部位发生机械夹伤或绞伤伤害。

(5)进入室内检查时，要打开门窗和通风设施，防止室内通风不畅造成窒息伤害事故。

(6)检查、开关阀门时要平稳，人应站在侧面，防止阀门或丝杆飞出伤人。

(7)进入罐区检查时要注意防静电、防中毒、防台阶滑跌。

(8)检查压力容器时注意观察压力，防止超压引起跑油事故。

二、计量操作

(一)大罐量油

准确、及时进行大罐量油可以掌握本站、库的产油、输入与输出液量的变化情况，了解本站所管油井生产动态及上、下游站生产情况，它是采油工日常工作中最基本的操作之一。

1. 人员要求

本项目所需人数为2人，一人操作一人监护。

2. 准备工作

(1)工具、用具、材料准备：

经检验合格、读数清晰的量油尺1把，污油桶1只，0.5~2.5 m安全带2副，防毒面罩2副，棉纱少许，笔1支、纸。

(2)劳保用品准备齐全，穿戴整齐。

3. 操作步骤

(1)操作人员上罐时注意放静电，上罐顶后戴上防毒面罩，观察风向标，根据风向站在上风口处，系好安全带。

(2)上罐量油。避开量油孔，将悬重量油尺缓慢、均匀地自量油孔量油槽下入，确定悬重锤和量油尺下到罐内液面以下时，方可停止下尺，不得将悬重锤下到罐底。

图8-8 大罐量油操作示意图

(3)从量油口水平方向准确记录量油尺下罐深度。

(4)上提量油尺，使尺面显示油痕露出量油孔时，准确记录油痕面刻度。

(5)继续上提量油尺，同时用棉纱擦净尺面所沾油痕，直到完全将量油尺提出为止，如图8-8所示。

(6)收拾工具，清理现场，解下安全带，摘下防毒面罩，携带工具下罐。

(7)计算罐内油面深度。

4. 技术要求

(1)严格按规定时间上罐量油，每次检尺重复3次，读数精确到mm；三次测量结果静液面误差小于2mm。

(2)量油操作时，确定罐内无死油、无凝块、无泡沫等。

(3)选择量油尺时要检查量油尺的刻度是否清晰，重锤是否牢固。

(4)动液面量油时要稳定30min以上才能量油。

5. 安全要求

(1)工作人员上罐前必须释放静电，手扶大罐护栏时不能戴手套。

(2)量油操作时注意防火，严禁穿带有铁钉的鞋上罐，严禁在罐顶开关手电，在大罐顶不允许随便穿越。

(3)上罐要系好安全带，瓦斯气过大时要戴防毒面具或防毒口罩，按风向标选择上风口为所站位置，做好个人的防护措施，防止高空坠落和油气中毒。

(4)工具使用时，要轻拿轻放，避免敲击和碰撞产生火花引起火灾，操作要平稳，防止物体磕碰伤人。

(5)雷雨天及五六级以上大风天严禁上罐量油。

(二)缓冲罐的操作

缓冲罐是一种卧式分离罐，它的作用是进行气液分离，并对来油起缓冲、稳定作用。正确进行缓冲罐的操作是采油工所应该具备的操作技能之一。

1. 人员要求

本项目所需人数为1人。

2. 准备工作

(1)工具、用具、材料准备：250mm活动扳手1把，棉纱少许。

(2)劳保用品准备齐全，穿戴整齐。

3. 操作前的检查工作

(1)检查混油进口阀门是否灵活好用，循环水管线温度是否正常，旁通阀是否关严，管线是否畅通无渗漏。

(2)检查缓冲罐排污阀是否关严，出口阀门是否灵活好用，如图8-9(a)所示。

(3)检查罐体、气体管线压力表安装是否合格，确定无过期、无混装(B类)、无渗漏、无失效，量程适当(0～1.0MPa)。

(4)检查浮球液位计，看罐内液位高低，检查确定液位报警系统正常运行；检查温度计、压力表是否好用，如图8-9(b)所示。

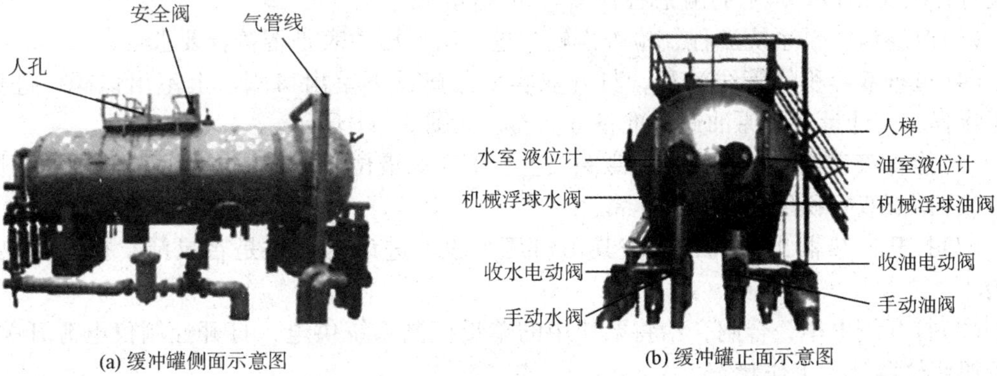

(a) 缓冲罐侧面示意图

(b) 缓冲罐正面示意图

图8-9 缓冲罐示意图

(5)检查安全阀，确定校验合格有效，启动压力适当(0.4～0.6MPa)；液面密封负渗漏，卸压通道畅通无阻。

4. 操作步骤

(1)改输油流程：当高液位灯亮，报警器鸣响，依次打开缓冲罐出口阀，输油泵进口阀等控制阀门，确定管路畅通，然后启泵输油(启泵操作见离心泵操作规程)。

(2)改停输流程：当低液位报警时，关输油泵出口阀门(留 1 ~ 2 扣)，停泵，将泵出口阀关死，关泵进口、缓冲罐出口阀门等控制阀门。

5. 技术要求

操作时注意压力是否超压，管线是否畅通无渗漏。

6. 安全要求

(1)检查压力表、计量仪表等是否在合理范围内，防止超压引起的油气泄漏。

(2)检查油气区天然气自动报警装置是否完好，防止油气聚集造成人员中毒伤害和火灾事故。

(3)检查压力容器时注意观察压力，防止超压引起跑油事故。

(三)双容积量油

双容积量油是油田开发中重要的油井计量方法，它是研究油水变化规律，检验生产管理措施及进行动态分析的第一手资料，是采油工管理油井、录取资料的最基本的操作技能，下面我们来学习双容积量油的操作规程。

1. 人员要求

本项目所需人数为 1 人。

2. 准备工作

(1)工具、用具、材料准备："F"扳手一把，300mm 活动扳手 1 把，绝缘手套 1 副，棉纱少许。

(2)劳保用品准备齐全，穿戴整齐。

3. 操作步骤

(1)打开门窗和通风设施进行通风。

(2)如图 8-10 所示，检查并改通原油流程，按照油流方向，从原油出口开始倒流程，即先打开油流出口，最后打开总控制流程来油阀门。

(3)改通齿轮泵系统流程，检查齿轮泵进、出口压力表是否符合要求。

(4)检查双容积气管线流程，打开双容积分离器下室出口阀、上室出口阀、进口阀，改通流程，使计量井的原油进入准备分离器，如图 8-11 所示。

(5)检查双容积分离器三相电磁阀及上、下浮球液位计，确认灵活可靠、安全防爆。

(6)检查双容积压力表是否正常。

(7)打开换热器出口阀，检查其出口压力表、进口压力表是否灵活，打开换热器进口阀。

(8)打开配电柜，合闸，给将要使用的单量控制系统供电，打开控制仪电源开关，按下按钮使仪器处于工作状态。

(9)如果"下液位"指示灯亮，按下"手动排油"按钮，排净余油。

(10)稍开总控制流程对应井单量进油阀，关其混合进油阀，开大其单量进油阀。

(11)待双容积分离器工作稳定后，当某一次排油开始时，立即记下起始时间，并将手

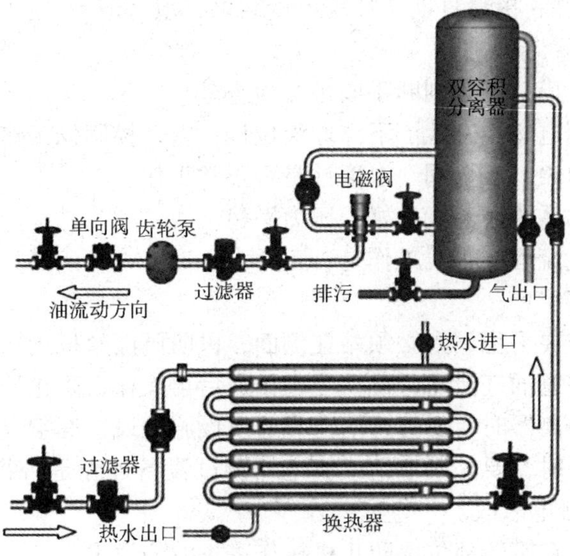

图 8-10 双容积分离器量油流程示意图

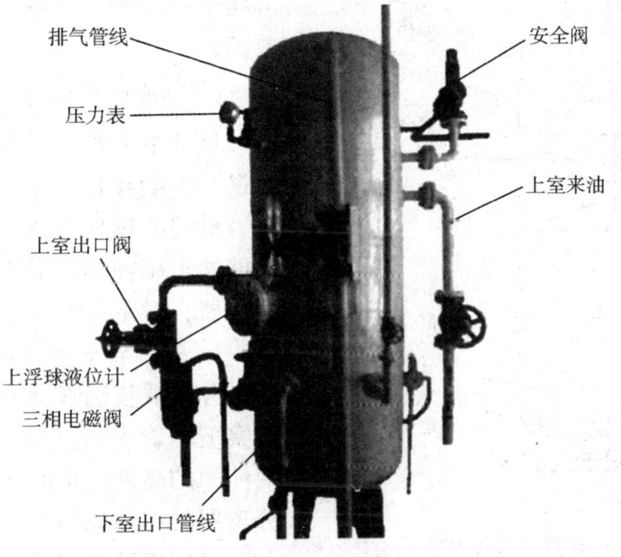

图 8-11 双容积分离器量油示意图

动计数器落零，开始正常量油。

(12)检查自动单量控制系统，确定电路正常，显示灵敏。

(13)检查油路系统是否畅通，压力是否正常。

(14)在规定的时间内完成单井量油，量油完毕时，记下最后一次排油时间作为量油终止时间，并同时记下计数器读数(排油次数)。

(15)稍开总控制流程单井混合阀门后将流程改回原流程，全开单井混合阀门。

(16)如果“下液位”灯亮，按下“手动排油”按钮排净余油，关闭电源。

(17)关换热器进、出口阀。

(18)关双容积分离器进口，关双容积分离器出油、气阀门，关齿轮泵进口、出口阀门。

(19)填写单量井号、单量日期，计算单量结果，填写记录。

4. 技术要求

(1)结合看、听、摸、闻等判断手段进行检查。

(2)检查确定三相电磁阀，上、下浮球液位计，自动控制仪工作是否正常，灵敏可靠。

(3)检查确定压力表、安全阀、温度计是否正常工作。

(4)检查确定排油系统进油量良好，压力平稳。

(5)检查确定油气流程、管线工作是否正常。

5. 安全要求

(1)改流程时操作要平稳，人必须站在侧面，以防阀门丝杆飞出伤人。

(2)改单量时要注意油气泄漏，确认流程畅通后再操作，防止油气泄漏造成中毒事故。

(3)操作双容积分离器时，要打开门窗和通风设施通风，等空气流通后方可进行操作。

(4)操作电器设备时，要先用电笔或验电器测试设备外壳是否带电，必须戴高压绝缘手套，以防漏电发生触电事故。

(5)操作机泵时，在旋转部位要防止机械伤害事故的发生。

(6)操作时和操作结束后，必须确认流程是否正确，观察压力正常后方可进行或离开。

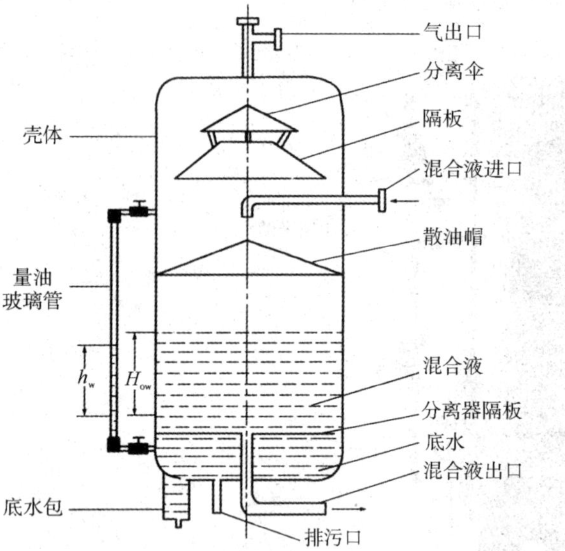

图 8-12　立式(切向)计量分离器结构示意图

(四)玻璃管量油

量油是采油工管理油井、录取好资料的最基本的操作技能，下面我们来介绍玻璃管量油的操作方法，通过学习，使操作者能够正确使用配备有玻璃管量油的计量分离器，对单井进行量油操作。

1. 玻璃管量油原理

分离器玻璃管量油是利用连通器原理，观察玻璃管内液面的高度来反映分离器中油液面的高度，从而计算出油井的产液量，分离器的结构如图 8-12 所示。

根据连通器原理可得：

$$H_{ow}\rho_{ow}g = h_w\rho_w g \tag{8-1}$$

可以写成

$$H_{ow}\rho_{ow} = h_w\rho_w \tag{8-2}$$

由上式可得出分离器内液柱上升高度为：

$$H_{ow} = \frac{h_w\rho_w}{\rho_{ow}} \tag{8-3}$$

若分离器的直径为 D，则液柱重量为 W_L：

$$W_L = \frac{H_{ow}\rho_{ow}\pi D^2}{4} = \frac{h_w\rho_w\pi D^2}{4} \tag{8-4}$$

式中　D——分离器的直径，m；

H_{ow}，h_w——液、水柱上升高度，m；

ρ_{ow}，ρ_w——液、水密度，t/m^3；

g——重力加速度，$g=9.8\text{m/s}^2$。

如果玻璃管水柱上升高度 h_w 所需时间为：t(s)，则每秒的液量为：

$$q_L = \frac{W_L}{t} = \frac{h_w \rho_w \pi D^2}{4t} \tag{8-5}$$

式中　q_L——每秒的液量，t/s。

折算时间为 t_1(s)时产液量公式为：

$$q = q_L \times t_1 = \frac{h_w \rho_w \pi D^2}{4t} \times t_1 \tag{8-6}$$

式中　q——折算任意时间的产液量，t；

t_1——折算时间，s(折算4h；折算8h；折算24h)。

则每天产液量公式为：

$$Q = \frac{86400 h_w \rho_w \pi D^2}{4t} \tag{8-7}$$

对于一个确定的分离器，式(8-7)中 $86400h_w\rho_w\pi D^2/4$ 为常数(称为分离器常数)，则公式简化为：

$$Q = \frac{常数}{t} \tag{8-8}$$

利用式(8-8)就可以计算油井每天的产液量。

分离器玻璃管手动量油法，具有操作简单的优点，但由于是在较短时间内计量，在通过折算计算日产油量，因而不太精确。

各种类型分离器量油简化计算公式见表8-1。

表8-1　各种类型分离器量油简化计算公式

序号	分离器内径/mm	有无人孔	规定量油高度/mm	日产量计算公式/(t/d)	备注
1	412	无	300	$Q=3455.4/t$	
2	412	无	375	$Q=4319.1/t$	
3	412	无	500	$Q=5758.5/t$	
4	600	无	300	$Q=7329/t$	
5	600	无	400	$Q=9780/t$	
6	800	有	350	$Q=16070.4/t$	产量小于25t/d
7	800	有	400	$Q=18103.5/t$	
8	800	有	500	$Q=22291.2/t$	人孔中心线以下35cm
9	800	无	500	$Q=21714.9/t$	
10	1200	有	200	$Q=19526.4/t$	人孔以下
11	1200	有	300	$Q=29289.4/t$	人孔以下
12	620	无	300	$Q=7824/t$	
13	414	有	500	$Q=6120/t$	

2. 玻璃管量油操作

(1)人员要求

本项目所需人数为1人。

(2)准备工作

①工具、用具、材料准备：450mm管钳1把或阀门扳手1把，2m钢卷尺1个，秒表1块，计算器1个，记录纸，记录笔1支，棉纱少许。

②劳保用品准备齐全，穿戴整齐。

(3)操作步骤

分离器玻璃管量油流程如图8-13所示。

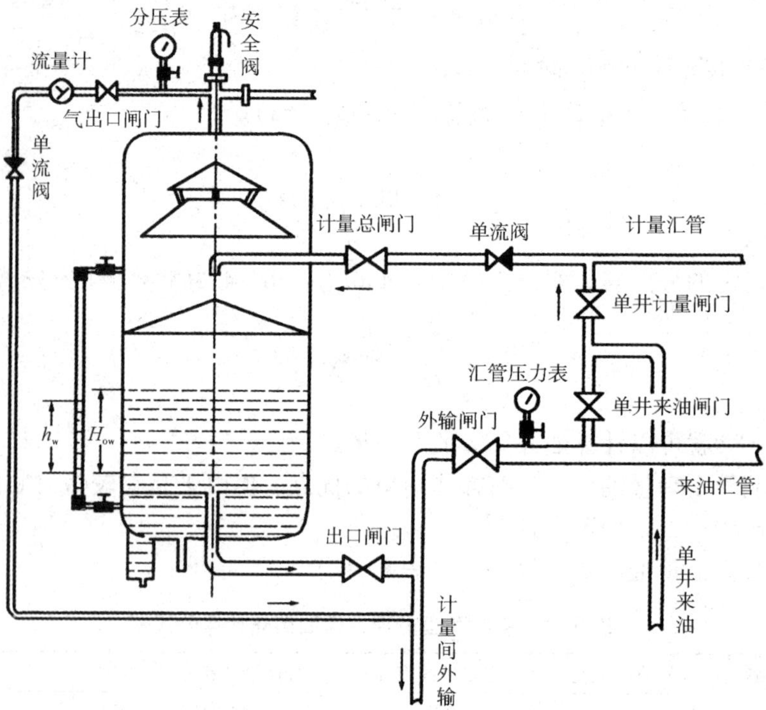

图8-13　分离器玻璃管量油示意图

①检查确认量油分离器。

a)分离器规格大小；

b)分离器量油玻璃管高度及上下标线是否清楚；

c)分离器进出口及气平衡流程等；

d)若是掺水伴热生产井要提前10~15min关渗水阀门。

②倒流程。

a)打开分离器量油玻璃管上下流阀门，查看分离器内原油的液面状况；

b)打开气平衡阀门；

c)打开被量油井的单井计量阀门，并开至最大，同时关单井来油阀门并关严；

d)迅速来到计量分离器处，用量油出口阀门的开、关来调整玻璃管内液面，如果液面很高，液面压得很慢，可关小气平衡阀门来加速压液面。

③量油、计时。

a)在液面被压至量油下标线(刚过)以下迅速关量油出口阀门，并关严；

b)调整身体姿势，使眼睛与玻璃管内液面水平，看准下标线，在液面与下标线重合时，开始计时；在液面上升过程中要观察一下量油分离器的分压表与来油管汇压力表的压力情况，正常时两块表压力基本一样；

c)在液面上升接近上标线时，再调整身姿，在液面与上标线重合时再记下时间；

d)记好第一次量油时间 T_1，迅速打开量油出口阀门，使液面降至下标线以下，再次重复第一次量油过程，记下第一二次量油时间 T_2，直至要量的次数 i 为止，分别记录好各量油时间 T_1、T_2、…、T_i。

④倒回流程。

a)在确认量油次数够后，把液面降至接近下标线时，关量油出口阀门，开单井来油汇管阀门并开大，同时关单井计量阀门，关严后，再把计量总阀门、气平衡阀门关上。

b)打开掺水阀门，尽量开至与原大小一致，保证原掺水量。

⑤计算产量。

a)把记录下的各量油时间 T_1、T_2、…、T_i 相加，再除以测量次数 i，就得出量油平均时间 T。

b)根据该计量分离器量油常数换算出该井的日产液量：$Q_{日}$ = 量油常数/T。

(4)技术要求

①量油玻璃管上、下流阀门一定要先开上阀门，后开下阀门；先关下阀门，后关上阀门。

②量油高度误差不能超过 ±2mm，计时误差不能超过 ±1s。

③开关阀门要平稳，倒流程时一定要先开后关，分离器不能憋压，即量油时气平衡阀门如没有打开，一是量油不准，二是造成憋压，如被量油井产量高，会导致分离器安全阀被憋开，造成跑油事故。

④如本次和前次量油相差很大，应重新量油进行核对。

(5)安全要求

倒流程时一定要先开后关，防止分离器憋压，使玻璃管爆裂或分离器安全阀被憋开造成跑油事故。

更换分离器量油玻璃管是采油工操作仪器仪表中，内容要求较高并具有代表性的技能操作；通过对本节的学习，使操作者能够正确进行更换分离器玻璃管的操作。

3. 更换量油玻璃管

(1)人员要求

本项目所需人数为 1 人。

(2)准备工作

①工具、用具、材料准备：200mm、250mm 活动扳手各 1 把，150mm 平口螺丝刀 1 把，三角锉刀 1 把，2m 钢卷尺 1 个，直径长度合适的玻璃管 1 根，污油桶 1 个，密封胶圈或石棉绳、黄油适量，深色水笔(画笔)1 支。

②劳保用品准备齐全，穿戴整齐。

(3)操作步骤

①检查玻璃管装置上下阀门状况，如图8-14所示，准备更换的玻璃管是否正确，确认无误可以操作，用钢卷尺量出所需玻璃管长度，用三角锉刀割玻璃管；

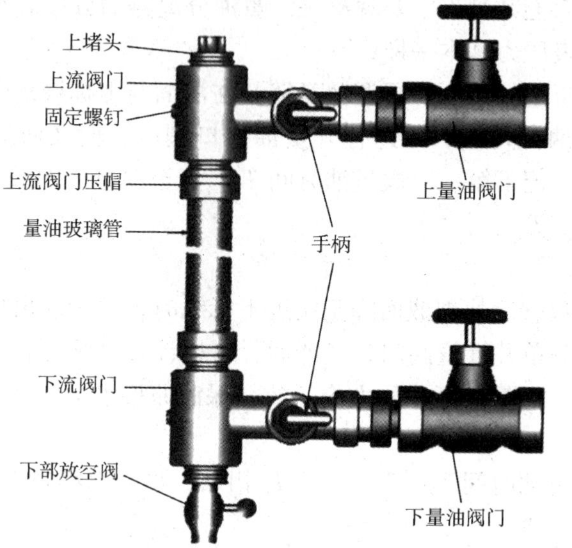

图8-14　量油玻璃管装置示意图

②先关玻璃管装置的上下量油阀门，打开放空阀，把玻璃管内液体放净；

③用扳手卸上流阀门堵头，注意密封垫不要碰坏(如果坏了就要换新)；

④缓慢卸上、下流阀门的压帽，扳手卸松后用手直接卸上、下压帽，卸掉后用平口螺丝刀轻撬起法兰，双手一起缓慢转动玻璃管，确认上下都松后即可从上流阀门内抽出，然后轻轻用平口螺丝刀取下来，再用平口螺丝刀把上、下流阀门清理干净，拿过新玻璃管比量一下，确认长度适合后，开始安装；

⑤把新玻璃管从上流阀门穿过后再插进下流阀门前，把上、下压帽及法兰按顺序套在玻璃管外侧，把玻璃管位置放正，一手拿住，另一手把密封填料或胶圈在阀门与玻璃管缝隙内填加，在加够后放下法兰，用手上压帽，再用同样方法加好另一侧密封填料等，上好压帽，最后用扳手缓慢、轻轻用力紧压帽；

⑥在上、下压帽上好后，把上堵头上好，关放空阀门；

⑦试(看)液面：开上量油阀门试压，确认无渗漏后，开下量油阀门试(看)液面；

⑧确认玻璃管内液面正常，用钢卷尺量好标高的上、下量油位置标线，画好即可；

⑨关上、下流阀门，收拾工具，清理现场。

(4)技术要求

①玻璃管切口平整、无破口、无裂痕、长度适合，误差不超过±2.5mm；

②如加入的是石棉绳密封填料，要四周均匀，用平口螺丝刀轻轻压入，防止用力把玻璃管挤碎；

③标定量油高度误差不超过±1mm，标线宽度不大于2.5mm。

(5)安全要求

①倒流程时一定要先开、后关，防止分离器憋压使玻璃管爆裂或分离器安全阀被憋开

造成跑油事故；

②换玻璃管时动作要轻，防止玻璃管挤碎伤人。

三、常用设备操作

（一）站内收球操作

站内收球是验证每口油井是否正常投球，以便检查集油管线结蜡及畅通情况。

1. 人员要求

本项目所需人数为1人。

2. 准备工作

（1）工具、用具、材料准备：污油桶1个，300mm专用撬杠1根，200mm、300mm活动扳手各1把，绝缘手套1副，棉纱少许，纸、笔。

（2）劳保用品准备齐全，穿戴整齐。

3. 操作步骤

（1）打开门窗及通风设施进行通风；

（2）检查压力表是否在正常压力范围内；

（3）检查接电线路、接地线、温度计是否完好；

（4）检查收球筒密封件密封是否良好；

（5）打开收球筒旁通阀门，依次关收球筒的进口阀门、出口阀门，如图8-15所示；

（6）给收球筒送电加热，待温度上升到60℃左右时切断电源；

（7）打开降温开关，待收球筒温度降至30℃左右时，切断电源，打开放空阀门放空；

（8）观察压力表压力落零后，站在收球筒盖板侧面，取下安全销；

（9）用收球筒专用撬杠缓慢将盖板销子转到右面极限位置，双手打开快开阀门，将盖板提起，并转到收球筒侧面，如图8-16所示；

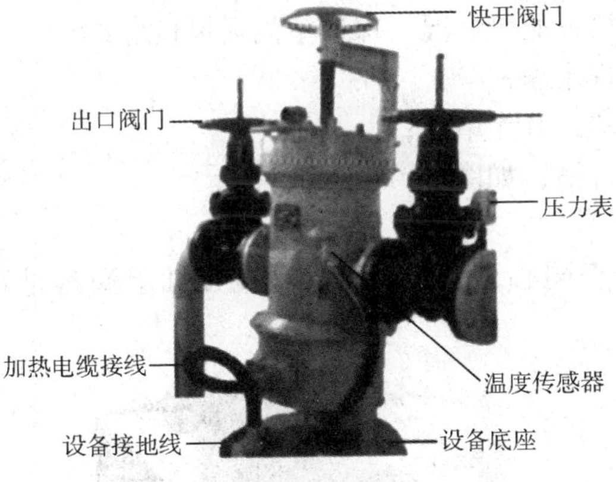

图8-15　电加热收球筒示意图

图8-16

（10）提起装球篮，取出清蜡球，将球倒入污油桶；

（11）放下装球篮，盖好人孔盖，将收球筒盖转到左面极限位置，销好安全销；

（12）关闭放空，依次打开收球筒出口阀门、进口阀门，关闭旁通阀门；

（13）清理现场，登记球号，将资料填入记录本。

第二种收球法与前一种收球法不同的是打开收球筒盖的方法不同。

4. 技术要求

(1)加热和降温时，必须达到规定温度才能进行操作。

(2)球号要对号入座记录并和井号相符。

5. 安全要求

(1)打开门窗和通风设施通风，等空气流通后方可进行操作。

(2)开关阀门时人要站在侧面，以防丝杆飞出伤人。

(3)操作电器设备时，必须戴绝缘手套。

(4)待收球筒温度降至30℃，放空、压力确认落零后再进行收球操作，防止加温后未放空蒸汽出来烫伤和打开人孔盖会造成打伤人事故。

(5)打开人孔盖的撬杠必须具有防爆功能。

(6)收球时防止油水进入线圈室，避免烧坏线圈，引起火灾。

(二)离心泵操作

1. 启离心泵

离心泵作为输油工作中的心脏设备，它的正常运行影响着整个油田生产状况，启、停离心泵是采油工最基本的操作技能。

(1)人员要求

本项目所需人数为1人。

(2)准备工作

①工具、用具、材料准备：300mm活动扳手1把，“F”扳手1把，100mm钢板尺1把，200平口螺丝刀1把，450mm管钳1把，试电笔1支，棉纱少许。

②劳保用品准备齐全，穿戴整齐。

(3)操作步骤

①启动前的准备。

a)开启排风扇、门窗等设施进行通风，检查通风情况，保证室内通风良好；

b)清除放在机组上的杂物，并将现场清理干净；

c)检查离心泵吸入段过滤器滤网是否正常，有无堵塞；

d)检查输油流程是否正确，压力表是否合格，如图8-17所示；

e)检查电动机接线是否合格；

f)检查各部位螺栓有无松动，联轴器是否同心，间隙是否合适，泵轴承润滑是否良好，如图8-18所示；

图8-17　检查压力表示意图

图8-18　紧地脚螺丝示意图

g)盘泵数圈，靠背轮过松，泵不吸液；过紧盘不动也不行；

h)打开进口阀门，确认液体进入泵内后打开放空阀门进行放空，直到无压力，液体自然流出为止，关放空阀门；

i)检查密封填料盒是否渗漏，如渗漏，应适当的上紧密封填料压盖，不得偏斜，如图8-19所示；

j)检查启动按钮，作好启泵前的准备工作。

②泵的启动和检查。

图8-19 盘泵操作示意图

a)合上电控柜闸刀，按下启动按钮，观察泵压是否达到排量要求，当泵压上升至额定压力后，缓慢打开出口阀门，调好排量，调整泵压直到工作压力后方可离开；

b)启动初期和运转过程中，如发现有异常声响和憋压等异常现象，应立即停泵；排除故障后，再重新启泵；

c)若密封填料盒渗漏，应适当调整密封填料盒压盖，调整无效时停泵加密封填料或更换机械密封；

d)检查泵的排量、压力是否正常；

e)检查电动机温度、轴承温度。电动机温度不超过75℃，三相电压、电流是否在额定范围内；

f)检查泵及管路各部位是否漏油或抽空；

g)倾听各部位声音是否正常；

h)机泵运转正常后清理现场，收拾工具。

(4)技术要求

①机泵运行过程中检查电动机和泵的振动情况，振幅应小于0.06mm。

②启泵运行，电压应控制在360~410V范围之内，以防电源电压过低或过高导致电动机损坏。

③机泵连接部位应紧固、润滑，盘泵灵活，无杂音，泵内无空气，相关流程畅通，电路正常，方可启泵，避免机泵连接部位松动，泵内堵卡，造成机泵损坏、泄漏、泵不吸液等。

④启泵前检查机油液位及油压情况，机油液位控制在2/3，机油浑浊应及时更换，更换时采用“三五”过滤，冬季应加CD 15W/40型机油，夏季应加CD40机油，确保机泵正常运行。

⑤长期停用的机泵或新安装的电动机启用时应进行检查，测量电动机绝缘程度，380V电动机绝缘电阻最低不小于0.5MΩ。

⑥在连续输油运转中，应每半小时检查一次机泵各部位，电流、电压、压力、流量、电动机温度、轴承温度等，发现问题，立即排除。

(5)安全要求

①送电前应检查启泵按钮的绝缘套，以防绝缘套损坏漏电伤人。

②进入油气聚集区首先打开门、窗和换气通风装置。

③操作泵时长头发必须塞进帽子里，防止转动部分将头发绞入，引起人身伤害。

④不能直接和间接接触联轴器等转动部位，防止转动部位造成机械夹伤或绞伤。

⑤检查流程，防止流程倒错引起的滋漏事故。

⑥检查电动机和设备温度时要去掉手套，用手背触摸。

⑦操作结束后，必须确认流程是否正确，观察压力正常后方能离开。

⑧听取设备声音时，不能直接趴在设备上，要将螺丝刀接触到设备，将螺丝刀柄靠在耳旁边听取。

2. 停离心泵

(1)人员要求

本项目所需人数为1人。

(2)准备工作

①工具、用具、材料准备：250mm活动扳手1把，棉纱少许。

②劳保用品准备齐全，穿戴整齐。

(3)操作步骤

①慢关离心泵出口阀门，不得关闭离心泵进口阀门；

②按下停泵按钮，切断电源；

③待泵停稳后，关闭离心泵进口阀门，关死泵出口阀门，打开放空阀放空；

④清理现场卫生和工具；

⑤填写运转记录。

(4)技术要求

①停泵：先关小出口阀门，待电动机减轻载荷后方可停泵，停泵后，必须断开配电室电源闸刀，挂停用牌。

②除设备出现异常或生产运行出现特别情况应紧急停泵外，其他停泵应与生产调度和相关部门取得联系，同意后方可停泵；停泵后必须向上级部门及上、下游站汇报，停泵后，进行盘泵2~3圈，关闭进口阀门。

(5)安全要求

进入油气聚集区首先打开门、窗和通风设施，防止油气聚集区瓦斯气浓度太大造成油气中毒。

3. 离心泵过滤器清洗

离心泵过滤器的主要作用是保证进入离心泵的液体无杂质及脏物，以延长离心泵的寿命，提高离心泵的使用效率。为了保证过滤器有高效的过滤能力必须经常清洗。

(1)人员要求

本项目所需人数为1人。

(2)准备工作

①工具、用具、材料准备：250mm活动扳手1把，12mm内六方扳手1把，清洗桶1个，毛刷子1把，黄油、棉纱、清洗油适量。

②劳保用品准备齐全，穿戴整齐。

(3)操作步骤

①打开窗户通风；

②关闭过滤器进、出口阀门，打开过滤器旁边的放空阀放空(有些放空阀与污油池相连)，如图 8-20 所示；

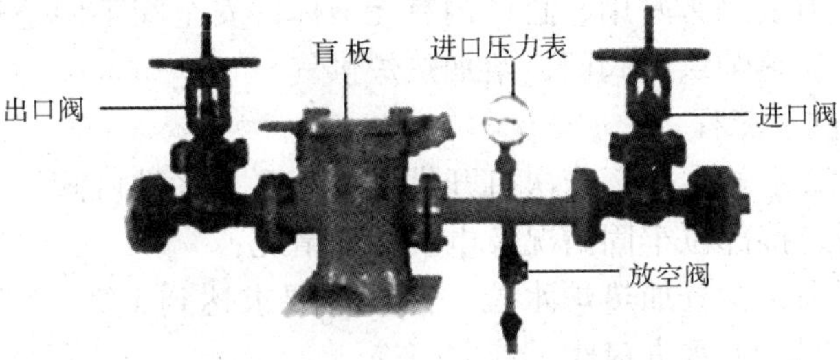

图 8-20　清洗过滤器流程示意图

③当压力落零后，用内六角扳手卡好过滤器盖的卡箍一头螺栓，用活动扳手卡住卡箍另一头螺帽，顺时针旋转，卸下螺帽，打开卡箍，取下过滤器盖板，取出过滤网；

④在专门指定的地点用毛刷子蘸清洗油清洗过滤网，检查过滤网是否完好、无损坏，否则更换新的过滤网；

⑤安装过滤网，取出过滤器密封圈，用棉纱擦净密封圈及过滤器口，并涂抹黄油，安装密封圈，擦净过滤器盖子，盖上过滤器盖板，合上过滤器盖板卡箍，用活动扳手与六内方扳手配合使用，拧紧螺丝，关闭放空阀；

⑥检查过滤器有无渗漏现象，倒回原流程；

⑦收拾工具，清洁卫生。

(4)技术要求

①操作时注意将过滤器盖及密封圈擦净并涂抹黄油；

②过滤器内网要清洗干净，有损坏时要及时更换新网；

③安装密封盖板时要装好密封圈。

(5)安全要求

①打开门窗和通风设施通风，等空气流通后方可进行操作；

②确认流程畅通，放空，待压力确认归零后再操作；

③使用工具时，操作要平稳，规格型号要配套，防止物体磕碰伤人；

④开关阀门要平稳，人应站在侧面，避免丝杠飞出伤人；

⑤清洗过滤网时不能在站内进行，防止引起火灾；

⑥操作结束后，必须确认流程正确，观察压力正常后方可进行或离开。

(三)真空加热炉点炉

真空加热炉通过对水进行加热，并使热量传递给原油，利用间接的方法给油井产出的油气加温降粘，它具有操作简单、方便的特点。下面我们来学习它的点炉操作。

1. 人员要求

本项目所需人数为 1 人。

2. 准备工作

(1)工具、用具、材料准备：250mm 活动扳手 1 把，棉纱少许。

(2)劳保用品准备齐全，穿戴整齐。

3. 操作步骤

(1)检查并倒通供气流程。

①检查压力缸压力表是否好用、缸体内有无液体、安全阀手柄是否灵活;

②打开压力缸的加热炉供气阀门，给加热炉供气。

(2)检查并倒通供水流程。

①打开水箱盖检查水箱水位，依次打开供水循环泵上水进口阀门、出口阀门，用活动扳手检查供水循环泵连接部位牢固情况及电机接地情况;

②启动供水循环泵，检查加热炉水位。液位计要求达到1/2~2/3时停加水泵，依次关闭供水循环泵出口阀、上水进口阀。

(3)检查并倒通原油加热流程。

①打开原油出口阀、进口阀，关旁通阀;

②检查加热炉温度值、压力值(压力值为负值)，检查安全阀(压力容器安全阀需经有关检测部门检测合格后方可安装使用)。

(4)检查气压表压力(达到0.02MPa为宜)，检查气管线有无漏气现象;检查水位是否在工作范围内，温度值的大小，检查电器控制开关箱内电路接头有无松动现象。

(5)打开电源，则鼓风机自动开启吹扫炉膛，吹扫完后自动点火，指示灯变亮后，调节按钮到大火，此时两个指示灯全亮，如图8-21所示。

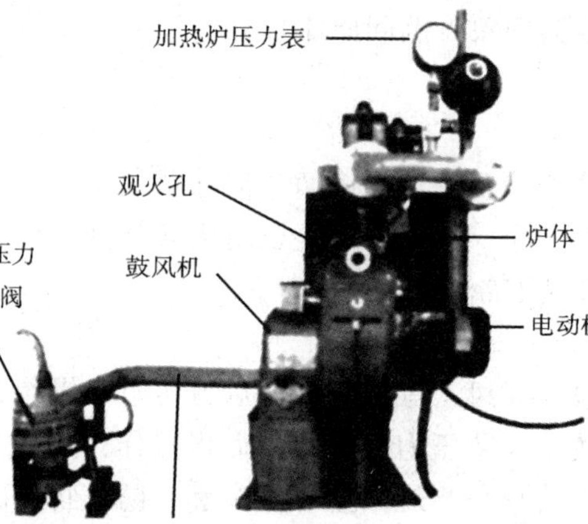

图8-21 真空加热炉燃烧器

(6)当温度上升到规定值时，打开循环泵进、出口阀门，启动供水循环泵，待泵吸液正常、炉膛火焰以蓝色、加热炉无异常声音方可离开。

(7)收拾工具，填写报表。

4. 技术要求

检查水位计、安全阀、压力表是否完好无损，确保生产正常运行。录取数据准确。

5. 安全要求

(1)检查流程是否畅通，有无泄漏，防止油气泄漏引起中毒及火灾。

(2)检查气管线控制阀门有无漏气现象。

(3)检查电器控制开关箱内电路接头有无松动现象。

（四）常压水套炉操作

常压水套炉是采油现场常用的一种加热原油的设备，走油盘管浸没在水套中，通过对水进行加热，利用间接的方法使热量传递给原油，从而给油井产出的油气加温降粘，达到降低外输压力，增加原油输送时的目的。启、停水套炉是采油工经常性的操作工作之一。

1. 启常压水套炉

（1）人员要求

本项目所需人数为 1 人。

（2）准备工作

①工具、用具、材料准备：200mm 活动扳手 1 把，引火钩 1 只，打火机 1 只，棉纱少许。

②劳保用品准备齐全，穿戴整齐。

（3）操作步骤

①检查加热炉供气管线的控制阀门是否关严，有无漏气现象；检查压力缸有无液体沉降；检查火嘴点火系统是否具备点火条件；检查炉膛、烟囱是否畅通，无余气存在；

②检查加热炉压力表、温度计、安全阀是否完好有效；

③检查加热炉水位计。水位达到水位计的 1/2 ~ 2/3 为宜；

④检查加热炉的进、出口阀门是否关严；

⑤检查供水循环泵各部位是否完好，常压水套炉流程如图 8-22 所示；

⑥开风门、烟道挡板通风，改通燃料流程；关风门，人站在炉口一侧，避开炉口，用引火钩将着火的棉纱送至火嘴前，缓慢打开气源阀门，点燃火嘴，如图 8-23 所示；

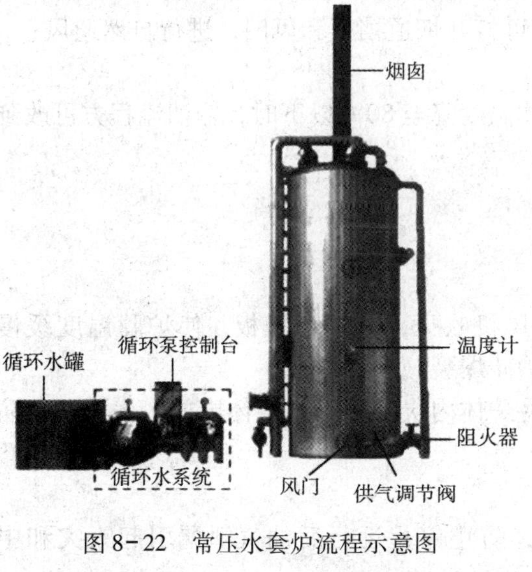

图 8-22　常压水套炉流程示意图

8-23　常压水套炉点炉示意图

⑦调整供气量和风门，火焰呈蓝色为宜，使加热炉正常升温；

⑧检查加热炉压力、温度，当温度升至规定范围后，打开供水循环泵阀门，启动供水循环泵；

⑨检查供热系统正常后，收拾工具，清理现场。

(4)技术要求

①操作时做到不检查不点炉；天然气无控制不点炉；火嘴和气管线漏气、炉膛内有余气不点炉；新炉启动前要进行试压，压力达到0.6～0.8MPa，憋压30min无渗漏；

②各部件、压力表、安全阀、水位表、火嘴、阀门齐全灵活好用，无渗漏；

③运行后，注意观察压力、温度及燃烧情况；

④升温不宜过快，可在4～6h达到规定温度。

(5)安全要求

①检查供气流程有无泄漏，防止泄漏引起火灾；

②检查安全阀、压力表、水位计是否完好，防止安全阀失灵、压力表过期，造成超压运行；

③检查炉内水位，防止水位过低或假水位，造成干锅或爆炸事故；

④点炉时将引燃物放在火嘴前面，侧身打开供油(气)阀点火，防止炉膛内余气引起爆炸事故。

2. 停常压水套炉

(1)人员要求

本项目所需人数为1人。

(2)准备工作

①工具、用具、材料准备：200mm活动扳手1把。

②劳保用品准备齐全，穿戴整齐。

(3)操作步骤

①提前2～3h进行压火，将炉膛温度降至200～300℃；

②关闭火嘴，停火后立即关闭烟道及所有孔门，以防因急剧冷却损坏炉体结构，在需加速冷却时，在加热炉缓慢冷却8～10h后方可打开烟道挡板和风门，进行自然通风；

③将燃料流程改回原状；

④停炉后盘内的油流应继续畅通，当炉体温度降至80℃以下时，输油流程方可改到加热炉旁通，以免炉内死油气化；

⑤按停运规定保养加热炉及供水循环系统；

⑥清理现场后填写记录。

(4)技术要求

①停炉时，炉内燃烧室仍有火，可用鼓风机吹灭，关闭调风板，使炉膛温度缓慢降低，严禁用水浇灭，以防炉膛突然降温引起炉砖爆裂、炉膛变形；

②应对加热炉试压，并用水冲洗炉管，将炉体内炭黑排除，炉体内放人生石灰，防止水放不干净造成水蚀。

(5)安全要求

检查供气流程有无滋漏，阀门是否关严，防止停止运行后油气泄漏引起火灾和中毒事故。

(五)更换50mm法兰垫片

法兰垫片作为一种密封元件，也是采油生产中最常用的元件之一。更换法兰垫片是采油工经常遇到的维修工作，是具有代表性的维修技能操作。

1. 人员要求

本项目所需人数为1人。

2. 准备工作

(1)工具、用具、材料准备：250mm活动扳手1把，50mm法兰盘1个，500mm撬杠2根，24～27mm梅花扳手1把，剪刀1把，钢锯条1个，石棉板若干，污油桶1个，划规1个，150mm直尺1把，黄油、棉纱少许。

(2)劳保用品准备齐全，穿戴整齐。

3. 操作步骤

(1)打开旁通阀门，依次关闭所换阀门两头的进、出口阀(上、下流阀门)，打开放空阀，将排出的液体放入污油桶内，确认卸压成功，更换法兰垫片装置如图8-24所示；

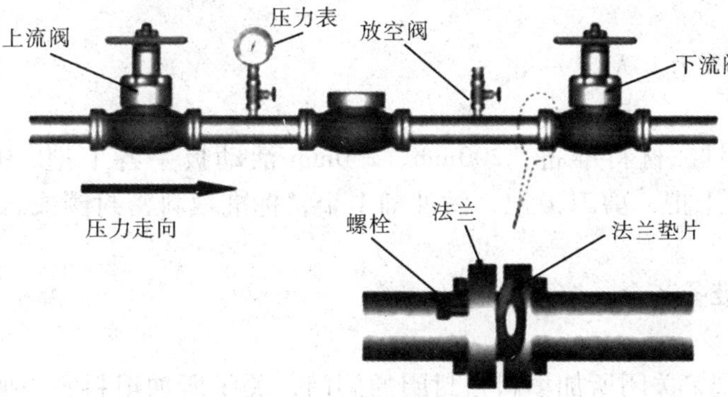

图8-24　更换法兰垫片的装置

(2)用直尺量取法兰尺寸，用划规在石棉板上画出与法兰内、外半径相同的两个同心圆，并用剪刀剪出垫片(注意留出手柄)；

(3)用活动扳手卸开法兰螺栓(卸四条法兰螺栓时，先卸掉面对自己的一条，另三条螺栓卸松不要卸掉，并用撬杠校正)；

(4)用撬杠撬开法兰取出旧垫片，用锯条将两法兰面清理干净；

(5)将剪好的新垫片两侧涂上黄油，放入法兰内，对正中心不得偏斜，用扳手对角上紧法兰螺栓；

(6)关放空阀，打开新换垫片阀门的下流阀2～3扣，试压不渗不漏后，开大其来液阀和下流阀；

(7)收拾工具，清理现场。

4. 技术要求

(1)新垫片制作要选用合适的材质；

(2)尺寸与结合面的形状相符，垫片的内外边缘要整齐圆滑；

(3)法兰面要清理干净，上法兰螺栓时要先上下面的一个，以便调整上螺栓时要求对角均匀上紧上平，法兰四周缝隙宽度一致，防止法兰面不平和螺栓未上紧等原因导致的油气外泄或滋漏伤害；

(4)卸法兰螺丝时不能全部卸掉，最少要留对角螺丝。

5. 安全要求

(1)放空时要站在上风口，室内操作时要通风，防止油气中毒；

(2)油气泄漏时要及时切换流程，防止油气中毒事故；

(3)确认流程畅通，防止流程改错引起憋压，导致跑油引发油气中毒或滋伤事故；

(4)放空压力落零后再进行操作，防止油气喷出滋伤人；

(5)开关阀门操作要平稳，人应站在侧面，避免丝杠飞出伤人；

(6)操作结束后，必须确认流程是否正确，观察压力正常后方可进行或离开；

(7)工具使用时，要轻拿轻放，避免敲击和碰撞产生火花；操作要平稳，规格型号要配套，防止物体磕碰伤人。

(六)加闸板阀填料密封圈

闸板阀是油、水井及站间常用的控制设备，加闸板阀填料圈是采油工管理维护采油设备经常性的技能操作。

1. 人员要求

本项目所需人数为1人。

2. 准备工作

(1)工具、用具、材料准备：200mm、250mm活动扳手各1把，0.75kg手锤1把，150mm平口螺丝刀1把，剪刀1把，污油桶1个，标准填料密封圈或石棉绳1条，黄油、棉纱少许。

(2)劳保用品准备齐全，穿戴整齐。

3. 操作步骤

(1)打开旁通阀，关闭所加填料密封圈的阀门，关闭所加填料密封阀门的来液阀与下流阀。

(2)用活动扳手卸下填料密封压帽(压盖)螺丝，退出填料密封压帽，如图8-25所示。

(3)用平口螺丝刀取出填料密封圈，并清理干净光杆密封盒。

(4)测量所加填料密封圈长度，用剪刀切割石棉填料密封圈，给新填料密封圈涂抹黄油，用螺丝刀将新密封圈加入填料密封圈密封盒内，加新填料密封圈时每节填料密封圈切口要错开。

(5)放入填料密封压帽，将压帽两条对应螺丝均匀上好，如图8-26所示。

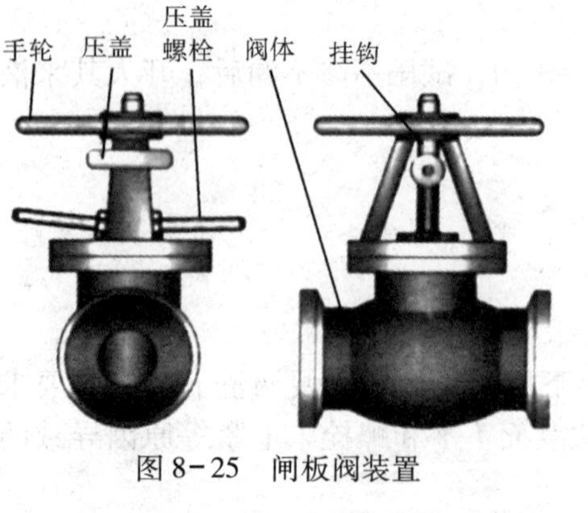

图8-25 闸板阀装置

图8-26 更换闸板阀密封填料示意图

(6)打开阀门试压，观察有无渗漏现象，无渗漏时全开阀门，打开所加填料密封阀门的来液阀与下流阀，关旁通阀。

(7)收拾工具，清理现场。

4. 技术要求

(1)新换填料密封圈的长度要求与丝杠周长相等，切割石棉填料密封圈时要切割成45°角。

(2)加石棉填料密封圈时，要将石棉填料密封圈涂上黄油，并注意不要将石棉填料密封圈夹在丝杆上，加填料密封圈时压入1/3，法兰外无毛刺。

(3)紧螺丝时要用力均匀，防止上偏。

5. 安全要求

(1)掏闸板填料密封圈时人的脸部不能正对闸门，要位于侧面，防止螺丝刀用力过大伤人。

(2)其他要求与换法兰垫片相同。

(七)处理井场、站内管线冻结

管线冻结可能造成油井生产不正常，危害很大，如不及时处理，时间越长冻结越厉害，处理起来会增加更大的工作量，因此发现管线冻结时应立即处理。

1. 人员要求

本项目所需人数为4人。

2. 准备工作

(1)工具、用具、材料准备：铁锹1把，镐头1把，毛毡若干，生石灰若干，锅炉车1部。

(2)劳保用品准备齐全，穿戴整齐。

3. 操作步骤

(1)用生石灰解冻。

①用镐头与铁锹挖坑，露出管线冻结处；

②用毛毡将生石灰包在冻结管线四周，用水浇透；

③观察石灰散发出的热量能否解开冻结。

(2)用热水或锅炉蒸汽解冻结。

①用镐头与铁锹挖坑，露出管线冻结处；

②用毛毡包住冻结管线；

③浇热水或直接用蒸汽烫开冻结部位。

(3)如果管线由于冻结造成蜡堵，可用热洗车或压风机打压处理。

4. 技术要求

(1)处理油井管线冻结，不能用明火处理。

(2)用热洗车或压风机打压处理时，要倒好计量转油站内的流程，严密注意压力变化情况，如果冻堵比较严重，可将管线截断，进行分段处理。

(3)确定锅炉无渗漏水现象，水位充足，防止锅炉水位不足引发的炉体变形。

5. 安全要求

(1)使用生石灰时要戴口罩、眼镜，操作时要观察风向，人要站在上风口工作，防止人吸入石灰或石灰进入眼睛造成对人体的伤害。

(2)石灰包裹管线时要仔细，防止遇水膨胀时碰到身体，造成人体烧伤或过敏。

(3)操作时要戴好防护用品，观察火势时应站在观火口侧面，防止站位不当引发的烫伤事故。

(4)使用工具过程中要轻拿轻放，避免敲击和碰撞；操作要平稳，使用方法要正确，防止物体磕碰伤人。

(八)刺漏管线处理

管线是油田生产中连接油田各生产部位的管路，是原油流动的通道，它直接影响着油田的正常生产，随着油田开发时间的推移，管线腐蚀情况越来越严重，加之外部环境的恶化，使管线的刺漏现象越加频繁，管线一旦发生滋漏，将会造成原油的大量浪费和周围环境的严重污染，所以处理刺漏管线是采油工常遇到的维护工作。

1. 人员要求

本项目所需人数为 2 人。

2. 准备工作

(1)工具、用具、材料准备：250mm、300mm 活动扳手各 1 把，剪刀 1 把，钢刷子 1 把，卡子及配件 1 套，砂纸 1 张，胶皮垫子 1 块。

(2)劳保用品准备齐全，穿戴整齐。

3. 操作步骤

(1)改流程放压，清理现场；

(2)一人用钢刷子将管线刺漏处清理干净，用砂纸除去管线上的铁锈；

(3)另一人根据刺漏管线直径大小剪裁一块胶皮垫子；

(4)两人配合将胶皮垫子放入卡子内，将卡子安装在管线刺漏处，安装时注意胶皮垫子要对准刺漏管线破裂处；

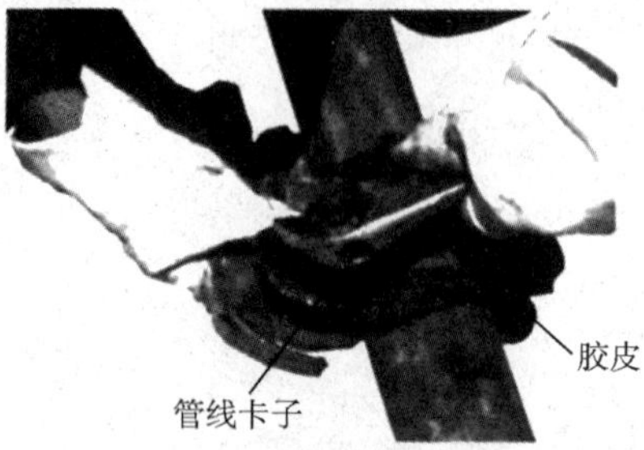

图 8-27　管线打卡子示意图

(5)用手将卡子螺栓上紧，一人手扶卡子，另一人用活动扳手上紧卡子螺栓，如图 8-27 所示；

(6)打开渗漏处的下流阀，试压，观察有无渗漏现象，无渗漏时全开下流阀门，打开来液阀，倒回原流程，恢复生产；

(7)收拾工具，清理现场。

4. 技术要求

(1)操作时注意卡子两边螺栓要交替上紧。

(2)严把作业质量关，试压不渗漏后方可改通流程。

5. 安全要求

(1)及时切换流程，注意保持通风，防止油气中毒。

(2)确认流程畅通，放空后压力确认落零。

(3)消防器材及时组织到位，防止消防不到位造成应急不及时，从而油气泄露引发火灾事故。

(4)交叉作业配合要默契，防止配合不到位造成人身伤害和设备损坏。

(九)电动机找头、接线(直流法)

电动机找头、接线是检修电动机后，对安装正确的电动机接电源线必做的一项工作。

1. 人员要求

本项目所需人数为1人。

2. 准备工作

(1)工具、用具、材料准备：250mm平口螺丝刀1把，200mm、250mm活动扳手各1把，电工工具1套，MF－500型万用表1块，1.5～3V电池组1个，塑料软导线0.5m，4.5～8.5mm鳄鱼夹2个，绝缘胶布1卷，绝缘手套1副，标签若干。

(2)劳保用品准备齐全，穿戴整齐。

3. 操作步骤

(1)用活动扳手卸下电动机接线盒盖上的螺丝，取下密封圈接线盒盖。

(2)将接线板上6个接线柱标出组号，如图8－28(c)所示，在电动机上留出上、下两组6个接线头，用6个标签标出1、2、3、4、5、6编号，通常上面3根留线分别是三相绕组的首端，下面3根留线是三相绕组的尾端。

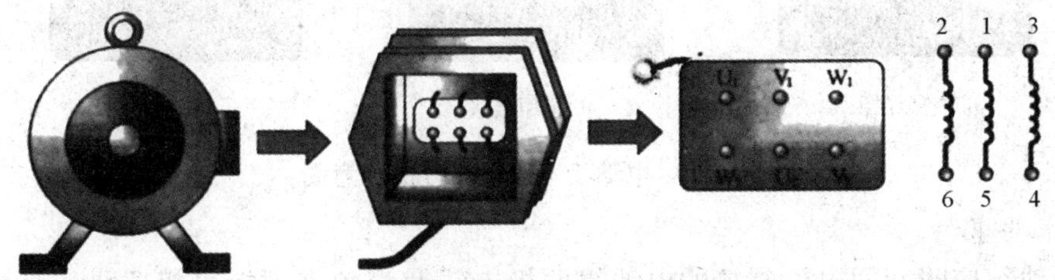

图8－28　三相异步电动机接线装置示意图

(3)用万用表分绕组。

①将万用表左侧功能转换开关旋转至“Ω”位置上，把右侧转换开关旋转至“1 R”(或200Ω)位置上；

②将红色测试杆插入“＋”极孔，黑色测试杆插入“－”极孔，如图8－29所示；

③将测试杆短路，用“Ω”微调开关使表针指向零位；

④用一根测杆与6个抽头中的一个抽头相接，再用另一根测试杆与其他5个抽头分别相接，其阻值小的为同一相绕组两个抽头。用同样方法找出另外两组绕组，并做好记号，如图8－28(d)所示。

图8－29　分绕组示意图

(4)用电池组找绕组首尾端、放电。

①将万用表两转换旋钮调至直流电流挡100mA处；

②将红色测试杆插入“＋”极孔，黑色测试杆插入“－”极孔；

③将测试杆与一相绕组的两个抽头分别相接；

④将电池组与另一相绕组的两个抽头分别相接，并规定与电池组正极相接的抽头为首端，与负极相接的抽头为尾端；

⑤瞬时接通电源，若万用表指针反转(向左)，则与万用表“＋”相接的抽头为该绕组首端，另一端为尾端，若指针正转(向右)，则与“－”相接的抽头为首端；

⑥用同样的方法将三相绕组找出来，并做好记号，如图 8－30(a)所示。

(5)将电动机与电源接通。

①星形接法(Y)：3 个首端分别接在三相火线上，3 个尾端连接在一起与零线相接，如图 8－30(b)；

②三角形接法(△)：第一相绕组的尾端与第二相绕组首端相接；第二相绕组的尾端与第三相绕组首端相接；第三相绕组的尾端与第一相绕组首端相接。最后将三个连接头分别接在三条相线上。上紧螺丝后检查有无裸露线头，如图 8－30(c)。

(6)合闸通电，观察电动机运转正常后，装上密封圈，安好接线盒盖，上紧螺丝。

(7)收拾工具，清理现场。

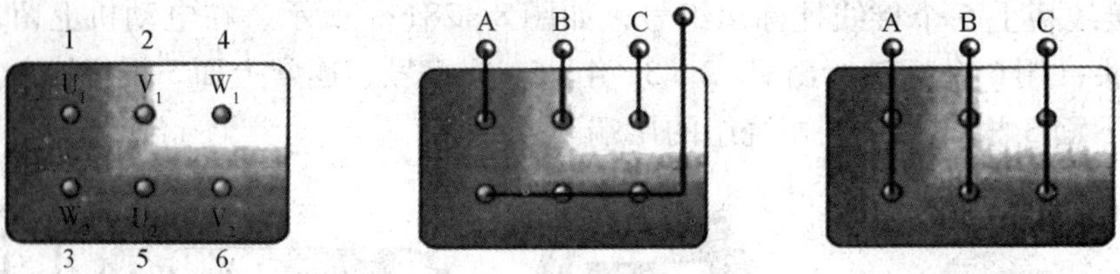

(a)找线结果　(b)星型接法　(c)三角型接法

图 8－30　电动机不同接线方法示意图

4. 技术要求

(1)电池组应瞬间通电，焊接的电池组两极电线及鳄鱼夹不能直接碰头，否则会短路烧坏电池，使用电池组电压、电流要够 3V、500mA 以上。

(2)万用表旋钮位置选择应准确，两测试杆不能随便相碰，防止短路。

(3)万用表要轻拿、轻放、摆平，拆下的线头要用绝缘胶带分别包线。

(4)接电源试运行时，注意不同的接法所适用的电压、电流值不同，否则会烧坏电动机。

5. 安全要求

(1)检查电气设施防护装置是否完好，注意接好电动机外壳要接地线。

(2)操作时戴好绝缘手套。

(3)拆下的线头要分别用绝缘胶带包好。

(4)在操作使用工具过程中要轻拿轻放，避免敲击和碰撞；操作要平稳，规格型号要配套，防止物体磕碰伤人。

(十)检查电动机绝缘

检查电动机绝缘主要是为了检查电动机是否漏电，以保证抽油设备安全生产。

1. 人员要求

本项目所需人数为 1 人。

2. 准备工作

(1)工具、用具、材料准备：200mm 活动扳手 1 把，250mm 平口螺丝刀 1 把，200mm 钢丝钳 1 把，MF－500 型兆欧表、万用表各 1 块，绝缘胶布 1 卷，棉纱少许。

(2)劳保用品准备齐全，穿戴整齐。

3. 操作步骤

(1)操作前必须先断开电源，具有电容性质的用电设备，必须先放电。

(2)用活动扳手卸下电动机接线盒端盖及密封圈。

(3)用干棉纱擦净密封圈、接线盒端盖、接线盒及各接线柱。

(4)用活动扳手卸下三相电源线固定螺帽，取出三相电源线，卸下各接线柱固定螺帽，取下各接线头，用万用表按电机找头方法分出各相绕组。

(5)将摇表放在水平位置，摇动，观看指针是否在"∞"位置。

(6)将"L"和"Z"接线柱引出抽头，"L"、"E"短接后慢慢摇动摇表，看指针是否在"0"位置上。

(7)测量相间绝缘。

①将兆欧表的"L"、"E"引出线分别接在电动机引线任意两相某一端头，顺时针方向摇动摇表，读出阻值；

②" E"线不动，"L"线换到另一相绕组，测量阻值；

③"L"线不动，"E"线换到另一相绕组，测量阻值；

④阻值均不应小于0.5MΩ为合格。

(8)测绕组对地绝缘。

①将兆欧表的"L"线与电动机某一绕组的一个端头相接，"E"线与电动机外壳相接，然后摇动摇表，测量阻值；

②用同样方法将三相绕组测完；

③阻值均不应小于0.5MΩ为合格。

(9)根据使用要求，接好各接线柱接头，上紧固定螺帽，接好三相电源线接头，上紧固定螺帽。

(10)装上密封圈，上好接线盒端盖。

(11)收拾工具，清理现场。

4. 技术要求

(1)一定要在仪器使用允许范围之内测量。

(2)测量时摇动速度为120r/min，阻值稳定，5min后取值。

5. 安全要求

(1)测量前必须先断电、放电。

(2)其他安全要求与电动机找头相同。

第三节 配水间基础知识及操作规程

配水间担负着控制、调节各注水井注水量，保证各注水井定压、定量完成注水量的任务。一般配水间有单井配水间和多井配水间两种。

一、注水系统流程

如图8-31所示，注水系统流程指从水源到注水井的全套设备和流程。通常包括水源泵站、水处理站、注水站、配水间和注水井。

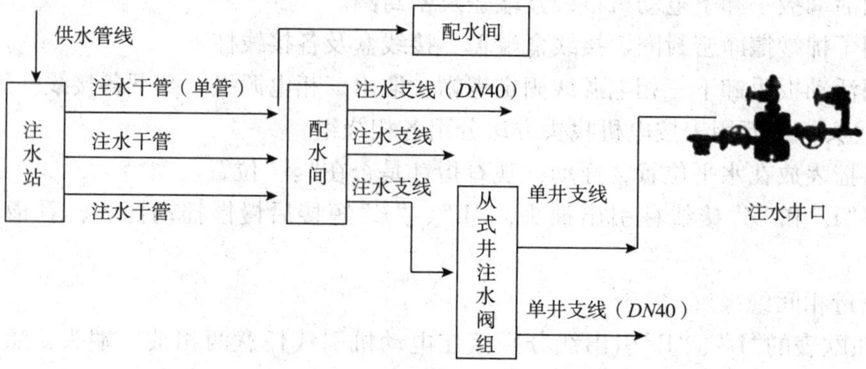

图 8-31　注水站到注水井井口的流程

1. 注水站

注水站的任务是将来水升压，满足注水井的压力要求。水质合格的水由来水管线进入贮水罐，再经过高压泵升压后经计量进入分水器，从分水器分配到各配水间。

2. 配水间

配水间的作用是将注水站来水按注水井的注入量及注入压力分配到各注水井上。

3. 注水井

注水井井口要承受高压，一般用 CYB－250 采油树。它的作用是：悬挂井内管柱，密封油、套环形空间，控制注水和洗井方式，进行井下作业。

二、注水站设备管理操作规程

（一）注水站巡回检查

注水站巡回检查主要是检查注水系统、水处理系统、配注及计量系统、储水系统、电路系统、冬季热循环系统及资料系统等。

1. 人员要求

本项目所需人数为 2 人。

2. 准备工作

（1）工具、用具、材料准备：300mm，375mm 活动扳手各 1 把，150mm 平口螺丝刀 1 把，0.5～2.5 m 安全带 2 副，棉纱少许，笔、纸。

（2）劳保用品准备齐全，穿戴整齐。

3. 操作步骤

巡回检查路线如图 8-32 所示。

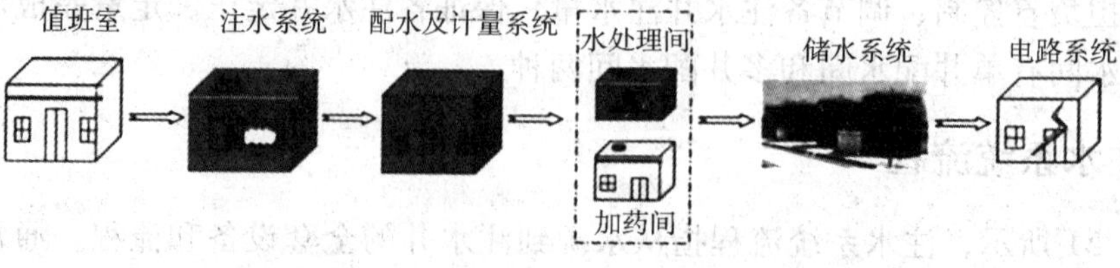

图 8-32　注水站巡回检查流程图

(1)注水系统检查。

①检查电路控制柜是否有缺相、短路和异味，电流表、电压表读数是否在正常范围内；

②检查电动机温度是否在规定范围内，电动机皮带是否有打滑、断裂现象和焦糊气味；

③检查在用泵运转是否正常，进出口压力是否达标，注水泵曲轴箱机油是否足够，温度是否正常，柱塞密封填料有无渗漏现象，泵进出口阀、安全阀及放空管线有无渗漏，曲轴箱内有无异响；

④检查提液泵是否正常运转，泵进出口阀有无渗漏，记录压力表读数，检查泵体和电动机是否有异响，检查电动机温度是否正常，泵体紧固螺栓有无松动，泵房内管线、阀门是否有刺漏。

(2)配注及计量系统检查。检查分水器管线是否泄漏，总水量和瞬时水量是否在调配正常范围内，供水站来水是否计量准确，检查各支线电子水表显示是否正常，注水压力是否达标。

(3)水处理系统检查。检查在用提升泵是否运转正常，进、出口压力是否达标，泵体、电动机是否有异响；检查药罐内药量是否充足，加药泵是否运转正常，精细过滤器是否运行正常，进出口压差是否不超过0.1MPa，检查各种设备、管网是否有泄漏。

(4)储水系统检查。储水罐接地是否牢固，水源罐和清水罐水量是否充足，检查罐顶呼吸阀是否灵活，螺丝有无松动，水罐浮标是否准确，上下移动灵活，人孔有无渗漏，阀组间管网是否有泄漏。

(5)电路系统检查。检查所有电器元件是否正常，有无异味，各控制仪表读数是否在正常范围内，照明系统是否正常，配电室是否有杂物存放，检查灭火器是否完好。

(6)检查完毕后，收拾工具，清理现场。

(7)填写巡回检查记录。

4. 技术要求

(1)各项记录资料严格按要求填写。

(2)各部位压力在规定范围之内。

(3)罐内液位在安全范围75%～80%之内。

(4)温度在规定范围之内。

5. 安全要求

(1)操作高压设备、流程时要站在侧面或安全的地方，防止高压流程、管线刺漏发生伤害事故。

(2)检查机泵等转动部位防护装置是否齐全、完好，防止造成机械夹伤或绞伤事故。

(3)正确使用电器设备，确定接地完好、绝缘防护良好，防止电气设备漏电造成的触电伤害或电器打火造成电弧灼伤。

(4)开关阀门要平稳操作，人应站在侧面，防止阀门丝杠飞出伤人。

(5)进入加药间时必须打开门窗及通风设施，加药操作时必须戴防毒面具，防止化学药品中毒。

(6)进入储水罐区，高空操作时要系好安全带，戴好安全帽，防止高空坠落造成伤害。

(二)控制调整注水量

调整注水井注水量是采油工管理注水井、注好水的一项日常操作技能，通过学习它的操作，可以使操作者能够正确进行调整注水井注水量的操作，加深对定压定量注水概念的理解。

1. 人员要求

本项目所需人数为1人。

2. 准备工作

(1)工具、用具、材料准备：计算器1个，棉纱少许，笔、纸。

(2)劳保用品准备齐全，穿戴整齐。

3. 操作步骤

(1)检查流程是否有渗漏现象，记录分水器压力与注水井管压、水表读数，根据配注量及层段性质计算出合格范围，将低、高限水量分别除以24(电子水表)算出每小时的合格范围，或除以1440(干式水表)算出该井每分钟的合格范围；

(2)利用秒表计时，测出每分钟的实际注入量(干式水表，其他水表不用)；

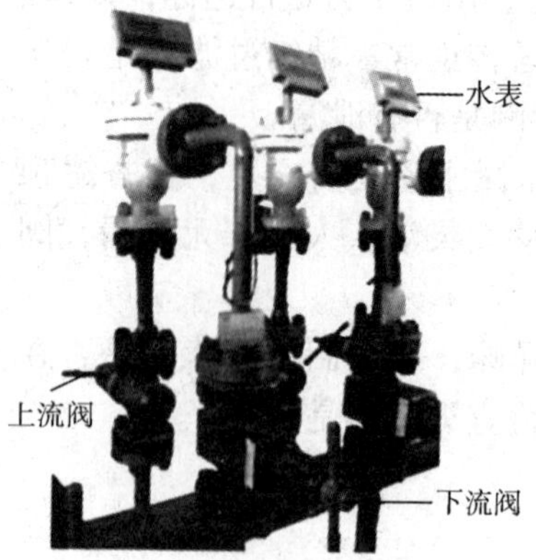

图8-33 控制调整注水量示意图

(3)将配注量与实际注水量进行比较，当实际水量大于配注水量高限时，适当缓慢关小下流阀门；若小于低限则开大，并重复计时测算，直至达到配注要求，控制调整注水量如图8-33所示；

(4)将有关数据填入报表内；

(5)收拾工具，清理现场。

4. 技术要求

(1)看水表，调节注水量用下流阀门控制排量。

(2)调大注水量时应先将水量调过配注量，再慢慢的回关阀门，使配注量达到配注要求。

(3)操作阀门要平稳，防止损坏计量仪表。

(4)读数要准确，要把实际注水量控制在合格范围之内。

5. 安全要求

(1)检查流程是否正确，确认没有泄漏，防止流程倒错引起高压水滋漏事故。

(2)在操作时避开卡箍接口处，防止高压水滋伤人。

(3)开关阀门时应站在侧面，避免丝杠飞出伤人。

(三)启柱塞式注水泵

栓塞式注水泵是注水工作中常用的设备之一，它具有排量平稳，扬程高，吸入性能好等特点。

1. 人员要求

本项目所需人数为2人。

2. 准备工作

(1)工具、用具、材料准备：300mm活动扳手1把，“F”扳手1把，36mm、41mm套筒扳手各1把，150mm专用密封棒1把，绝缘手套1副，棉纱少许，笔1支，纸。

(2)劳保用品准备齐全，穿戴整齐。

3. 操作步骤

(1)检查出口压力表是否正常；

(2)检查安全阀是否定期校验完好，来水管线压力表、泵进口压力表是否正常；

(3)关放空阀门，检查泵体螺栓是否紧固，各部位螺栓有无松动，用活动扳手紧固泵体固定螺栓、输入轴曲轴箱盖板螺栓；

(4)检查曲轴箱内油位高度是否适当；

(5)检查电动机固定螺栓有无松动，检查电动机绝缘是否可靠，电控柜线路有无裸露；

(6)取下皮带轮护罩盖，检查皮带松紧度，用“F”扳手盘泵数圈，检查有无异常；上紧皮带轮护罩，打开注水泵进口阀门，开放空阀进行放空，检查密封填料有无漏失，开出口阀门、开回流阀门，启动提水泵(有提水泵的流程)；

(7)合闸送电，启动注水泵，注意观察压力变化；

(8)调节回流阀门，将压力控制到所需压力；

(9)检查密封填料漏失情况；

(10)检查各部位有无异常响声、松动现象，三相电流是否正常，记录泵进、出口及来水管线压力值；

(11)收拾工具，清理现场，填写资料。

4. 技术要求

(1)提油泵启动正常后，再启动柱塞泵。

(2)启泵运行时，电压控制在 360 ~ 410V 范围之内，以防电源电压过低或过高导致电动机损坏。

(3)机泵连接部位紧固、润滑，盘泵至少盘 3 圈，相关流程畅通，电路正常，方可启泵。

(4)启泵前检查机油液位，控制在 2/3，机油浑浊应进行更换，更换时采用“三五”过滤(三过滤：入库前过滤，发放前过滤，加油前过滤。五过滤：使用前过滤，装桶前过滤，装桶后过滤，进泵前过滤，进泵后过滤)，冬季应加 CD 15W/40 型机油，夏季应加 40CD 机油，确保机泵正常运行。

(5)长期停用的机泵或新安装的电动机启用时应检查、测量电动机绝缘程度，380V 电动机绝缘电阻最低不小于 0.5 MΩ。

(6)送电前应检查启泵按钮的绝缘电路，绝缘可靠，以防漏电伤人。

(7)检查电动机轴承部位温度是否正常，各轴承温度不得超过 90℃，润滑油温度不超过 70℃，柱塞与密封填料温度不超过 75℃，出口压力不大于额定值的 1%。

(8)泵体内没有液体时，决不允许启动泵，严禁在进、排液管线上的闸阀和旁路阀关闭的情况下启动泵。

5. 安全要求

(1)使用工具时，要轻拿轻放，避免敲击和碰撞；操作要平稳，规格型号要配套，防止打滑伤人。

(2)开关阀门要平稳、缓慢，人应站在侧面，避免丝杠飞出伤人。

(3)在操作时避开卡箍接口处，防止高压水滋伤人。

(4)检查配电柜线路时要戴绝缘手套，站在胶皮上。

(5)检查流程是否正确，确认没有泄漏，防止流程倒错引起高压水滋漏事故。

(6)检查高压注水系统，发现超压或泄漏立即降压放空处理，确认完全卸压后方可操作。

(7)防止溢流阀未调整适当导致的柱塞泵超压运行引发伤人事故。

(8)操作结束后，必须确认流程是否正确，观察压力正常后方可进行或离开。

(四)停柱塞式注水泵

1. 人员要求

本项目所需人数为2人。

2. 准备工作

(1)工具、用具、材料准备："F"扳手1把，绝缘手套1副，棉纱少许，笔1支，纸。

(2)劳保用品准备齐全，穿戴整齐。

3. 操作步骤

(1)记录泵出口与进口压力值。

(2)开回流阀泄压，使泵出口压力降低。

(3)按停泵开关，切断电源，关注水泵出、进口阀，打开放空阀，确认压力归零。

(4)清理现场，收拾工具，填写资料。

4. 技术要求

(1)先关泵出口阀，后关泵进口阀。

(2)冬季长期停泵，应将排液阀起出，放完油水后，涂上防腐黄油，将盖子上好。

(3)设备出现异常或生产运行出现特别情况应紧急停泵，同时必须向上级部门汇报，及与上、下注水站联系。

(4)停泵后必须卸掉载荷，关掉电源，悬挂停用牌。

5. 安全要求

(1)操作阀门时要侧身、平稳缓慢地开关阀门，防止手轮或丝杠飞出伤人。

(2)改流程时要注意水流方向，做到平稳、正确，防止高压泄漏导致的高压水伤人。

(3)仔细检查电路，操作时戴好绝缘手套。

(五)更换柱塞泵密封填料

柱塞泵密封填料是它的密封元件，更换柱塞泵密封填料是采油工维护设备常用的一种操作技能。

1. 人员要求

本项目所需人数为2人。

2. 准备工作

(1)工具、用具、材料准备："F"扳手1把，375mm活动扳手1把，36mm、41mm套筒扳手各1把，换密封填料专用工具1套，24～27mm开口扳手1把，150mm平口螺丝刀1把，3.75kg手锤1把，大、小专用密封填料若干，专用密封棒1根，绝缘手套1副，100#砂纸1张，棉纱、黄油适量，笔1支，纸。

(2)劳保用品准备齐全，穿戴整齐。

3. 操作步骤

(1)宁波泵操作步骤:

①关闭泵进出口阀门，打开防空阀，排掉泵内余压；

②用活动扳手卸下皮带轮护罩盖板螺栓，卸下护罩；

③用套筒扳手卸松活塞与曲轴箱的连杆连接螺栓，用“F”扳手盘皮带，使柱塞与曲轴箱分离，取下连杆连接螺栓；

④用活动扳手卸松密封填料压盖调节螺帽，取下压盖，用换密封填料专用工具将旧密封填料取出；

⑤用扳手取下泵缸体密封块和密封盖，取下活塞拉杆密封填料压盖，盘泵，取出柱塞、活塞密封填料压盖；

⑥用换密封填料专用工具顶出活塞拉杆填料密封总成，从活塞拉杆密封总成中取出旧密封填料和大小铜套；

⑦均匀加入铜套，将型号相符的专用新密封填料涂抹黄油，按轴径围成圆圈，接口处成45°角逐条均匀压入填料函内，每圈接口错开90°~120°，根据压入深度决定加入密封填料数量；

⑧将活塞密封填料及铜套涂抹黄油，安装在活塞密封环中；

⑨安装活塞拉杆密封总成，装上活塞密封环压盖及连杆密封环压盖；

⑩给活塞涂黄油并用手锤轻轻敲打，将其安装好；

⑪上紧活塞拉杆锁紧螺帽，盘泵，使活塞连杆与曲轴相接，上紧连杆；

⑫清理泵缸体密封盖、密封圈，涂黄油并安装好密封盖；

⑬给泵缸体密封块固定螺栓涂黄油，安装密封块，均匀上紧其固定螺栓；

⑭盖上观察窗盖板，盘泵3~5圈，检查密封填料有无磨损，盘车是否费力，新密封填料在试运时应不冒烟、不甩水，以密封填料漏失量在30~50滴/min为合格；

⑮装皮带轮护罩，关放空阀，关小回流阀，开泵的进口阀，检查密封填料有无渗漏；

⑯打开泵出口阀，做好启泵准备工作；

⑰收拾工具，清理现场，填写资料。

(2)大港泵操作步骤:

①关闭泵的进出口阀门，打开放空阀，排掉泵内余压；

②用扳手卸掉密封填料压盖调节螺钉，取下压盖，用换密封填料专用工具将旧密封填料取出；

③将新密封填料加入填料函内；

④密封填料加好后，上好压盖，均匀拧紧调节螺栓，根据压入深度决定是否还需加密封填料，操作过程中不得使用铁锤等工具、用具敲击密封填料压盖及填料函，不准开启进出口阀门；

⑤加完密封填料，装好填料盖，松紧要均匀，间隙要一致；

⑥盘车3~5圈，检查密封填料有无磨损，盘车是否费力，新密封填料在试运时应不冒烟、不漏油，以密封填料滤失量在30~50滴/min为合适。

(3)技术要求:

①出口阀门必须关闭严密，放空彻底；

②必须选用相同规格的密封填料，旧密封填料必须清理干净，密封填料数量必须加够，调整好密封填料的松紧度；

③密封填料更换后必须进行试运行，根据漏失量逐步紧固调节螺帽，调节螺帽不能上的太紧；

④操作过程中不得使用铁锤等工具、用具敲击密封填料压盖及填料函；

⑤盘泵松紧要适度；

⑥试运行期间，随时注意调节螺帽的温度，及时给柱塞添浇机油进行润滑、冷却。

(4)安全要求：

①停泵后必须关闭配电室对应闸刀，悬挂检修警示牌；

②改流程时要注意水流方向，做到平稳、正确，防止高压泄漏，导致高压水伤人；

③操作阀门时要侧身、平稳缓慢地开关阀门，防止手轮或丝杠飞出伤人；

④检查皮带松紧时严禁戴手套或手握皮带，以免夹伤手指；

⑤不能直接和间接接触电机皮带轮和其他转动部位，避免机械绞伤和夹伤；

⑥工具使用时，要轻拿轻放，避免敲击和碰撞；操作要平稳，规格型号要配套，用手锤时不能戴手套，防止滑脱伤人；

⑦操作结束后，必须确认流程是否正确，观察压力正常后方可进行或离开。

(六)精细过滤器的物理再生(系统清洗)

精细过滤器是一种水质处理设备，它的物理再生也就是将其进行反冲洗，恢复其过滤能力，以保证注人水的水质要求。

1. 人员要求

本项目所需人数为1人。

2. 准备工作

(1)工具、用具、材料准备：300mm活动扳手1把，取样筒3个，棉纱少许，笔1支，纸。

(2)劳保用品准备齐全，穿戴整齐。

3. 操作步骤

(1)打开门窗和通风设施，记录过滤器出口压力值、进口压力值、罐体压力值及水表读数，当过滤压差大于0.2MPa或连续运行满一周必须进行反吹扫、清洗；

(2)在精细过滤器进口取水样进行化验(取样时先放掉死水，取适量水样清洗水样筒，再按规定取够水样)；

(3)关闭精细过滤器进口阀门，关闭精细过滤器总出水阀，再关回流阀，打开排污阀排污，打开放空阀至污水排完，精细过滤器如图8-34所示；

(4)关闭排污阀及放空阀；

(5)打开精细过滤器进气阀，关闭储气罐放空阀，打开储气罐进气阀，打开空气压缩机进、出口阀，打开空气净化器进、出口阀门；启动空气压缩机，待储气罐压力升至0.4～0.6MPa时，停空气压缩机，关储气罐进气阀，关空气压缩机进、出口阀，关空气净化器进、出口阀，打开储气罐出气阀、控制集水阀，打开排污阀进行分组反冲洗；

(6)每组至少反冲洗3次，每次1～2s，至排污口处水变清，再用净化水冲洗3min，水质化验与进口处相同时为止；

图 8-34　精细过滤器示意图

(7)关闭精细过滤器进气阀，关闭排污阀，打开精细过滤器进口阀，打开溢流阀至气体排完，水流正常为止，关溢流阀，开精细过滤器出口阀；

(8)打开储气罐的放空阀至压力归零为止；

(9)启泵增压，压力为 0.8MPa 为合格；

(10)清理现场，收拾工具，填写资料。

4. 技术要求

(1)冲洗前后水质必须要进行化验。

(2)供气时压力要平稳。

(3)取样化验要符合标准。

5. 安全要求

(1)检查流程是否畅通，有无泄漏，防止高压水滋漏伤人。

(2)操作改水处理流程时要注意水流方向，做到平稳、正确，防止高压泄漏，导致高压水伤人。

(3)操作阀门时要侧身、平稳缓慢地开关阀门，防止手轮或丝杠飞出伤人。

(4)操作时和操作结束后，必须确认流程是否正确，观察压力正常后方可进行或离开。

(七)站内加药

注水站站内加药主要是为了进行水质处理而加入絮凝剂、除氧剂、阻垢剂、杀菌剂等，以保证水质达到注入水的要求。

1. 人员要求

本项目所需人数为 1 人。

2. 准备工作

(1)工具、用具、材料准备：150mm 平口螺丝刀，250mm 活动扳手 1 把，药品适量，棉纱少许。

(2)劳保用品准备齐全，穿戴整齐。

3. 操作步骤

(1)打开门窗，进行通风；

(2)检查加药泵、加药流程是否畅通，加药罐各部位是否完好；

(3)将药品倒入加药罐内，打开进水阀加入清水，配制到一定比例后，启动搅拌机，将药液搅拌均匀，加入水量达到要求后，关闭进水阀，停搅拌机；

(4)打开加药罐出口阀，依次打开泵出口阀、进口阀，启动加药泵加药，如图 8-35 所示；

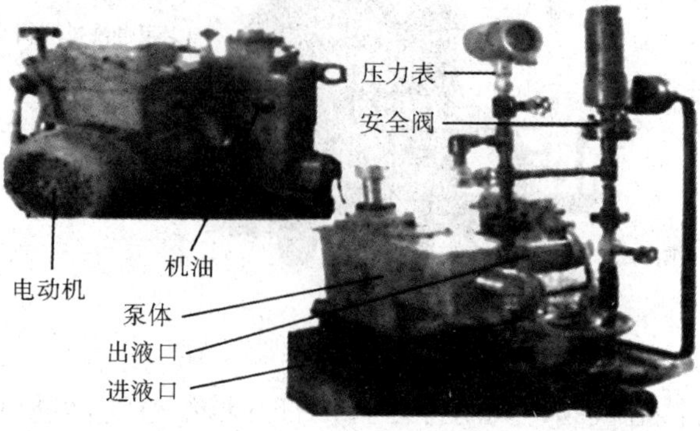

图 8-35　加药泵示意图

(5)按加药量调整好加药泵的排量；

(6)检查电动机温度、加药罐药量；

(7)收拾工具，清理现场，填写好加药记录。

4. 技术要求

(1)调整加药泵排量时，要边调边看柱塞行程。

(2)按时巡回检查，防止药罐被排空。

5. 安全要求

(1)打开门窗和通风设施通风，等空气流通后方可进行操作。

(2)要戴好防护口罩，进入加药间操作，防止药品泄漏发生中毒事故。

(3)检查流程是否畅通、有无泄漏，防止超压滋漏引起伤害事故。

(4)检查电动机和设备温度时，要去掉手套，用手背触摸。

第九章　采油自动化生产管理

第一节　采油自动化工艺流程

通过本节学习，熟悉采油自动化基本内容及作用；熟悉采油自动化的工艺流程。

一、采油自动化的基本内容

采油自动化的基本内容就是采用合适的自动化设备对生产过程进行监测、分析和控制，一般包括采油、注水、集输、油气水处理和油气储运等几个过程。这些过程的完成首先需要借助安装在油水井、采注计量站、接转站、脱水站、污水处理站、原油稳定站、天然气处理站、注水站、油库中的工艺设备以及连接这此站间的管线来实现，但要很好地完成生产任务仅靠这些工艺设备还是不够的，还需要有各种自动化设备以及生产的操作和管理人员。

当代自动化技术是在传统自动化技术的基础上发展起来的，并已建立在微电子学和计算机技术的基础上。按照功能的不同，自动化设备可分为以下5类：

(1)信息监测设备。如各种压力、温度、液面、流量、含水率仪表和传感器，这是人的五官功能的延伸。

(2)信息传输设备。如各种通信网络和计算机网络设备，这是人的神经功能的延伸。

(3)信息储存及处理设备。如各种计算机，这是人的脑功能的延伸。

(4)信息反馈操作设备。如各种阀门开关及开度调节设备、电动机启停及转速调节设备，这是人的四肢功能的延伸。

(5)信息显小和输入设备。如各种屏幕、打印机、键盘、鼠标，这是各种自动化设备与生产操作管理人员间起交互作用的设备。

随着自动化技术的发展及各种新型自动化设备的采用，信息的监测将越来越齐全、准确，信息传输、储存、处理及反馈所需的时间将越来越短，生产的效率和效益将越来越高，而所需的操作和管理人员却会越来越少。

二、采油自动化的作用

采油自动化控制在提高生产管理水平和经济效益方面的作用是十分明显的，特别是在减少生产管理人员；提高劳动生产率；节能降耗；降低生产成本；实时数据采集；为管道、油气田生产及油田地下动态分析提供准确的基础资料方面十分突出。然而，自动化技术所起的作用还不止这些方面。综合多年来自动化在各油气田应用中所起的作用，概括起来有以下几方面：

(1)减少生产人员，提高劳动生产率，降低生产成本，提高销售收入。
(2)降低能耗、物耗，包括电能、燃料和化学助剂。
(3)提高产品质量，包括商品原油、天然气、液化气和轻油的质量。
(4)降低油、气、水资源的损耗，提高产品采收率。
(5)减少停产时间，增加生产时率。
(6)提高油、气、水、电交接的计量精度。
(7)为生产管理和油田地下动态分析提供及时、齐全、准确的生产数据。
(8)提高生产的安全性。
(9)改善环境。
(10)保证处于沙漠、高原、滩海、泄洪道等地面环境条件恶劣的油田正常生产。

三、采油自动化工艺流程

采油自动化工艺流程采用三级结构，即现场设备(含采油井、加热炉、注水井等)、采油站、工区/厂部，包括采油设备数据采集及远程监控系统、自动计量系统、注水设备数据采集及远程监控系统、网络视频远程监控系统等多项工业监测子系统，各个子系统均为模块化结构，可根据以后生产管理的需要进行增减，形成一套完整的自动化控制系统。其系统结构图如图9-1所示。

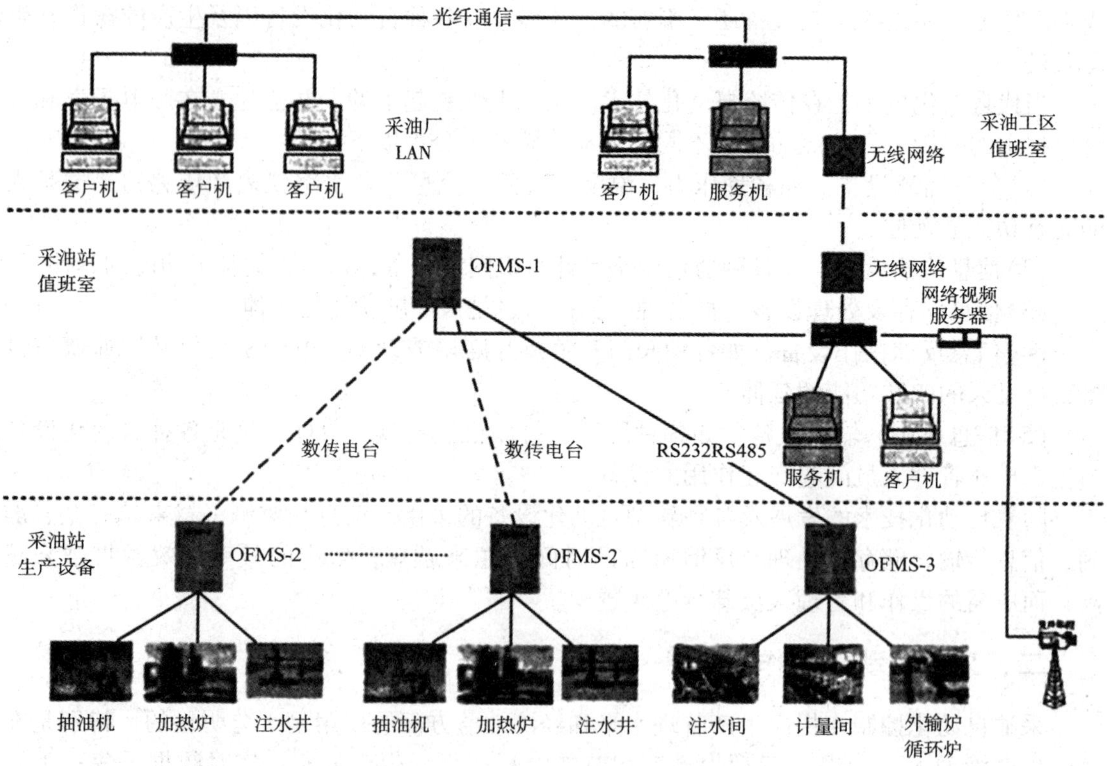

图9-1 采油自动化系统结构图

第二节 采油自动化系统的主要类型和设备

通过本节学习，熟悉采油自动化系统的主要类型，熟悉采油自动化系统中的主要设备。

一、采油自动化系统的主要类型

按照功能的不同自动化系统分为若干类型，下面选其中主要的6种类型进行介绍，在实际应用中它们常常组合使用。

（一）自动监测系统

自动监测系统主要用于对生产过程运行参数，如压力、温度、液位、流量等和工艺设备状态参数，如阀的开关、泵的启停、环境中可燃气体的浓度等进行检测，并集中在值班室或中控室显示。显示有两种方式，一种是选择式，即根据需要显示某一参数，另一种是轮询式，即按规定的时间间隔自动轮流显示各种参数。检测的数据可以储存和打印出来，当超过高、低限时还可通过声光屏幕报警。大港水电厂供电网监测自动化用的就是这种系统。

（二）开环控制系统

开环控制系统主要用于对由人工在值班室或中控室通过开关及调节器对阀门的开关及开度和电动机的启停及转速进行操作控制，之所以称为开环控制系统是强调这种控制没有自动形成信息的监测、分析判断、反馈控制的闭合环路。目前油田上还有大量机泵变频调速采用的就是这种开环控制系统。开环控制系统经常和自动化监测系统结合起来使用，分析判断工作由人工完成。

（三）逻辑控制系统

逻辑控制系统主要用于根据仪表传感器监测的数据，利用事先编好的逻辑控制程序对阀门的开关及电动机的启停进行控制。这是一种闭环控制，整个过程是自动进行的。

（四）调节控制系统

调节控制系统主要用于根据仪表传感器监测的数据，利用事先编好的调节控制程序对阀门的开度及电动机的转速进行连续调节，使被控制量保持在预定值上。这也是一种闭环控制，是为保证产品质量而大量使用的一种控制系统，它能保证生产过程中的各种工艺参数，如压力、温度、液位、流量保持在规定值附近。

（五）紧急切断系统

紧急切断系统是一种专门用于生产安全保护的系统，它根据仪表传感器监测到的与安全生产有关的运行参数（如压力、温度、液位、流量）、设备的状态参数（如机泵的负载、振动、轴位移及电动机绕组的温升、电流和电压），利用事先编好的故障和事故诊断程序分析生产系统的安全状况。当系统处于危险状况时，它发出警报提醒值班操作人员采取措施；当系统即将发生事故时，它利用事先编好的紧急停车程序使各台设备有序地停止运行，或将有事故的部分设备切断开来。由于紧急切断系统用于生产安全保护，所以对它采用的自动化设备可靠性的要求比一般用于生产过程控制的要高。尽管它的功能也可用一般生产过程控制系统来实现，但是对于生产安全保护有较高要求的地方，它是单独设置于生产过程控制系统之外的。

（六）火灾消防系统

火灾消防系统是一种专门用于扑灭火灾的系统。它根据测温、测烟等设备检测到数据，当分析判断出有火灾发生时，立即通过泵、管道、喷嘴进行喷淋和喷泡沫等救灾。喷淋用来降低已燃设备和相邻未燃烧设备的温度；喷泡沫是扑灭已燃设备的火。火灾消防系统单独设置自成系统，一般油田及管道油库的罐区都设有这种系统。

二、采油自动化系统的主要设备

自动化系统的主要设备可以分为三类：监测设备、操作设备和中心信息收发处理设备。监测设备对生产过程的运行参数、工艺设备的状态参数等进行监测，然后将测得的数据送往中心信息收发处理设备进行分析判断形成操作指令，再送往操作设备对工艺参数进行操作。中心信息收发处理设备中有供人观察的屏幕等显示设备和供人操作的键盘、鼠标、触摸屏等输入设备。

（一）监测设备

1. 压力、差压监测

监测工艺设备和管道在生产过程中介质的压力、差压的设备称为压力计、压力传感器或压力变送器，一般由具有敏感功能、传感功能、变送功能、显示功能的元件组成。常用的压力计有电容式变送器、差动电感式变送器、振弦式变送器、扩散硅式变送器、蓝宝石外延硅式变送器。表示其性能指标的有：测量范围、精度、静态误差、使用温度、过载保护、温度稳定性、长期稳定性等。选用压力计时应注意被测介质的性质。

监测油井井下压力的设备称为井下压力计。新疆彩南油田采用的产品是永久式井下压力计，它随油管下入油层中部，将测得的压力转换成8位数字信号输出。数字信号通过专用电缆传到地面上的信号转换箱，在其中解码转换成4～20mA的电流信号，再输到抽油机控制器，在其中转换为相应的工程压力值，再通过自动化系统传到中心控制室。胜利埕岛油田的井下压力计，除采用了永久式井下压力计外，还采用了毛细管式井下压力计，这种压力计除可测量井下压力外，还可测井下温度。

2. 温度监测

监测工艺设备和管道在生产过程中介质温度的设备称为温度计、温度传感器或温度变送器。它采用的敏感元件主要有两种；热电阻或热电偶。目前用得较多的温度计是一体化温度变送器，在结构上它将感温、传感、变送三部分装于一体，具有小型化、无需补偿导线、远传性好、抗干扰能力强、工作稳定可靠、精度高、耐温、耐湿、耐振等特点。它的主要技术指标有；感温元件的类型(热电阻或热电偶)、测温范围、精度、结构特征(如保护套管直径、插入深度及安装形式等)、负载电阻(即后序自动化设备的输入电阻)、防爆类型等。监测油罐内油温的设备称为油罐平均温度变送器，它利用感温元件测得上、中、下三层油温，再求得平均温度并变成4～20mA的标准信号输出。

3. 液面、界面监测

监测罐、器、塔各种工艺设备中液面高度的设备称为液位计、液位传感器或液位变送器，它分为参数差压式和浮筒式两种。差压式是利用将液柱的静压力转化为液柱高度的原理测量液位，其产品又可分为电容式和扩散硅式两种。浮筒式是利用将浮筒高度的变化转化成扭力杆角度的变化，再转化为电信号这一原理测量液位，其产品又可分为安装在容器外部的外浮筒式和安装在内部的内浮筒式两种。还有一种用于液位上下限报警和控制的产品称为液位开关，其原理是利用浮子带动微动开关或水银开关发出信号。

监测工艺设备中油水间界面高度的设备称为界面计、界面传感器或界面变送器。它可分为浮筒式、射线式、电磁波式三种。浮筒式界面计和液位计的原理大体相同，只是界面计的浮筒浮在界面上，液位计的浮筒浮在液面上，当然也可将液面看成是气液界面，这样二者原理就更接近。射线式界面计是利用油中水含量不同而对放射性物质射线吸收程度不同的原理监测界面高度。电磁波式界面计是利用油中水含量不同对微波或短波吸收不同的原理监测界面高度。

4. 流量监测

监测工艺设备输入输出以及管道中介质流量的设备称为流量计，用于控制和计量流量。就油田来说原油的计量分成三类：一类是油井产量的计量，主要为油藏动态分析提供数据；一类是油田内部各生产单位间，主要是采油厂、天然气公司、原油储运公司间原油交接的计量，主要为油田内部管理提供数据；最后一类是油田外输、外运的计量，主要用于油田外销和商品结算。由于这三类计量的用途不同，对流量计的要求，特别是对精度要求有很大不同。从介质上看，除需对原油进行计量外，还需对天然气和水进行计量，由于介质的不同，对流量计的要求也不同。

油井产量的计量是一项十分复杂的工作，主要是油井的产物包含原油、天然气、水三种相态。目前油井的计量有三种方法。第一种是先用三相分离器将油井产物的油、气、水分开，然后用各自的流量计计量。第二种是先用二相分离器将气液分开，再用气体流量计和液体流量计分别计量气液量。一般来说液体流量计测得的是油井产出的油水总量，为了分开油水的产量，需在液体流量计后再加上一个原油含水分析仪，测出含水率，有了油水总产量和原油含水率就可以算出油产量和水产量。另外，还有一个方法就是采用多参数测量液体流量计，即质量流量计，它可以同时测得油井油产量和水产量。第三种方法是根本不采用分离器，用三相流量计同时测得油气水三相的产量。目前第二种方法是大量采用的，第一种方法也有相当数量的应用，第三种方法尚在试用阶段。

可用于油井产出的含水原油计量的流量计主要有刮板流量计、腰轮或称罗茨流量计、椭圆齿轮流量计、涡轮流量计。前三种都是利用测量流经其中介质容积的原理计量，因此统称容积式流量计。涡轮流量计是利用测量流经其中介质的流速再换算成容积的原理计量的，因此归于速度式流量计。采用这些流量计还需配以原油含水分析仪才能将油井产油量和产水量计算出来。

若采用质量流量计就无需配原油含水分析仪，可直接测得产油量和产水量。质量流量计是利用振动的螺旋管能产生与其中流过介质的质量大小有关的柯氏力并发生非常小的偏差的原理制成的，它可以同时测得介质的质量和密度，通过计算可得出其中的油量和水量。采用质量流量计虽然可省去原油含水分析仪，但还是需要二相分离器。若采用三相流量计，二相分离器也可不需要。

油田外运的原油计量是用于商品结算的计量，与企业的经济利益直接相关，因此受到格外的重视。它所采用的流量计，主要有腰轮流量计及涡轮流量计。

天然气计量不论是油井计量，还是外输计量，主要采用孔板差压流量计，它利用孔板上产生的压降与流过介质的流速有关的原理进行测量。近年来一些新型气体流量计的出现值得注意并可考虑采用。目前应用较多的一种是涡街气体流量计，主要用在接转站和联合站，其原理是在流体中设置三角形旋涡发生器，当流体流过时在两侧交替产生有规律的旋涡形成一条涡街。旋涡的产生频率与流体流速有关，通过测量频率即可知道气体流量。另一种是超声波流量计，主要用在口径较大的输气管道上。这种流量计在测量范围、压力损失、仪表造价、使用维护方面都有明显的优势。超声波流量计有两个发送接收器，分别装在管道的上下游，它们之间的连线就是超声波传播路径，上下游发送接收过程是交替进行的。超声波流量计的原理建立在管道中超声波的速度在介质流动方向上增加，逆流方向上减小这个事实上，这就引起通过时间的差别。测量这两个时间，就可推出介质的流速。

水系统包括供水系统、注水系统和水处理系统的流量计量主要采用水表。注水井注水量的计量一般采用水平或垂直螺翼式远传水表，也可采用涡轮流量计。含腐蚀性的污水计量可选用电磁流量计，它的原理与直流发电机相似，在流道外有一对磁极，在流道内产生磁场。当介质流过时切割磁力线产生感应电动势并由另一对电极检出，由于流道内是空的，所以压力损失很小。电磁流量计使用范围很广。

5. 原油含水率监测

监测管道中原油含水率的设备称为原油含水分析仪，应用于各生产环节。例如在油井计量站用来计量油井的产水量，在原油脱水站用以监测脱水工艺过程的质量，在油田原油外输计量上用以测定外输原油的含水率，检查是否满足商品质量要求。原油含水分析仪按测量范围分为低含水分析仪、中低含水分析仪、中高含水分析仪和高含水分析仪。低含水分析仪主要采用电容法，高含水分析仪主要采用微波法。

6. 可燃气体浓度监测

监测油气田及管道生产场所环境空气中甲烷气、一般可燃性气体或液体蒸气浓度并报警的设备称可燃性气体监测报警器，它由探测器和报警器两部分组成。探测器安装在被监视现场，报警器安装在安全区的值班室，其间用电缆连接。探测界的敏感元件是对多种可燃气体敏感的气敏半导体，可将可燃气体浓度转化为电信号送入报警器。当安装探测器现场泄漏的可燃气体达到爆炸下限的预设定的预报警浓度和报警浓度时，报警器发出声光报警信号，以便采取措施，防止燃烧爆炸事故的发生。

7. 抽油机井工作状态

抽油机井工作状态的监测包括对抽油机驴头悬点载荷的监测、抽油机游梁旋转角度的监测、油井压力和温度的监测等。其中抽油机驴头悬点载荷的监测意义十分重大，它可以实现事故超限自动停机报警和示功图自动连续采集。通常采用应变式载荷传感器来完成监测。载荷传感器可连续监测抽油机驴头悬点载荷，在抽油机控制器中预先设定高、低限参数。当深井泵活塞受阻(如砂卡)时，负荷会突然增大超过高限；当抽油杆拉断或脱扣时，负荷可能会突然降至低限以下。当上述任何一种情况发生时，控制器会立即停机并向中控室报警。抽油机游梁旋转角度的监测通常采用位移或角位移传感器。有了载荷传感器和位移传感器，抽油机控制器就可连续采集示功图信息并把它传回中控室，再应用示功图诊断软件就可输出包括地面示功图和井下泵示功图等内容的诊断报告。

8. 输油管道机泵运行状态

输油管道机泵运行状态的监测包括对电机三相绕组温度、轴端和轴腰温度、泵壳温度的监测，对泵体振动、电动机轴端和轴腰振动的监测以及对电动机转速的监测。监测设备由两部分组成：一部分是直接安装在机泵上的温度、振动、转速三种传感器；另一部分是接收传感器输出信号的机泵运行监视器，它具有显示、报警和信号输出功能。

9. 炉膛火焰状态

炉膛火焰状态监测是加热炉、锅炉安全生产自动化的重要内容。这方面的监测设备称为火焰探测器。火焰探测器可以接收燃烧火焰发出的红外辐射或紫外辐射并输出电信号，当炉膛火焰突然熄灭时，输出信号通过火焰保护控制器，控制电磁阀切断燃料供应，保证生产安全。

(二)操作设备

1. 阀位调节

阀是一种十分重要的能起控制作用的设备，一般安装在管道或工艺设备介质流入流出口上，用以切换流程和控制工艺设备介质的流入流出量。阀可分为两种：一种是切断阀，它只有通或断两种状态，如各种直通阀、三通阀、多通阀；另一种是调节阀，可以改变流通截面的大小，从而控制流量。阀除了应用于油、气、水系统中，还用于加热炉的燃料系统中以控制燃料的供应。阀在自动化系统中除有可以手动操作的手轮外，还有能自动操作的操作设备，这种操作设备称为阀位调节器或阀的执行器、执行机构。阀位调节器按输出位移形式的不同可分为直行程式和角行程式。直行程式可用于直通单座阀、直通双座阀等；角行程式可用于球阀、蝶阀、偏心旋转阀等。按照驱动能源形式的不同阀位调节器可分为气动式、电动式和电动液压式。气动式的驱动能源是净化后的压缩空气。它的优点很多，除结构简单、性能稳定、可靠性高、维护方便等特点外，还具有输出力矩大、安全防爆、价格便宜等优点，在天然气处理厂得到广泛应用；它的缺点是信号不适于远传。为了克服此缺点可采用电气转换器，把控制室送来的电信号转换为气动信号。这样传输信号为电信号，现场操作为气动信号。电动式的优点是能源取用方便、安装简单、信号传输速度快、适于信号的远距离传输；缺点是推力小、动作惯性大、在易燃易爆场所检修困难，价格比气动式高。电动液压式具有非常快的响应速度，电信号传送距离不受限制，能产生很大的驱动功率，能精确定位，但它的缺点是要有一套非常清洁和过滤良好的液压系统，因此价格昂贵，维修较复杂，常用在输油管道上。

2. 电动机转速调节

油气田及管道上注水、集输中所用的各种泵一般都是由三相异步电动机带动的，这种电动机的转速过去没有合适的方法可以调节，因此被它带动的泵的扬程也是不能调节的。当要改变流量或要使泵的特性与工艺管道和设备特性匹配以及进行液位调节时，一般改变安装于泵后管道上的节流阀的开度，这样便使大量能量在节流阀上损耗。变频调速器的出现使这部分能耗可以节省下来。根据三相异步电动机的工作原理可知它的转速略小于电动机内旋转磁场的转速，即基本上是由电源频率决定的，因此若能改变电源的频率，它的转速也就跟着改变。变频调速器就是一种可以改变电源频率的设备，其频率可以手动设定，也可由外部输入的电信号调节，因此由变频调速器供电的电动机就可实现转速调节。变频调速器是应用电力电子器件，首先采用整流技术将取自电网 50Hz 的交流电变成直流电，再采用逆变技术将直流电变成频率可调的交流电。这是目前最成熟的交－直－交变频原理。变频调速器用得较多的领域一是采油厂和油库原油外输流量的调节以及脱水器的液面调节，二是输油管道输送量的调节，这些领域都取得了明显的节能效果，目前正在努力将它用于注水系统。变频调速器价格较贵，这是限制其扩大应用的主要障碍。近来电磁调速电动机的研究和应用取得了很好进展，值得注意。

以往自动化系统主要的操作参数就是阀的开度，操作对象就是阀。变频调速器的出现丰富了自动化的内容，泵的转速即扬程成为自动化系统的另一个重要操作参数，泵成为自动化系统的另一个重要操作对象。变频调速器和阀位调节器一样成为自动化系统的重要操作设备。

（三）控制中心信息收发处理设备

1. 可编程序控制器

当代监测设备的输出和操作设备的输入一般都采用电信号形式。控制中心信息收发处理设备的作用就是将各种监测设备的输出信息收集起来，加以处理形成对各种操作设备的操作信息，然后发送到各个操作设备。可编程序控制器是控制中心一种最基本的信息收发处理设备。

可编程序控制器的硬件从功能上说主要有两部分：一是处理器部分，它是从通用个人计算机的处理器衍生出的，具有与其大致相同的基本功能；二是具有处理器和现插监测设备、操作设备之间的接口设备，一般称为I/O设备（这里I表示输入，O表示输出）。

可编程序控制器的软件分为两类：操作系统和应用软件。操作系统由可编程序控制器制造厂家提供，一般固化在存储器的系统存储器中。应用软件是针对具体的自动化需求编制的，一般厂家要向用户提供一个编程软件。这个编程软件可在有一定配置的个人计算机上运行，当在个人计算机上将应用软件编完后，可以利用个人计算机和可编程序控制上标准的接口通过一条线路用串行传输的方式将编好的应用软件下载到可编程序控制器的用户存储器中。

输入输出点数是标识可编程序控制器功能一个十分重要的指标，根据开关量输入输出总点数一般把可编程序控制器分为微型（小于32点）、微小型（32点至128点）、小型（128点至256点）、中型（256点至1024点）、大型（1024点以上）、超大型（4000点以上）几类。

2. 由多台可编程序控制器构成的控制系统

对于规模较小、较简单的生产过程可用一台可编程序控制器构成控制系统。对于规模较复杂的生产过程，可以把它划成几个部分，每个部分用一台可编程序控制器构成一个控制系统，各自独立运行，这几部分生产过程的协调可以由人工完成。如果这几部分生产过程之间的关系比较密切，其间的协调需要由自动化设备来完成，可以在这几个控制系统之上再加一台可编程序控制器以完成协调控制的任务。这样就形成了一种二层结构控制系统，也称为集散式控制系统。如大庆供水公司杏二水源自动化系统，单元控制层采用的是美国IBM公司的微型可编程序控制器，中心监控层采用的是美国AB公司的可编程序控制器。

当然也可以用一个规模更大的可编程序控制器来完成所有任务，这样构成的系统称为集中式控制系统。控制系统结构的选择要从各个方面进行比较后再择优决定。

第三节　采油自动化生产

通过本节学习，熟悉单井自动化系统的安装步骤，熟悉单井自动化量油操作规程，熟悉抽油机井示功图无线采集操作规程。

一、单井自动化系统的安装

单井自动化系统分为两个部分：一部分为转接端子箱，主要用于导线的转接。载荷传感器、位置开关信号(或者倾角传感器)、井口压力、井口温度等，通过转接箱，接入到IP55防护的RTU箱中。另一部分是RTU箱，RTU箱中包括隔离变压器一台，开关电源一台，通讯设备一台(数传电台或者GPRS/CDMA)，小型空气开关一个，MDS－104SGT远程终端(RTU)一台，端子若干，可按照用途分组。其系统设备及仪表安装位置如图9－2所示。

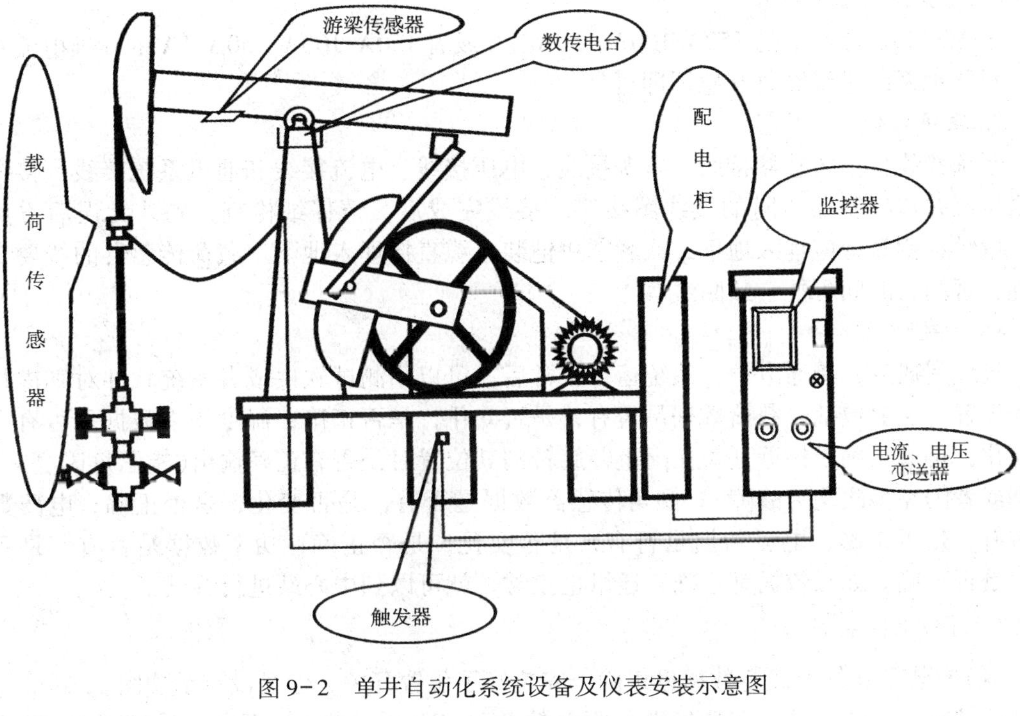

图9－2　单井自动化系统设备及仪表安装示意图

(一)安装步骤

1. RTU机箱的安装

RTU机箱一般安装在电动机控制柜附近，也可以焊接在电动机控制柜上。一般安装在由角铁焊接的架子上，架子埋在土中，架子可以根据用户的要求用水泥混凝土做基础。

2. 转接箱的焊接

转接箱焊接在井架上。

3. 载荷传感器的安装

载荷传感器安装需要停井以及人员的配合。对于开口型载荷传感器应卡在抽油杆上，对于圆柱形载荷传感器需要套在抽油杆上。载荷传感器的位置在悬绳器和发卡之间。

4. 位置开关或者倾角传感器的安装

位置开关包括位置开关支架的焊接和接近开关凸块的焊接。首先找到一个抽油机配重臂可以经过并且焊接方便的位置，焊上位置开关支架。支架边缘距离配重臂要保证在90mm左右，误差10mm以内。再把凸块的安装螺钉焊接在配重臂与接近开关的相交位置，拧上凸块。

倾角传感器安装底座焊接在游梁上，把倾角传感器用螺钉固定在安装底座上，保证其可以随游梁倾角变化即可。

5. 井口压力温度计的安装

对于部分井，仅仅需要把采油树的一个堵头拧下，换上一体化的井口压力温度变送器就可以了。对于有的油井，可能需要用气割割开油管，焊上一段可以安装压力温度变送器的油管。

6. 电流互感器的安装

电流互感器是小型的150A/100A、50A/5A或者150A/100A、50A/1A的标准电流互感器，只要把系统进线穿过互感器即可。

7. 系统接线

系统接线包括传感器接线、电源接线、电压接线、电流接线和通讯系统接线。接线时严格按照井口控制器所附的接线图接线。接线完成后，请仔细检查，确认无误后方可通电。电缆穿铝塑管应埋入地下，或者选用铠装电缆直接埋入地下。载荷传感器的线要专门处理，否则长时间可能会致断线。

8. 系统调试

接线完成后，接通电源，系统运行正常后，可以用测试软件或者系统软件对其进行测试和设置。主要包括：载荷数据是否有，是否变化，是否正确；温度压力数据是否有，是否在化，是否正确；接近开关在配重臂旋转到其位置时是否有正确输出(指示灯闪亮一次，不亮或者闪亮多次均为故障)；倾角传感器数据是否有，是否变化，是否正确；电压数据是否有，是否正确；电流数据是否有，是否变化，是否正确；功率数据是否有，是否变化，是否正确。如果数据都正确，通讯也正常，就可以到中心站进行调试了。

(二)常见问题及解决

(1)安装了软件，载荷数据也正确，安装好了位置开关，但是没有示功图。

这是软件配置问题，在选择设备驱动的WIZARD时，把“是否通过计算获得位移”的备选框选中即可。

(2)载荷数据与实际数据不同。

这也是软件设置问题，在设备驱动选择时，请选择正确量程。

(3)有一相功率为负，其他两相正确。

这是接线问题，把该相的电流互感器接线倒一下就可以了。

(4)两相功率都不正确，不单是正负问题。

这也是接线问题，可能电压和电流没有对应正确，检查接线。

二、单井自动化量油操作规程

（一）操作前的准备

(1)中控室操作员登陆注册操作员级别，打开所要计量油井的生产监控画面。

(2)中控室操作员检查计算机和PLC的通讯灯状态，绿色显示连接正常，红色显示目前中断，需要重新连接。

(3)中控室操作员利用监控画面检查电动阀门的状态及站内生产数据，做好量油前准备。

（二）单井远程量油操作

(1)中控室操作员根据站内的生产要求，选择所要计量的单井号。

(2)当系统为单井自动远程计量时，中控室操作员根据生产需求指定自动量油开始时间。选择单井自动量油时，中控室操作员设置当天自动计量开始时间，系统按监控画面从左到右沿单井管汇流程顺序倒阀、计量、排液直到恢复原生产状态操作，然后再进行下一口井计量，依次循环，自动完成所选定单井的计量工作。

(3)中控室操作员选择人工远程计量时，操作员进行单井指定计量，人工远程把被选定单井电动阀由生产位转切到计量位，关闭生产位电动阀，不流油倒入分离器开始计量。该井计量完成后恢复原生产状态。

(4)单井计量完成恢复原生产状态后，监控系统自动显示该井量油时间和当天单井日产量。

(5)量油结束后，中控室操作员应将本人姓名输入计算机，确保报表完整。

(6)中控室操作员负责油井量油过程的监视控制工作。

（三）单井远程量油的事故处理

(1)单井远程量油操作过程中，站内电压正常，中控室操作员发现计算机和PLC的通讯显示红色中断状态，通过3次重新连接仍不能正常时，应立即切断可编程控制器供电电源，将单井计量流程人工手动转换到原来生产状态，及时与系统维护人员联系排除故障。

(2)中控室操作员利用计量站生产图像监视系统检查站内是否正常。

（四）中控室操作员注意事项及维护保养

执行《油田生产监控系统管理办法》中有关条款。

三、抽油机井示功图无线采集操作规程

抽油机井示功图无线采集系统由抽油机井分站和控制室主站构成。其中分站由载荷传感器、单片机和电台组成，主站由工业控制计算机和电台组成。主站软件包括示功图采集和示功图数据库查询整理两部分，软件运行环境为Windows98，Access97以上。

（一）软件安装、配置及启动

(1)示功图采集软件执行文件名OPGRMIS. EXE，安装在文件夹“C：\ 示功图采集”中。标准示功图数据库db0. mdb、历史数据库dbl. mdb、即时数据库db2. mdb安装在文件夹“C：\ windows \ system”中。标准示功图数据库中每口井只有1个示功图，可以从即时

数据库中选择添加。历史数据库中每口井每月存2个示功图，也可从即时数据库中选择添加。即时数据库中的示功图是利用示功图采集软件从抽油机井分站采集来的，可以挑选其中部分示功图添加到标准示功图数据库、历史示功图数据库中，也可删除。

(2)示功图查询软件执行文件名 OPGRMISI. EXE，安装在文件夹“C：\ 示功图采集”中。标准示功图数据库 db0. mdb、历史数据库 db1. mdb、即时数据库 db2. mdb 安装在文件夹“C：\ windows \ ystem”中。

(3)启动示功图采集软件和示功图查询软件可以从桌面或程序组中启动，也可以到文件夹中直接运行执行程序。

(二)示功图采集软件

(1)按 F1 进入井位图画面，显示油井的井位示意图。

(2)按 F2 进入井位状态表画面，显示油井的状态表。

①采集油井状态：鼠标对准采集时刻，单击右键，输入操作密码 sq，单击“确定”，则采集该井状态；输入操作码 sqsq，单击“确定”，则采集所有井状态。

②修改状态参数：鼠标对准 X，单击右键，输入操作密码 sq，单击“确定”。

③采集示功图：鼠标对准采集时刻，单击右键，输入操作密码 sq，单击“确定”，则采集该井示功图；输入操作码 sqsq，单击“确定”，则采集所有井示功图。

(3)按 F3 进入即时示功图画面，采集和浏览示功图。

①采集油井状态：单击采集状态，输入操作密码 sq，单击“确定”。

②采集示功图：首先选择井名或“全部抽油机井”，单击“采集示功图”，输入操作密码 sq，单击“确定”，则采集该井示功图。

③浏览示功图：单击“上一幅”、“下一幅”即可。

(4)修改自动采集时刻。示功图采集有两种力一式：人为命令采集；自动定时采集，可以设置3个定时时刻。按 F2 进入状态表，可以输入 3 个时刻，特别注意格式为 XX：XX，有效标志为1即该时刻有效，有效标志为0即该时刻无效。

(5)按“ESC”回到软件封面，单击“退出”结束。

(三)示功图查询管理软件

(1)软件启动后进入示功图查询画面。

①数据库选择：可选如下几个数据库分别是标准数据库，每日井1个示功图；历史数据库，每月每口井2个示功图；即时数据库，每口井自动定时或人为命令采集的示功图。

②井号选择：可选择所有井，也可选择特定一口井。

③画面选择：在一个屏幕上，可选择以下几种显示方式，一般按时间顺序排列，分别是显示6幅示功图；显示4幅示功图；显示2幅示功图；显示1幅示功图。

④起始日期选择：在一个屏幕上显示多幅示功图时，一般按时间顺序显示，但可以选择第一副示功图的日期。

⑤浏览示功图：单击“上一幅”、“下一幅”即可。

⑥滤波选择：可以选择滤波程度，最小是0，即不滤波，最大是1，即滤波程度最大。选择滤波程度后，示功图不会自动更新，需要重新浏览，即单击“上一幅”、“下一幅”。

(2)软件启动后进入示功图查询画面，单击“数据库管理”。

①井号选择：可选择所有井，也可选择特定一口井。

②起始日期选择：在一个屏幕上显示多幅示功图时，一般按时间顺序显示，但可以选择第一副示功图的日期。

③数据库选择与浏览：标准数据库，每口井 1 个示功图；浏览示功图单击“上一幅”、“下一幅”即可。可以删除、添加到历史数据库。历史数据库，每月每口井 2 个示功图；浏览示功图单击“上一幅”、“下一幅”即可。可以删除、添加到标准数据库。即时数据库，每口井自动定时或人为命令采集的示功图；浏览示功图单击“上一幅”、“下一幅”即可。可以删除、添加到标准数据库、历史数据库。

参考文献

[1]唐磊主编. 采油基本技能操作读本. 北京：石油工业出版社，2006.

[2]郑爱军主编. 采油工程实训指导. 北京：石油工业出版社，2007.

[3]万仁溥主编. 采油工程手册(上下册). 北京：石油工业出版社，2000.

[4]胜利石油开发技工学校编. 采油基本操作训练指导书. 北京：石油工业出版社，1994.

[5]中国石油天然气集团公司人事服务中心编. 石油工人技术等级培训教材：采油工. 北京：石油工业出版社，1995.

[6]中国石油天然气集团公司人事服务中心编. 石油工人技术等级培训教材：集输工. 北京：石油工业出版社，2005.

[7]高厚朴. 采油生产实践指导书. 北京：石油工业出版社，1995.